安卓 Frida 逆向与抓包实战

陈佳林 / 著

清华大学出版社

北京

内 容 简 介

本书详细介绍 Hook 框架 Frida 在安卓逆向工程与抓包中的应用,主要内容包括如何搭建完美运行 Frida 的安卓逆向分析环境,使用 Frida 对安卓 App 各项组件、框架和代码进行 Hook,如何批量自动化 Hook,以及全自动导出结果。针对爬虫工程师最为迫切需要的抓包技术,详细阐述了各种应用层框架的抓包实战,HTTP(S)及其框架抓包的核心原理及工具使用,通过 Frida 进行的 Hook 抓包,还进一步介绍了 Frida 对 native 层的 Hook,以及一系列"通杀""自吐"脚本的研发过程和核心原理。

本书内容详尽,突出实操,适合安卓开发人员、安卓应用安全工程师、逆向分析工程师、爬虫工程师,以及大数据分析工程师和安全研究人员使用。

本书封面贴有清华大学出版社防伪标签,无标签者不得销售。
版权所有,侵权必究。举报:010-62782989,beiqinquan@tup.tsinghua.edu.cn。

图书在版编目(CIP)数据

安卓 Frida 逆向与抓包实战/陈佳林著. —北京:清华大学出版社,2021.8(2022.1 重印)
ISBN 978-7-302-58747-7

Ⅰ. ①安… Ⅱ. ①陈… Ⅲ. ①移动终端—应用程序—程序设计 Ⅳ. ①TN929.53

中国版本图书馆 CIP 数据核字(2021)第 146403 号

责任编辑:王金柱
封面设计:王 翔
责任校对:闫秀华
责任印制:刘海龙

出版发行:清华大学出版社
网　　址:http://www.tup.com.cn,http://www.wqbook.com
地　　址:北京清华大学学研大厦 A 座　　　邮　　编:100084
社 总 机:010-62770175　　　　　　　　　　邮　　购:010-62786544
投稿与读者服务:010-62776969,c-service@tup.tsinghua.edu.cn
质量反馈:010-62772015,zhiliang@tup.tsinghua.edu.cn
印 装 者:三河市铭诚印务有限公司
经　　销:全国新华书店
开　　本:190mm×260mm　　　印　　张:19.5　　　字　　数:499 千字
版　　次:2021 年 9 月第 1 版　　　　　　　　　　印　　次:2022 年 1 月第 3 次印刷
定　　价:99.00 元

产品编号:087868-01

前　言

"Frida 真是太有意思了！"这是一位资深爬虫工程师在笔者的星球中留言。

为什么爬虫工程师会用 Frida 呢？因为要学习 App 安全的逆向分析。为什么爬虫工程师要分析 App 呢？由于智能手机的普及和 O2O 商业模式的推广，人们已经逐渐习惯了"一部手机"搞定一切的生活方式。

大量的数据在 App 中产生，比如在大众点评中评价餐馆，在短视频社交 App 中给女主播点赞，在淘宝中下单购物，在微信朋友圈中分享自己的动态；通过 App 进行"消费"，比如查看别人对于某网红店铺的评价，在短视频 App 上看感兴趣的视频和直播消磨时间，看别人的朋友圈，看淘宝宝贝的点评等。

我们以某著名短视频 App 为例，从拍视频、剪视频、配乐上传，通过平台的大数据分发体系推送给对其感兴趣的受众，受众对其观看、点赞加关注，数据的产生、加工和消费，只在一部手机上即可完成，已经不存在网页的形式了，这也是爬虫或大数据工程师必须学习 App 端安全分析的客观原因。

主观原因方面爬虫工程师向上突破较为乏力，想要拿更高的工资，一般走架构师或 App 安全分析两条路。架构师要求设计海量数据存储架构，App 安全分析则必须学习 App 逆向，这也是爬虫工程师来做 App 逆向工程的情况越来越多、对 App 逆向分析的需求越来越大的原因。

那么为什么爬虫工程师会这么喜欢 Frida 呢？原因主要有以下两点：

（1）Frida 有 Python 接口，爬虫工程师的主力语言是 Python，看到 Python 就倍感亲切；

（2）Frida 的 Hook Java 和 Hook native 都是用 JavaScript 编写的，爬虫工程师在分析网页时对 JavaScript 已经相当熟悉；使用 Frida 进行逆向分析和测试时非常迅速，可以快速进行猜想验证和原型制作，所试立刻有所得。

Frida 以其简洁的接口和强大的功能，迅速掳获了安卓应用安全研究员以及爬虫工程师的芳心，成为学习和工作中的绝对主力，笔者也有幸在 Frida 的浪潮中应用 Frida 做了许多工作，本书即是笔者的工作和学习总结，笔者还建立了自己的社群，期待与大家一起、跟随 Frida 的更新脚步共同成长和进步。

本书内容介绍

本书主要内容为安卓 Frida 逆向与抓包，包含如何搭建完美运行 Frida 的安卓逆向分析环境，使用 Frida 对安卓 App 各项组件、框架和代码进行 Hook，如何批量自动化 Hook，以及全自动导出 Hook 的结果。针对爬虫工程师最为迫切需要的抓包部分，本书详细阐述了各种应用层框架的抓包实战，HTTP(S)及其框架的抓包的核心原理及工具的使用，通过 Frida 进行的 Hook 抓包，还深入介绍了 Frida 对 native 层的 Hook，以及一系列"通杀""自吐"脚本的研发过程和核心原理。

本书的读者对象

- 安卓开发工程师
- 安卓 App 安全工程师
- 安卓逆向分析工程师
- 爬虫工程师
- 大数据收集和分析工程师
- App 安全研究人员

技术支持

在本书编写的过程中，Frida 已经推出版本 14，即将推出版本 15，安卓也出了 Android 11 版本，本书中的代码可以在特定版本的 Frida 和安卓中成功运行。由于安卓逆向是一门实践性极强的学科，读者在动手实践的过程中难免会产生各式各样的疑问，笔者特地准备了 GitHub 仓库更新（地址：https://github.com/r0ysue/AndroidFridaBeginnersBook），读者如有疑问可以在仓库的 issue 页面提出，笔者会尽力解答和修复。

如果在使用本书的过程中有什么问题，请发邮件联系 booksaga@126.com，邮件主题为"安卓 Frida 逆向与抓包实战"。

最后，感谢公众号"菜鸟学 Python 编程"运营者蔡晋、"咸鱼学 Python"运营者戴煌金、"进击的 Coder"运营者崔庆才和开源 Frida 工具 DEXDump、Wallbreaker 作者 hluwa 的热情推荐！

感谢笔者的父母，感谢中科院信工所的 Simpler，感谢看雪学院和段钢先生，感谢寒冰冷月、imyang、白龙、bxl、葫芦娃、智障、NWMonster、非虫，成就属于你们。

陈佳林

2021 年 5 月

目 录

第 1 章 环境准备 ·················· 1
  1.1 虚拟机环境准备 ············ 1
  1.2 逆向过程的环境准备 ········ 3
  1.3 移动设备环境准备 ·········· 7
    1.3.1 刷机 ················ 7
    1.3.2 ROOT ·············· 11
  1.4 Kali NetHunter 刷机 ······ 14
  1.5 本章小结 ·················· 18

第 2 章 安卓逆向过程必备基础 ·········· 19
  2.1 Android 相关基础介绍 ········ 19
    2.1.1 系统架构 ············ 19
    2.1.2 Android 四大组件 ······ 21
  2.2 从 Hello World 开始了解 Android 的开发流程 ·············· 21
    2.2.1 第一行代码 Hello World 的开发流程 ·········· 22
    2.2.2 Hello World 分析与完善 ······ 24
  2.3 安卓逆向过程中的常用命令 ········ 27
    2.3.1 常用 Linux 命令介绍 ········ 27
    2.3.2 Android 特有的 adb 命令介绍 ·············· 30
  2.4 本章小结 ·················· 35

第 3 章 Frida 逆向入门之 Java 层 Hook ··· 36
  3.1 Frida 基础 ·················· 36
    3.1.1 Frida 介绍 ············ 36
    3.1.2 Frida 工作环境搭建 ······ 37
    3.1.3 Frida 基础知识 ········ 39
    3.1.4 Frida IDE 配置 ········ 40
  3.2 Frida 脚本入门 ·············· 41
    3.2.1 Frida 脚本的概念 ······ 41
    3.2.2 Java 层 Hook 基础 ······ 43
    3.2.3 Java 层主动调用 ········ 50
  3.3 RPC 及其自动化 ············ 53
  3.4 本章小结 ·················· 58

第 4 章 Objection 快速逆向入门 ········ 59
  4.1 Objection 介绍 ·············· 59
  4.2 Objection 安装与使用 ········ 60
    4.2.1 Objection 的安装 ······ 60
    4.2.2 Objection 的使用 ······ 62
  4.3 Objection 实战 ·············· 71
    4.3.1 Jadx/Jeb/GDA 介绍 ····· 72
    4.3.2 Objection 结合 Jeb 分析 ······ 76
  4.4 Frida 开发思想 ·············· 84
    4.4.1 定位：Objection 辅助定位 ······ 84
    4.4.2 利用：Frida 脚本修改参数、主动调用 ·············· 90
    4.4.3 规模化利用：Python 规模化利用 ·············· 94
  4.5 本章小结 ·················· 96

第 5 章 App 攻防博弈过程 ············ 97
  5.1 App 攻防技术演进 ············ 97
    5.1.1 APK 结构分析 ········ 97
    5.1.2 App 攻防技术发展 ······ 99
  5.2 Smali 语言简介 ·············· 105
  5.3 对 App 进行分析和破解的实战 ······ 114
    5.3.1 对未加固 App 进行分析和破解的实战 ·············· 114
    5.3.2 对加固 App 进行分析和破解的实战 ·············· 122
  5.4 本章小结 ·················· 129

第 6 章 Xposed 框架介绍 ·············130

- 6.1 Xposed 框架简介 ·················130
- 6.2 Xposed 框架安装与插件开发 ···132
  - 6.2.1 Xposed 框架安装············132
  - 6.2.2 Xposed 插件开发············134
- 6.3 本章小结 ·························141

第 7 章 抓包详解 ·············143

- 7.1 抓包介绍 ·························143
- 7.2 HTTP(S)协议抓包配置 ··········144
  - 7.2.1 HTTP 抓包配置············144
  - 7.2.2 HTTPS/Socket 协议抓包配置 ···152
- 7.3 应用层抓包核心原理 ············156
- 7.4 Hook 模拟抓包 ···················160
- 7.5 本章小结 ·························169

第 8 章 Hook 抓包实战之 HTTP(S) 网络框架分析 ·············170

- 8.1 常见网络通信框架介绍 ·········170
- 8.2 系统自带 HTTP 网络通信库 HttpURLConnection ·············171
  - 8.2.1 HttpURLConnection 基础开发流程 ·············171
  - 8.2.2 HttpURLConnection "自吐"脚本开发 ·············173
- 8.3 HTTP 第三方网络通信库——okhttp3 与 Retrofit ·············178
  - 8.3.1 okhttp3 开发初步············178
  - 8.3.2 okhttp3 "自吐"脚本开发 ···184
- 8.4 终极"自吐"Socket ············197
  - 8.4.1 网络模型····················197
  - 8.4.2 Socket(s)抓包分析 ········199
- 8.5 本章小结 ·························210

第 9 章 Hook 抓包实战之应用层其他协议及抓包分析 ·············211

- 9.1 WebSocket 协议 ···················211
  - 9.1.1 WebSocket 简介············211
  - 9.1.2 分析 WebSocket 搭建环境 ······212
  - 9.1.3 WebSocket 抓包与协议分析 ···215
- 9.2 XMPP 协议 ·······················219
  - 9.2.1 XMPP 简介 ·················219
  - 9.2.2 XMPP 环境搭建与抓包分析 ···220
- 9.3 Protobuf 相关协议 ···············225
  - 9.3.1 gRPC/Protobuf 介绍·········225
  - 9.3.2 gRPC/Protobuf 环境搭建与逆向分析 ·············227
- 9.4 本章小结 ·························237

第 10 章 实战协议分析 ·············238

- 10.1 Frida 辅助抓包 ···················238
  - 10.1.1 SSL Pinning 案例介绍 ·····238
  - 10.1.2 服务器端校验客户端 ·····244
- 10.2 违法应用协议分析 ···············249
  - 10.2.1 违法图片取证分析 ········249
  - 10.2.2 违法应用视频清晰度破解···261
- 10.3 本章小结 ·······················266

第 11 章 Frida 逆向入门之 native 层 Hook ·············267

- 11.1 native 基础 ·······················267
  - 11.1.1 NDK 基础介绍 ············267
  - 11.1.2 NDK 开发的基本流程 ·····268
  - 11.1.3 JNI 函数逆向的基本流程···272
- 11.2 Frida native 层 Hook ············275
  - 11.2.1 native 层 Hook 基础 ······275
  - 11.2.2 libssl 库 Hook ············281
  - 11.2.3 libc 库 Hook ··············288
- 11.3 本章小结 ·······················292

第 12 章 抓包进阶 ·············293

- 12.1 花式抓包姿势介绍 ···············293
  - 12.1.1 Wireshark 手机抓包·······293
  - 12.1.2 路由器抓包 ···············297
- 12.2 r0capture 开发 ···················300
- 12.3 本章小结 ·······················306

第 1 章

环 境 准 备

"工欲善其事，必先利其器。"本章将介绍笔者在安卓（Android）逆向工作中所用到的计算机（包括主机和测试机）工作环境及其配置，目的是帮助读者构建一个良好的操作环境，使之后的逆向工程更加得心应手。

1.1 虚拟机环境准备

推荐使用虚拟机而不是真机，原因有二：首先，虚拟机自带"时光机"功能——"快照"。这个特性使用户能够随时得到一台全新的真机，不会因为配置失误导致系统崩溃，避免了重装系统的懊恼。如图 1-1 所示为笔者在日常工作中开发 FART 脱壳机时创建的诸多虚拟机快照。

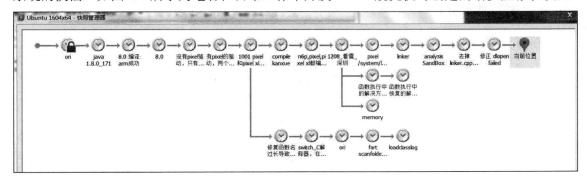

图 1-1 带快照功能的虚拟机

其次，虚拟机在工作环境中具有良好的隔离特性，做实验的过程中不会"污染"真机，是测试全新功能的天然"沙盘",推荐读者使用 VMware 出品的系列虚拟机软件。VMware 具有良好的跨平台特性,使得不同系统的虚拟机文件都能做到复制即用。

对于虚拟机环境的选择,推荐 Ubuntu 系列的 Linux 操作系统。因为不论是 Android 源码的编译,还是 Frida、gdb、Ollvm 等后续重要的环境,这个系列的系统较少会因为系统环境的原因而引发问题。

在笔者的工作中,主要使用的是 Kali Linux 系统。Kali Linux 是基于 Debian 的 Linux 发行版,与 Ubuntu 师出同门,是用于数字取证的操作系统。Kali Linux 预装了许多渗透测试软件,如 Metasploit、BurpSuite、sqlmap、nmap 等,这是一套开箱即用的专业渗透测试工具箱。

Kali Linux 自带 VMware 镜像版本,下载解压后双击.vmx 文件即可开机。如图 1-2 所示为 Kali Linux 的界面展示。

图 1-2　Kali Linux 的界面

因为虚拟机本身的时间不是东八区的,所以需要重新设置时区。启动虚拟机后,打开 terminal,使用如下命令设置时区:

```
root@VXIDr0ysue:~/Chap01# dpkg-reconfigure tzdata
Current default time zone: 'Asia/Shanghai'
Local time is now:      Sat Nov 14 12:11:05 CST 2020.
Universal Time is now:  Sat Nov 14 04:11:05 UTC 2020.
```

在弹出的窗口中选择 Asia→Shanghai。

另外,Kali Linux 默认不带中文,当打开中文网页或者抓包时,若数据包的数据中有中文,则无法解析,故需要配置 Kali 使其支持中文,执行如下命令即可:

```
root@VXIDr0ysue:~/Chap01# apt update
```

```
root@VXIDr0ysue:~/Chap01# apt install xfonts-intl-chinese

root@VXIDr0ysue:~/Chap01# apt install ttf-wqy-microhei
```

 一定不要把系统切换为中文环境，切换成中文环境容易出问题。

1.2 逆向过程的环境准备

在配置好基础的系统环境之后，为了进行后面的逆向开发和分析工作，还需要安装一些基础的开发工具。

首先，作为安卓逆向开发和分析人员，必不可少地一款开发工具就是 Android Studio。在 Eclipse 退出安卓开发历史舞台后，作为 Google 官方的安卓 App 开发 IDE，笔者首先要推荐的就是 Android Studio。从官网把 Android Studio 下载到 Linux 环境中，解压之后，切换到 android-studio/bin 目录下，再运行当前目录下的 studio.sh 即可启动 Android Studio。

首次启动 Android Studio 会提示用户下载一些插件（即工具），比如 Android SDK 等工具，这些工具是后续开发所必需的，因此一直单击 Next 按钮采用默认设置即可。在这个过程中，可以关注一下 SDK 的保存目录，默认 SDK 目录在/root/Android/Sdk/下，这个目录下会存储一些在后续逆向过程中需要用到的工具，比如 adb（用于与移动设备进行通信的工具）。请将 adb 工具所在目录/root/Android/Sdk/platform-tools/加入环境变量，以便在任意目录下都能直接执行 adb 命令，具体方法如下：

```
root@VXIDr0ysue:~/Chap01# adb
bash: adb: command not found
root@VXIDr0ysue:~/Chap01# echo "export PATH=$PATH:/root/Android/Sdk/platform-tools" >> ~/.bashrc
```

在将 adb 命令加入环境变量之后，为了使设置生效需要重新打开 terminal，再次执行 adb 命令，结果如下：

```
root@VXIDr0ysue:~/Chap01# adb shell
* daemon not running; starting now at tcp:5037
* daemon started successfully
adb: no devices/emulators found
```

在插件下载完毕后，Android Studio 的主界面如图 1-3 所示。

在第一次创建 Project 时，Android Studio 需要进行一段费时很长的同步环节，这时耐心等待即可。

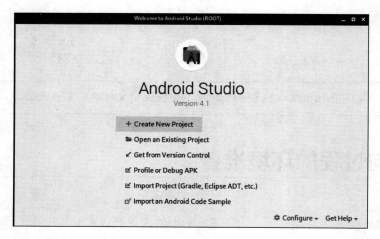

图 1-3　Android Studio 主界面

笔者推荐使用一款 Python 版本管理软件 pyenv，在 Android Studio 配置好后，读者可以通过 pyenv 安装和管理不同的 Python 版本，每一个由 pyenv 包管理软件安装的 Python 都是相互隔离的。换句话说，不管在当前这个 Python 版本中安装了多少依赖包，对于另一个 Python 版本都是不可见的。如果读者觉得 Python 环境不纯或者需要新的环境，随时可以安装一个新的、纯净的 Python，也算是另类的一种虚拟机环境吧。

需要注意的是，在安装 pyenv 之前一定要对虚拟机执行一次快照操作，防止在安装 pyenv 的最后一步进行依赖包同步时出现整个系统无法进入桌面环境的情况。笔者安装 pyenv 的具体安装过程如下：

```
root@VXIDr0ysue:~/Chap01# apt update
Get:1 http://kali.download/kali kali-rolling InRelease [30.5 kB]
Get:2 http://kali.download/kali kali-rolling/main amd64 Packages [17.3 MB]
Get:3 http://kali.download/kali kali-rolling/non-free amd64 Packages [202 kB]
Get:4 http://kali.download/kali kali-rolling/contrib amd64 Packages [103 kB]
Fetched 17.6 MB in 1min 8s (259 kB/s)
Reading package lists... Done
Building dependency tree
Reading state information... Done

root@VXIDr0ysue:~/Chap01# git clone https://github.com/pyenv/pyenv.git ~/.pyenv
Cloning into '/root/.pyenv'...
...
done.
Resolving deltas: 100% (12507/12507), done.

root@VXIDr0ysue:~/Chap01# echo 'export PYENV_ROOT="$HOME/.pyenv"' >> ~/.bashrc
```

```
root@VXIDr0ysue:~/Chap01# echo 'export PATH="$PYENV_ROOT/bin:$PATH"' >> ~/.bashrc

root@VXIDr0ysue:~/Chap01# echo -e 'if command -v pyenv 1>/dev/null 2>&1; then\neval "$(pyenv init -)"\nfi' >> ~/.bashrc

root@VXIDr0ysue:~/Chap01# exec "$SHELL"

root@VXIDr0ysue:~/Chap01# apt install -y make build-essential libssl-dev zlib1g-dev \
    libbz2-dev libreadline-dev libsqlite3-dev wget \
    curl llvm libncurses5-dev libncursesw5-dev xz-utils tk-dev libffi-dev liblzma-dev python-openssl \
    g++ libgcc-9-dev gcc-9-base mitmproxy
```

如果安装后重启能够正常进入桌面环境,接下来就可以使用 pyenv install 命令安装不同版本的 Python。在安装完毕后还需要运行 pyenv local 命令切换到对应的 Python 版本。例如,安装 Python 3.8.0:

```
root@VXIDr0ysue:~/Chap01# pyenv install 3.8.0
root@VXIDr0ysue:~/Chap01# pyenv local 3.8.0
root@VXIDr0ysue:~/Chap01# python -V
Python 3.8.0
```

由于 pyenv 最后一步依赖包的问题一直很棘手,甚至可能导致系统桌面环境崩溃,因此这里推荐一款替代 pyenv 的工具——miniconda。miniconda 的作用和 pyenv 的作用是相同的,与 pyenv 相比,miniconda 的安装不需要考虑依赖包的问题,属于傻瓜式的安装。miniconda 的安装方式很简单,具体过程如下:

```
root@VXIDr0ysue:~/Chap01# wget https://repo.anaconda.com/miniconda/Miniconda3-latest-Linux-x86_64.sh  # 下载安装脚本
# 赋予安装脚本可执行的权限
root@VXIDr0ysue:~/Chap01# chmod +x Miniconda3-latest-Linux-x86_64.sh
# 运行安装脚本
root@VXIDr0ysue:~/Chap01# sh Miniconda3-latest-Linux-x86_64.sh
```

在运行最后一条命令后会先要求用户阅读 License,阅读完毕后输入 yes 即可安装,在安装过程中会要求用户指定安装目录,采用默认值即可。之后再次输入 yes,shell 会提示需要手动执行一次 conda init 命令才能真正将 miniconda 安装成功。

安装完 miniconda 后,重启一次 terminal,执行 conda create -n py380 python=3.8.0 命令安装指定版本的 Python。其中,py380 为安装时 conda 激活 Python 3.8.0 之后的代称,python=3.8.0

指定安装 Python 版本为 3.8.0。若想使用特定的 Python 版本，则可以使用 conda activate py380 来激活对应的版本，在不需要使用该特定版本时，则可执行 conda deactivate 命令来退出，例如：

```
(base) root@VXIDr0ysue:~/Chap01# python -V
Python 3.8.3
(base) root@VXIDr0ysue:~/Chap01# conda activate py380
(py380) root@VXIDr0ysue:~/Chap01# python -V
Python 3.8.0
(py380) root@VXIDr0ysue:~/Chap01# conda deactivate
(base) root@VXIDr0ysue:~/Chap01# python -V
Python 3.8.3
```

笔者再推荐一些日常工作中使用的小工具，这些工具也许不会对工作有直接的帮助，但是一旦我们掌握了这些工具的使用，就会为日后的工作带来诸多方便。

首先推荐 htop 工具，它是加强版的 top 工具。htop 可以动态查看当前活跃的、系统占用率高的进程，效果如图 1-4 所示，这一功能在我们编译 Android 源码时非常好用，在我们执行 make 命令之后，可以观察到内存 Mem 耗尽之后开始侵占 Swp（交换虚存）的进度条。Uptime 是开机时间；Load average 是平均负载，比如四核 CPU，平均负载跑到 4 的时候就说明系统满载了。这个工具的详细操作指南可以在网上搜索到。

图 1-4　htop 界面

其次，推荐一款实时查看系统网络负载的工具 jnettop。通过该工具，我们在安装和使用软件（比如 Frida）的过程中可以实时查看它下载和安装的进度，甚至在 AOSP 编译时仍然能观察到它连接到国外的服务器下载依赖包等的行为。除此之外，在抓包时打开这个工具往往会有奇效，比如实时查看对方 IP 等。在 jnettop 界面中可以看到主机连接的远程 IP、端口、速率以及协议等，如图 1-5 所示。

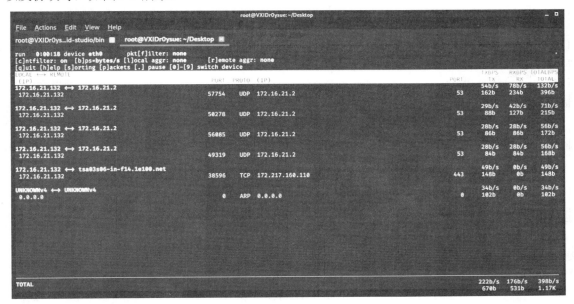

图 1-5　jnettop 界面

1.3　移动设备环境准备

1.3.1　刷机

在安卓逆向分析的学习中，一定不能错过的基础知识就是刷机。在刷机之前一定要准备一台测试机，这里推荐 Google 官方的 Nexus 系列和 Pixel 系列的测试机。Google 官方提供了镜像和相应源码，由于国内 Android 市场（比如华为、小米等）都魔改了 Android 系统且均未开源，在测试过程中总会与 Android 官方源码有所差异，因此特别推荐 Google 官方推出的手机。笔者在本书中选择的是 Nexus 5X，仅供参考。

在刷机之前，需要打开手机的开发者选项，具体步骤如下：

- 步骤 01　进入"设置"页面，单击"系统"选项，然后单击"关于手机"选项，进入"关于手机"页面，如图 1-6 所示。
- 步骤 02　连续多次单击"版本号"选项，直到屏幕提示已处于开发者模式，如图 1-7 所示。
- 步骤 03　返回上一级目录，也就是进入"系统"页面，此时单击"开发者选项"选项，如图 1-8 所示。

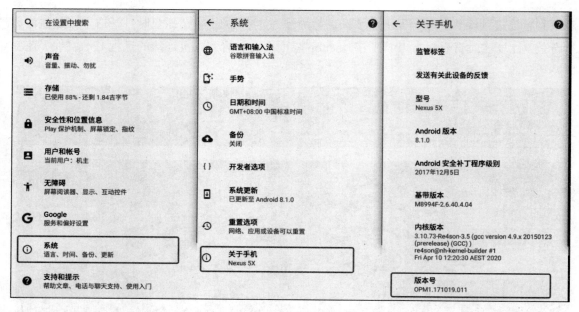

图 1-6 进入"关于手机"界面

图 1-7 打开"开发者模式"

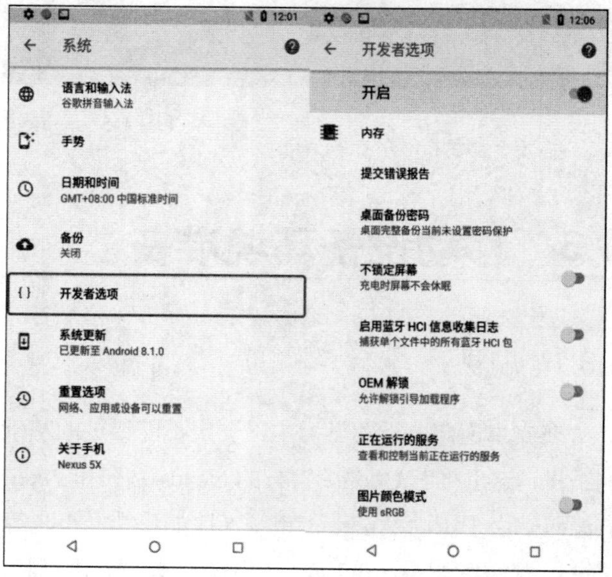

图 1-8 进入"开发者选项"页面

步骤 04 进入"开发者选项"页面后,首先打开"USB 调试"选项,之后使用 USB 线连接上计算机,就会出现"允许 USB 调试吗?"的对话框,如图 1-9 所示。

在同意 USB 调试之前和同意 USB 调试之后都执行 adb devices 命令,结果如下:

```
root@VXIDr0ysue:~/Chap01# adb devices  # USB 调试同意前
List of devices attached
0041f34b7d58b939        unauthorized


root@VXIDr0ysue:~/Chap01# adb devices  # USB 调试同意后
```

```
List of devices attached
0041f34b7d58b939        device
```

步骤 05 回到安卓手机上，如图 1-10 所示，此时有一个 OEM 解锁选项需要允许。这个选项决定了后续是否刷机，也就是刷机中常听说的 Bootloader 锁。

图 1-9　请求允许 USB 调试　　　　　　　　图 1-10　请求允许 OEM 解锁

步骤 06 此时，在主机 terminal 上执行命令 adb reboot bootloader，或者将手机关机后同时按住手机电源键与音量减键，进入 bootloader 界面。如图 1-11 所示是 OEM 未解锁之前的 bootloader 界面。

步骤 07 在 terminal 运行 fastboot oem unlock 命令，然后测试机就会弹出确认界面，按住音量减键选中 YES 后按电源键，这样 OEM 就解锁了。

```
root@VXIDr0ysue:~/Chap01# fastboot oem unlock
OKAY [170.246s]
Finished. Total time: 170.246s
```

图 1-12 即为解锁后的 bootloader 界面。

在 OEM 解锁后，需要准备刷机包，这里的刷机包其实也可以叫作官方镜像包（Google 官方提供了一个官方镜像的站点）。

可以在官方镜像站点下载 Nexus 5X 机型对应的刷机包，由于 Android8.1.0_r1 这个版本的系统支持的设备比较多，因此这里选择这个版本的系统进行演示。Android8.1.0_r1 对应的代号为 OPM1.171019.011（版本支持设备以及版本与代号对应关系的网址为：https://source.android.com/setup/start/build-numbers#source-code-tags-and-builds），在找到代号后，回到镜像站下载对应版本的镜像。

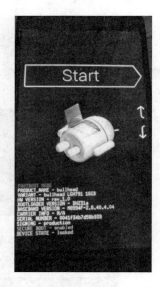 

图 1-11　OEM 未解锁界面　　　　　图 1-12　OEM 已解锁界面

下载完毕后，解压刷机包，进入刷机包目录，手机进入 bootloader 模式，连接上主机后，直接运行 flash.sh 文件：

```
root@VXIDr0ysue:~/Chap01# unzip bullhead-opm1.171019.011-factory-3be6fd1c.zip
  Archive:  bullhead-opm1.171019.011-factory-3be6fd1c.zip
     creating: bullhead-opm1.171019.011/
    inflating: bullhead-opm1.171019.011/radio-bullhead-m8994f-2.6.40.4.04.img
    inflating: bullhead-opm1.171019.011/flash-all.bat
    inflating: bullhead-opm1.171019.011/bootloader-bullhead-bhz31a.img
    inflating: bullhead-opm1.171019.011/flash-base.sh
    inflating: bullhead-opm1.171019.011/flash-all.sh
   extracting: bullhead-opm1.171019.011/image-bullhead-opm1.171019.011.zip
root@VXIDr0ysue:~/Chap01# cd bullhead-opm1.171019.011/
root@VXIDr0ysue:~/Chap01/bullhead-opm1.171019.011# ./flash-all.sh
...
Rebooting                                          OKAY [  0.020s]
Finished. Total time: 213.643s
```

之后，手机系统便会进入初始化界面。在完成语言、WiFi 等相关设置后，一台"新"的测试机就诞生了。

重新获取 USB 调试模式后，如图 1-13 所示，在联网之后仍旧会提示"此 WiFi 网络无法访问互联网"，并且系统时间也不对。此时可以运行以下命令，在命令运行结束等测试机重新开机后便会发现问题消失了。

```
root@VXIDr0ysue:~/Chap01# adb shell settings put global captive_portal_http_url https://www.google.cn/generate_204
```

```
root@VXIDr0ysue:~/Chap01# adb shell settings put global
captive_portal_https_url https://www.google.cn/generate_204
    root@VXIDr0ysue:~/Chap01# adb shell settings put global ntp_server
1.hk.pool.ntp.org
    root@VXIDr0ysue:~/Chap01# adb shell reboot
```

图 1-13　WiFi 网络无法访问互联网的问题以及时间不同步问题

1.3.2　ROOT

在上一小节中，我们完成了 Nexus 5x 版本的刷机工作，此时获得的是一个全新的没有执行过任何操作的新机。再次开启测试机的开发者模式后，打开 USB 调试按钮，就又可以使用 **adb** 连接手机了。

下面将演示将 Nexus 5X 进行 Root 的过程，具体步骤如下：

步骤 01　将 TWRP（Team Win Recovery Project，是一个开放源码软件的定制 Recovery 映像，供基于安卓的设备使用，允许用户安装第三方固件和备份当前的系统，通常用于 Root 系统时安装）刷入 Recovery 分区。

Recovery 是一种可以对安卓设备内部的数据或系统进行修改的模式，类似于 Windows PE 或 DOS，也指 Android 的 Recovery 分区。

笔者使用的是 TWRP 的官方镜像文件，进入 TWRP 的官方网址后，选择对应型号的设备和相应版本的 img 镜像文件，比如进入 LG 厂商的设备列表，选择 LG Nexus 5X (bullhead)，然后在 Download Links 中参考自己的手机类型选择对应的版本（美版或者欧版），这里选择的是 Primary(Americas)。镜像文件下载完成后就可以选择下载不同版本的 twrp-3.3.0-0-bullhead.img，这里选择 3.3.0 版本的 TWRP。

下载完毕后，进入 bootloader 界面，并使用 fastboot 工具将 TWRP 镜像刷入 Recovery 分区：

```
root@VXIDr0ysue:~/Chap01# adb reboot bootloader
root@VXIDr0ysue:~/Chap01# fastboot flash recovery twrp-3.3.0-0-bullhead.img
Sending 'recovery' (16317 KB)                    OKAY [  1.225s]
Writing 'recovery'                               OKAY [  0.267s]
Finished. Total time: 1.539s
```

步骤 02 使用音量上下键按键直到页面出现 Recovery mode 字符串，再使用电源键确认进入 Recovery 恢复模式，也就是进入 TWRP 的界面。

步骤 03 使用 adb 命令将 Root 工具推送到测试机的/sdcard 目录下。Root 工具可以选择 Magisk 或者 SuperSU，这里以 Magisk 为例。从 GitHub 上 Magisk 仓库的 Release 中下载最新版的 zip。

> 要选择 Magisk 而不是 Magisk Manager，较新版为 Magisk-v20.4.zip。

```
root@VXIDr0ysue:~/Chap01# adb push Magisk-v20.4.zip /sdcard/
Magisk-v20.4.zip: 1 file pushed, 0 skipped. 1.9 MB/s (5942417 bytes in 2.996s)
```

步骤 04 在进入 TWRP 欢迎界面后，滑动最下方按钮 Swipe to Allow Modifications 进入 TWRP 主界面，如图 1-14 所示；然后选择 Install，默认进入/sdcard 目录，此时将右侧滑块滑到最下方就能看到推送到手机上的 Magisk-v20.4.zip 了。

图 1-14 TWRP 界面

步骤 05 单击 Magisk-v20.4.zip，进入 Install Zip 界面，滑动 Swipe to confirm Flash 滑块，开始刷 Magisk 的流程，如图 1-15 所示。然后静待界面下方出现两个按钮即代表 Root 完毕。

步骤 06 单击 Reboot System 按钮，重新启动系统，会发现手机应用中多了一个 Magisk Manager。此时在计算机终端进入 adb shell，输入 su 后，会提示 Root 申请，如图 1-16 所示，单击 "允许" 按钮后，手机的 Shell 即获得了 Root 权限。命令执行结果如下：

第 1 章 环境准备 | 13

图 1-15 刷 Magisk

```
root@VXIDr0ysue:~/Chap01# adb shell
bullhead:/ $ su
bullhead:/ #
```

至此，完成了手机的 Root 工作。使用 SuperSU 对设备进行 Root 的操作也是类似的，仅仅是将 Magisk.zip 换成 SuperSU.zip 而已。需要注意的是，SuperSU 的 Root 和 Magisk 的 Root 是冲突的，在进行 SuperSU 的 Root 之前，要先将 Magisk 卸载掉。这里的卸载不是简单地卸载 Magisk Manger 这个 App，而是在 Magisk Manger 的主页面单击"卸载"按钮（见图 1-17），从而恢复原厂镜像，还原后才可使用 SuperSU 进行 Root。

图 1-16 Root 申请

图 1-17 卸载 Magisk

1.4 Kali NetHunter 刷机

为什么要在刷入官方镜像的 Android 测试机之后再刷入 Kali NetHunter 呢？

正如桌面端的 Kali 是专为安全人员设计的定制版 Linux 操作系统，Kali NetHunter 是第一个针对 Nexus 移动设备的开源 Android 渗透测试平台。刷入这个系统有利于逆向开发和分析人员更加深入地理解 Android 系统：不管是使用 Kali NetHunter 直接从网卡获取手机全部流量，还是在刷入 Kali NetHunter 后经由 Kali NetHunter 直接执行原本在桌面端 Kali 上才能执行的一切命令（比如 htop、jnettop 等，这些命令在原生的 Android 上是不支持的）。另外，在 Kali NetHunter 刷入之后，逆向开发和分析人员可以通过它从内核层去监控 App，比如通过 strace 命令直接跟踪所有的系统调用，任何 App 都没有办法实现完成这类监控，因为从本质上来说任何一个 App 都是 Linux 中的一个进程。之所以可以从内核层去监控 App，是因为安装的 Kali NetHunter 和 Android 系统共用了同一个内核。因此，Kali NetHunter 值得每一个安卓逆向开发和分析人员所拥有。

另外，Kali NetHunter 主要修改了 Android 内核部分的内容，这些修改对日常的使用几乎不会有任何影响，比如 Xposed 这个 Hook 工具依旧可以在 Kali NetHunter 上正常使用，这就大大降低了逆向开发和分析人员进行测试的成本。

接下来就开始进入刷入环节。

步骤 01 下载 SuperSU 工具以及适配于 Nexus 5X 版本的 Kali NetHunter。注意：这里的 SuperSU 是指 zip 而不是 apk，同时不要使用 SuperSU 官网给出的最新版 SuperSU，而要使用 SuperSU-SR5 版；另外，Kali NetHunter 官网给出的 2020.04 版本的 Kali NetHunter 是有 bug 的，本书范例下载的是 2020.03 版。在官网下载 Kali NetHunter 时，会发现 Nexus 5X 的设备只支持 Oreo 版本，而 Oreo 是 Android 8 的代号，和之前刷入的手机镜像一致。这里给出 SuperSU 的下载链接（https://download.chainfire.eu/1220/SuperSU/SR5-SuperSU-v2.82-SR5-20171001224502.zip?retrieve_file=1）以及 Kali NetHunter for Nexus 5X 的 torrent 下载链接（https://downloadtorrentfile.com/hash/d6cc15ce2e3fa5b5ba588457c52d4e2c2941e6d8?name=nethunter-2020-3-bullhead-oreo-kalifs-full-zip）。

步骤 02 下载完毕后，开始安装环境。在刷入 Kali NetHunter 之前，要对手机进行 Root 操作。由于 Magisk 进行 Root 的方式实际上是一个 "假" Root（读者有兴趣的话可自行研究），因此笔者选择 SuperSU 进行 Root。在安装 SuperSU 之前，Magisk 和 SuperSU 是不兼容的，首先按照 1.3.1 小节中的步骤重新刷入一个新的镜像。

重新刷机之后，启用开发者模式与 USB 调试功能并确认手机已连接上计算机。然后在主机上使用 adb 命令将 SuperSU-v2.82-201705271822.zip 和下载的 Kali NetHunter 用 push 命令令推送到安卓设备上：

```
root@VXIDr0ysue:~/Chap01# adb push SuperSU-v2.82-201705271822.zip /sdcard/
```

```
SuperSU-v2.82-201705271822.zip: 1 file pushed, 0 skipped. 1.9 MB/s (5903921
bytes in 3.036s)
root@VXIDr0ysue:~/Chap01# adb push nethunter-2020.3-bullhead-oreo-kalifs-
full.zip /sdcard/
```

步骤 03　参照 1.3.2 小节中所展示的截图，重新刷入并进入 TWRP 界面，选择 Install，然后选择 SuperSU 文件，刷入并重启，从而使系统再次获得 Root 权限，具体操作如图 1-18 所示。

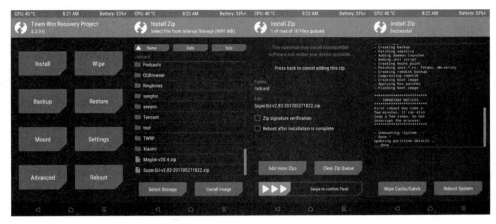

图 1-18　刷入 SuperSU

重启后进入 Shell 确认能够获得 Root 权限。

```
root@VXIDr0ysue:~/Chap01# adb shell
bullhead:/ $ su
bullhead:/ #
```

步骤 04　重新进入 TWRP，按照同样的步骤刷入 Kali NetHunter。这个过程可能会很长，刷入成功后重启，Kali NetHunter 界面如图 1-19 所示。

图 1-19　Kali NetHunter 界面展示

此时，桌面壁纸发生了变化。打开设置页面，进入"关于手机"界面，会发现 Android 内核也发生了变化（从原来谷歌团队编译变成了 re4son@nh-hernel-builder 编译的），如图 1-20 所示。

从官方文档来看这个内核是在标准 Android 内核的基础上打的补丁（patch），主要是在内核增加对网络、WiFi、SDR 无线电、HID 模拟键盘等功能的支持或添加驱动程序。利用这个定制的内核，普通的安卓手机就可以进行诸如外接无线网卡使用 Aircrack-ng 工具箱进行无线渗透、模拟鼠标键盘进行 HID Badusb 攻击、模拟 CDROM 利用手机绕过计算机开机密码、一键部署 Mana 钓鱼热点等功能。

这些与我们进行安卓 App 的逆向过程关系不是很大，我们真正关心的是 Kali NetHunter 的输入，相当于在安卓手机里装上了一个完整的 Linux 环境。

在 App 层面，从图 1-19 可以看到 Android 上的应用多出了 NetHunter、NetHunter-Kex、NetHunter 终端等。其中，NetHunter 终端是一个终端程序，可以使用 ANDROID SU 进入手机的终端或者选择 Kali 模式。对应之前所说完整的 Linux 环境，此时可通过终端执行 Kali 中的各种命令，比如 apt 安装、jnettop 查看网卡速率、ifconfig 查看 ip 地址等命令。下面展示的是 apt 命令，如图 1-21 所示。

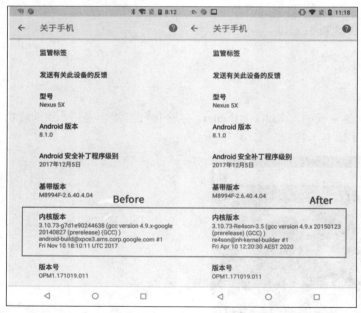

图 1-20　Kali NetHunter 刷之前和刷之后的内核对比

图 1-21　Terminal 命令展示

要使用其他 NetHunter 相关的 App，比如图 1-21 展示的 NetHunter 终端，则需要打开 NetHunter App 并允许所有申请的权限。在 App 进入主界面后，打开 App 侧边栏，选择 Kali Chroot Manager 就会自动安装上 Kali Chroot。在安装完毕后，单击 START KALI CHROOT 启动 Chroot，就可以使用 NetHunter-Terminal 和 NetHunter-Kex 了，详细步骤如图 1-22 所示。

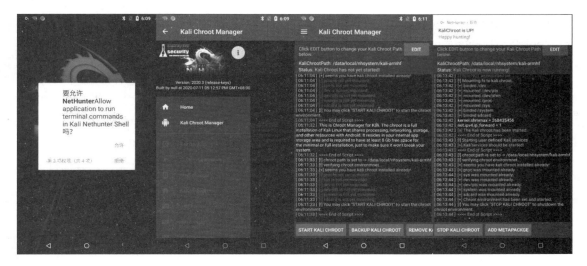

图 1-22　Kali Chroot 配置

此时，可以通过手机上的 NetHunter 终端运行各种 Android 原本不支持的 Linux 命令。如果觉得手机界面过小，还可以通过 SSH 连接手机，最终在计算机上操作手机。具体关于 SSH 的配置，可以打开 NetHunter，在侧边栏中选择 Kali Services，然后勾选 RunOnChrootStart，并选中 SSH 按钮，具体操作流程如图 1-23 所示。这时，如果计算机和手机在同一个内网中，则可以使用计算机上的终端进行 SSH 连接。

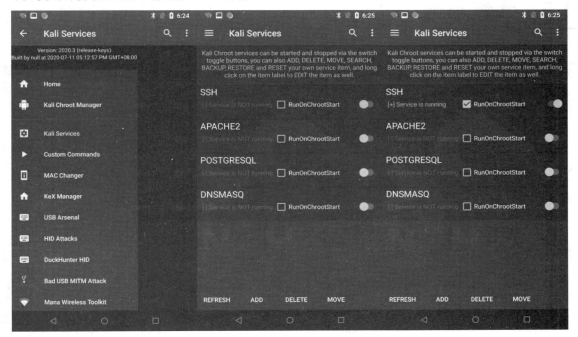

图 1-23　NetHunter 启动 SSH

在启动 SSH 后，在计算机上就可以通过手机的 IP 来连接手机。笔者手机的 IP 为 192.168.50.129，使用计算机连接手机的演示如下：

```
# 计算机的 Shell
root@VXIDr0ysue:~/Chap01# ssh root@192.168.50.129

root@192.168.50.129's password:

Linux kali 3.10.73-Re4son-3.5 #1 SMP PREEMPT Fri Apr 10 12:20:30 AEST 2020
aarch64
The programs included with the Kali GNU/Linux system are free software;
the exact distribution terms for each program are described in the
individual files in /usr/share/doc/*/copyright.
Kali GNU/Linux comes with ABSOLUTELY NO WARRANTY, to the extent
permitted by applicable law.
# 手机的 Shell
root@kali:~# ifconfig
...
wlan0: flags=4163<UP,BROADCAST,RUNNING,MULTICAST>  mtu 1500
        inet 192.168.50.129  netmask 255.255.255.0  broadcast 192.168.50.255
...
```

可惜的是，Kali NetHunter 仅支持 Nexus 系列及 OnePlus One 系列部分手机机型。

1.5　本章小结

本章主要介绍了安卓逆向过程常用的基础环境和相关配置，它是整本书的基石。一个好的工作环境及其配置会使之后的学习更加顺利，并能大大提高学习效率。

第 2 章

安卓逆向过程必备基础

基础不牢，地动山摇。如果说第 1 章是学习安卓逆向过程必备的环境，那么第 2 章将开始学习 Android 必备的知识基础。本章将介绍 Android 的基础架构以及开发基础，同时还会介绍一些在逆向过程中常用的命令。

2.1 Android 相关基础介绍

2.1.1 系统架构

Android 是一个基于 Linux 的操作系统，系统结构图如图 2-1 所示（摘自 Google 官方网站）。

从下往上看，Android 主要分为 5 个层级，依次是 Linux 内核层、HAL 硬件抽象层、系统运行库层、应用框架层、应用层。其中，HAL 硬件抽象层与本书内容无太大关系，不作介绍，读者有兴趣的话，可自行从网络上搜索相关资料。我们接下来介绍一下除 HAL 硬件抽象层之外的各个层级。

（1）Linux 内核层

Linux 和 Android 的底层本质上是一样的，因为 Android 使用的是 Linux 内核。换而言之，Android 从某种程度上说就是一个 Linux 系统，因此大部分在 Linux 中存在的内核漏洞在 Android 中可能也存在，只是漏洞利用的方式不同而已；另外，理论上在计算机上能够运行的 Linux 命令在手机上也是可以执行的，只是因为缺少部分软件包或者其他部件的支持而导致一些命令无法在手机上执行。在 Android 中可以使用名为 termux 的软件来解封并执行所有的 Linux 命令。

（2）系统运行库层

系统运行库层分为平行的两个组成部分。

第一部分是与标准 Linux 中一样的使用 C/C++ 编写的原生库文件，包括提供媒体库支持的 libopengl.so、提供数据库存储功能的 libsqlite3.so 等。

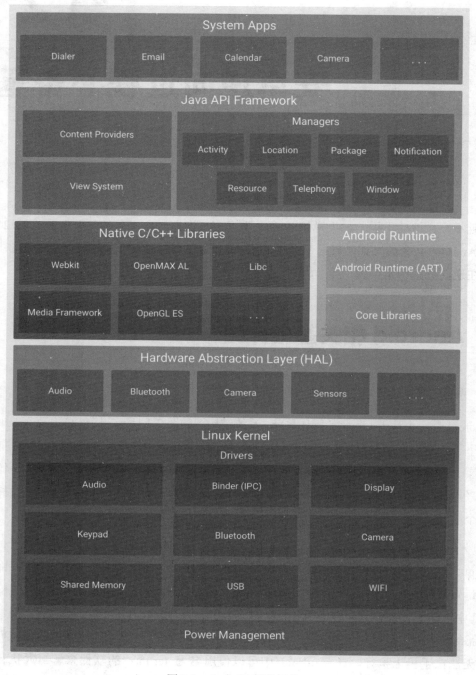

图 2-1　Android 系统架构

第二部分是 Android 特有的使用 C/C++编写的运行库，类似于 Java 中的 JVM，被称为 Android Runtime。在系统运行过程中，每一个 App 进程都有一个自己的 Android Runtime 实例，用于支持所有 Java 相关代码的加载与执行。在 Android 5.0 之前，Dalvik 虚拟机是 Android Runtime，对应的库文件名是 libdvm.so；从 Android 5.0 开始，Google 官方彻底放弃了 Dalvik，转而支持了更快的 Art 运行库，对应的库文件名为 libart.so。需要注意的是，在 Android 4.4 上，虽然是 Dalvik 和 Art 共存，但是默认选择 Dalvik 作为运行库。

（3）应用框架层

应用框架层相当于 Linux 层级的 so 文件，用于给 Android 的 Java 层提供 API 支持。不管是加壳的 App 还是未加壳的 App，其框架层的代码在应用层代码加载之前就存在。

（4）应用层

应用层是 App 所在的层级，包括系统自带的应用（称为系统应用）以及后续用户自己所安装的应用（称为普通应用）。这一层是本书最为关注的层级，对其余层级的了解都是为了更好地分析应用层。

2.1.2 Android 四大组件

要完成 Android 的逆向工作，若不知道如何进行 Android 开发是难以想象的。Android 基础中的基础就是 Android 的四大组件，即活动（Activity）、服务（Service）、广播接收器（Broadcast Receiver）以及内容提供者（Content Provider）。

Activity 可以理解为界面，一个 Activity 就是一个界面；Service 相当于 Windows 上的一个后台进程；Broadcast Receiver 用于响应来自其他应用程序或者系统的广播消息；Content Provider 用于进程间的交互，通常通过请求从一个应用程序向其他应用程序提供数据。

关于 Android 的四大开发组件，此处只做简要介绍，更详细的相关知识，请读者参考 Android 开发的专业书籍。笔者还是建议读者深入学习一下 Android 的开发知识，毕竟个人开发水平的高低决定了 Android 逆向开发和分析人员能力的强弱。注：逆向人员是逆向漏洞-安全人员的简称，一般都要求逆向人员具有开发的能力。

2.2 从 Hello World 开始了解 Android 的开发流程

在了解了 Android 基础架构以及四大组件之后，本节将介绍一些关于 Android 开发的知识和流程。

在 Android 开发中，主要使用的是 Java 语言或者 Kotlin 语言。其中，Java 语言的使用更为普遍，虽然 Kotlin 语言是由 Google 官方专为 Android 设计的语言，但是在 Android 中 App 都是以字节码的形式执行的，即便使用 Kotlin 进行开发，在编译后最终还是以 Dalvik 字节码的形式存在，所以 Kotlin 语言和 Java 语言在逆向开发和分析人员眼中是一样的。Android Studio 这一官方 Android 开发工具还提供了两种语言互转的便捷操作，证明在内存中两者具有相同的表现形式，因此这里仅以 Java 为例介绍 Android 开发。

2.2.1　第一行代码 Hello World 的开发流程

下面使用 Android Studio 开发一个 Android 版本的 Hello World。

步骤 01　在启动 Android Studio 后，Android Studio 的默认界面如图 2-2 所示。

图 2-2　Android Studio 主界面

步骤 02　单击 Create New Project 选项，选择默认的 Empty Activity 模板，这个选项会在工程创建完成后生成一个 MainActivity 的空 Activity 类。选择模板之后，单击 Next 按钮进入下一步，如图 2-3 所示。

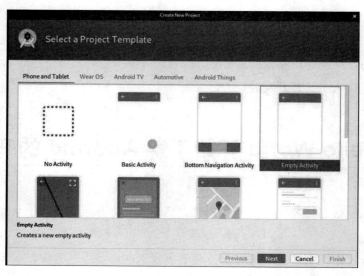

图 2-3　选择 Empty Activity

步骤03 配置项目名称、包名、保存路径、语言和最低支持的 SDK 版本。其中，Name 为项目的名称，可根据具体需要进行设置，一般会成为 App 最终在手机界面上的显示名称，例如"设置"；Package name 为 App 的包名，这个包名会作为 App 的唯一标志，在单部手机上不可能会安装具有相同包名的两个 App；Save location 表示这个项目在计算机上的存储路径；Minimum SDK 可以理解为手机版本的数字代号，比如图 2-4 中的 API 16，代表 App 最低运行在 Android 4.1 版本的手机上。笔者计算机上 Android Studio SDK 的最高版本为 API 30，代表使用笔者的 Android Studio 最高可支持到 Android 11 版本。具体 SDK 版本和 Android 版本的对应关系可查询官网 https://developer.android.com/studio/releases/platforms?hl=zh-cn，这里不再赘述。

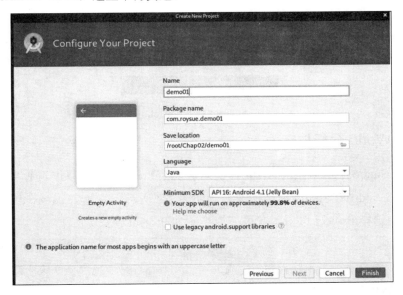

图 2-4　配置 demo01

步骤04 配置好这些选项后，单击 Finish 按钮，等待 Android Studio 完成一些配置和依赖包的同步；在同步完成后还需要使用 USB 线将手机连接到计算机，等待 Android Studio 界面右上角显示设备名（比如 Nexus 5X），如图 2-5 所示。

图 2-5　将手机连接到计算机

步骤05 在同步完成后，依次单击 Android Studio 最上方工具栏中的 Run→Run 'App'或者使用快捷键 Shift+F10 运行 App，等待 App 安装到手机上并运行起来，一个简单的 Android 的 Hello World 就完成了，运行界面如图 2-6 所示。

图 2-6 Android 版本的 Hello World

2.2.2 Hello World 分析与完善

在 Android Studio 中从默认的 Android 视图切换为 Project 视图，以便查看项目的目录结构。视图结构默认在 Android Studio 页面的左方，如图 2-7 所示，先单击 Android 下三角按钮，再在下拉列表框中选择 Project 选项，即可切换视图为 Project 视图。

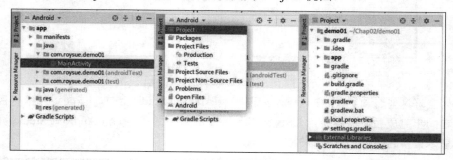

图 2-7 切换为 Project 视图

此时，展开 App 目录会发现 src/main/目录包含了 App 的主体部分。这个目录一般是由开发者进行存取的，通常会存储代码文件、界面描述文件、资源文件以及在 Android 中具有举足轻重作用的 AndroidManifest.xml 清单文件。AndroidManifest.xml 是应用程序的清单文件，描述应用程序的基础特性，定义它的各种组件（Android 中的四大组件必须在这个文件中声明，不然无法使用），定义 App 的启动类以及申请的权限等信息。以这里的 Hello World 为例，代码文件一般存储在 src/main/java/com/roysue/demo01 目录下，界面描述文件存储在 src/main/res/layout 目录下（用于描述界面上的文字和图片等资源排列），AndroidManifest.xml 存储在 src/main 目录下。

MainActivity 是一个简单的 Activity 活动类，具体内容见代码清单 2-1。

代码清单 2-1　MainActivity.java

```java
public class MainActivity extends AppCompatActivity {

    @Override
    protected void onCreate(Bundle savedInstanceState) {
        super.onCreate(savedInstanceState);
        setContentView(R.layout.activity_main);
    }
}
```

在这个类中，onCreate()函数是在 MainActivity 被调用后默认加载的生命周期函数。在代码清单 2-1 中，onCreate()函数先调用了父类的 onCreate()函数，然后调用 setContentView()函数加载了在 src/main/res/layout 目录下定义的 activity_main.xml 文件作为 MainActivity 对应的界面（一个 Activity 就是一个界面）。其中，R.layout.activity_main 是 activity_main.xml 文件的唯一标志 id。

接下来，介绍一下在 App 中常用的点击事件。首先修改 activity_main.xml 视图文件，这里直接将 TextView 控件改成 Button 控件，并给这个控件分配一个 id，代号为 check。最终的 activity_main.xml 视图文件内容如代码清单 2-2 所示。

代码清单 2-2　activity_main.xml

```xml
<?xml version="1.0" encoding="utf-8"?>
<androidx.constraintlayout.widget.ConstraintLayout xmlns:android=
"http://schemas.android.com/apk/res/android"
    xmlns:App="http://schemas.android.com/apk/res-auto"
    xmlns:tools="http://schemas.android.com/tools"
    android:layout_width="match_parent"
    android:layout_height="match_parent"
    tools:context=".MainActivity">

    <Button
        android:id="@+id/check"
        android:layout_width="wrap_content"
        android:layout_height="wrap_content"
        android:text="Hello World!"
        App:layout_constraintBottom_toBottomOf="parent"
        App:layout_constraintLeft_toLeftOf="parent"
        App:layout_constraintRight_toRightOf="parent"
        App:layout_constraintTop_toTopOf="parent" />

</androidx.constraintlayout.widget.ConstraintLayout>
```

配置完成后，一个页面呈现为"Hello World!"的 Button 按钮就完成了。然后为这个控件添加点击事件的响应。首先，将代码与界面元素进行绑定，在 onCreate()函数中添加代码（见代码清单 2-3）。

代码清单 2-3　代码与界面元素绑定

```
Button bt_check = findViewById(R.id.check);
```

这里的 R.id 是前缀，check 是刚才在界面描述文件中定义的 id。通过 findViewById()函数将这个按钮控件与 bt_check 变量绑定，之后对这个变量进行的代码操作就代表了对界面上的按钮控件的操作。换言之，当用户在界面上对按钮进行操作时，实际上对事件做出响应的就是接下来对 bt_check 这个变量进行的代码操作，如果代码中没有实现相应的事件响应，那么用户在界面上做的操作就被无视了。接着为这个按钮添加点击事件，具体内容见代码清单 2-4。

代码清单 2-4　添加点击事件响应

```
bt_check.setOnClickListener(new View.OnClickListener() {
    @Override
    public void onClick(View v) {
        Log.i("r0ysue", "Hello world from bt_check");
    }
});
```

这里介绍一个 Log 类。Log 是在 Android 开发中常用的日志打印类，类中存在一些不同等级的静态日志打印函数（例如，Log.e()函数，通常用于打印报错信息；log.d()函数，用于打印调试信息）。这里调用 Log.i()函数打印日志，其中第一个参数为日志标签，第二个参数为日志内容。其中，日志标签 tag 为 r0ysue，日志内容为 Hello world from bt_check。在 Android 开发中，可使用 adb logcat 命令实时查看 Android 系统日志，或者直接使用 Android Studio 自带的 Logcat 查看（单击 Android Studio 界面下方的"6: LogCat"按钮查看），如图 2-8 所示。

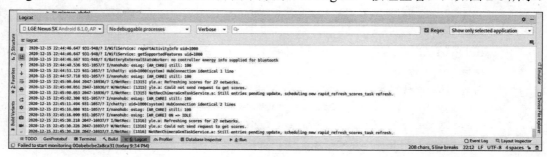

图 2-8　Android Studio Logcat 界面

回到正题，此时重新编译运行 App，在每次点击按钮后都会出现一行日志。图 2-9 是在点击两次按钮后运行的 App 界面以及点击后产生的日志。

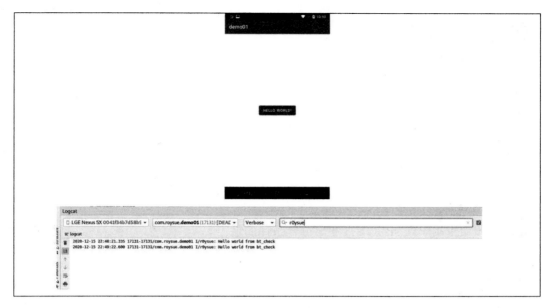

图 2-9　App 界面及产生的日志

这里使用日志的标签 tag 作为过滤标签（对日志的输出进行过滤），不然会有很多其他系统相关的日志输出干扰结果。

由于本书性质和篇幅所限，基础的 Android 开发知识就介绍到这，建议读者参考 Android 开发方面的书籍深入学习一下。

2.3　安卓逆向过程中的常用命令

本节将会介绍一些在 Android 逆向过程中常用的命令，有些是 Linux 通用的命令，有些是 Android 特有的命令（比如 adb 命令）。

2.3.1　常用 Linux 命令介绍

（1）cat 命令

功能：该命令用于在 Shell 中方便地查看文本文件的内容。

示例：

```
bullhead:/sdcard/Chap02 # cat 1.txt
roysue1
```

（2）touch 和 echo 命令

功能：touch 命令可以创建一个空文件；echo 命令通过配合 ">" 或者 ">>" 对文件进行写操作，其中 ">" 为覆盖写操作、">>" 为扩展写操作。

示例：

```
bullhead:/sdcard/Chap02 # ls
bullhead:/sdcard/Chap02 # touch 2.txt
bullhead:/sdcard/Chap02 # ls
1.txt
bullhead:/sdcard/Chap02 # cat 2.txt
bullhead:/sdcard/Chap02 # echo "roysue" >> 2.txt
bullhead:/sdcard/Chap02 # cat 2.txt
roysue2
```

（3）grep 命令

功能：该命令用于在 shell 中过滤出符合条件的输出。

示例：

```
bullhead:/sdcard/Chap02 # ls
1.txt 2.txt
bullhead:/sdcard/Chap02 # touch 3.txt
bullhead:/sdcard/Chap02 # cat 3.txt
bullhead:/sdcard/Chap02 # echo "roysue666\nr0ysue123\n" >> 3.txt
bullhead:/sdcard/Chap02 # cat 3.txt
roysue666
r0ysue123
bullhead:/sdcard/Chap02 # cat 3.txt | grep r0ysue
r0ysue123
```

（4）ps 命令

功能：该命令可输出当前设备正在运行的进程。在 Android 8 之后，ps 命令只能打印出当前进程，需要加上 -e 参数才能打印出全部的进程。

示例：

```
bullhead:/sdcard/Chap02 # ps
USER       PID   PPID   VSZ    RSS   WCHAN        ADDR         S NAME
root       21789 381    8908   1876  sigsuspend   798fcab5c0   S sh
root       21978 21789  10488  1936  0            7bc7ed3f20   R ps
bullhead:/sdcard/Chap02 # ps -e
USER       PID  PPID   VSZ    RSS   WCHAN         ADDR    S NAME
root       1    0      11836  1448  SyS_epoll+    4fe458  S init
root       2    0      0      0     kthreadd      0       S [kthreadd]
root       3    2      0      0                   0       S [ksoftirqd/0]
root       5    2      0      0     worker_th+    0       S [kworker/0:0H]
root       6    2      0      0     msm_mpm_w+    0       D [kworker/u12:0]
...
```

（5）netstat 命令

功能：该命令输出 App 连接的 IP、端口、协议等网络相关信息，通常使用的参数组合为 -alpe。netstat -alpe 用于查看所有 sockets 连接的 IP 和端口以及相应的进程名和 pid，配合 grep 往往有奇效。

示例：

```
bullhead:/sdcard/Chap02 # netstat -alpe | grep org.sfjboldyvukzzlpp
tcp6      0      0 ::ffff:192.168.31:44916 ::ffff:14.205.40.:https
ESTABLISHED u0_a102    215569      21312/org.sfjboldyvukzzlpp
```

当前目的进程 org.sfjboldyvukzzlpp 正在进行 https 连接，对应的 pid 为 21312。

（6）lsof 命令

功能：该命令可以用来查看对应进程打开的文件。

示例：

```
bullhead:/sdcard/Chap02 # lsof -p 21312 -l| grep db
    fjboldyvu  21312     10102   33u    REG        253,0    53248    396395
/data/data/org.sfjboldyvukzzlpp/databases/bugly_db_
    fjboldyvu  21312     10102   104u   REG        253,0    12288    396774
/data/data/org.sfjboldyvukzzlpp/databases/cache_video.db
bullhead:/sdcard/Chap02 #
```

可以看到，进程 pid 为 21312，所打开的数据库文件为 cache_video.db 及其对应的路径。

这里的文件不仅仅指常见的普通文件。在 Linux 系统中有一种说法叫"万物皆文件"，其实网络中建立的连接也可以叫作文件，因此 lsof 命令也可以用于与 netstat 命令相同的操作。

示例：

```
bullhead:/sdcard/Chap02 # lsof -l -p 21312 | grep TCP
    fjboldyvu  21312     10103   47u    IPv6            0t0    97094  TCP
[]:41959->[]:80 (SYN_SENT)
    fjboldyvu  21312     10103   51u    IPv6            0t0    96915  TCP
[]:38922->[]:443 (ESTABLISHED)
    fjboldyvu  21312     10103   56u    IPv6            0t0    96785  TCP
[]:48438->[]:443 (ESTABLISHED)
    fjboldyvu  21312     10103   57u    IPv6            0t0    96940  TCP
[]:48533->[]:443 (ESTABLISHED)
    fjboldyvu  21312     10103   66u    IPv6            0t0    97476  TCP
[]:48526->[]:443 (ESTABLISHED)
    fjboldyvu  21312     10103   70u    IPv6            0t0    96946  TCP
[]:48534->[]:443 (ESTABLISHED)
```

（7）top 命令

功能：该命令用于查看当前系统运行负载以及对应进程名和一些其他的信息，和之前讲的 htop 作用一样，只是相对来说 htop 更加人性化。

2.3.2 Android 特有的 adb 命令介绍

adb（Android Debug Bridge，Android 调试桥）是一种功能多样的命令行工具，可用于与设备进行通信。adb 命令可用于执行各种设备操作（例如安装和调试应用）。

常用的 adb 命令主要有以下几种。

（1）adb shell dumpsys activity top

功能：查看当前处于前台的 Activity。

示例：

```
root@VXIDr0ysue:~/Chap02# adb shell dumpsys activity top
...
  ACTIVITY org.sfjboldyvukzzlpp/org.pp.va.video.ui.home.MainActivity 88dc82b pid=21312
...
```

通常，上述命令会与 grep 命令一同使用，输出很多信息。

（2）adb shell dumpsys package <package-name>

功能：查看包信息，包括四大组件信息以及 MIME 等相关信息。

示例：

```
root@VXIDr0ysue:~/Chap02# adb shell dumpsys d
Activity Resolver Table:
  Non-Data Actions:
      android.intent.action.MAIN:
        a1eae9d org.sfjboldyvukzzlpp/org.pp.va.video.ui.start.AcStartV2 filter 9df291c
          Action: "android.intent.action.MAIN"
          Category: "android.intent.category.LAUNCHER"


Registered ContentProviders:
  org.sfjboldyvukzzlpp/android.support.v4.content.FileProvider:
    Provider{35ccc7d org.sfjboldyvukzzlpp/android.support.v4.content.FileProvider}
  org.sfjboldyvukzzlpp/android.arch.lifecycle.ProcessLifecycleOwnerInitializer:
    Provider{83a7e77 org.sfjboldyvukzzlpp/android.arch.lifecycle.ProcessLifecycleOwnerInitializer}
```

```
ContentProvider Authorities:
  [org.sfjboldyvukzzlpp.lifecycle-trojan]:
    Provider{83a7e77 org.sfjboldyvukzzlpp/android.arch.lifecycle.
ProcessLifecycleOwnerInitializer}
      ApplicationInfo=ApplicationInfo{87674c2 org.sfjboldyvukzzlpp}
  [org.sfjboldyvukzzlpp.fileProvider]:
    Provider{35ccc7d org.sfjboldyvukzzlpp/android.support.v4.content.
FileProvider}
      ApplicationInfo=ApplicationInfo{87674c2 org.sfjboldyvukzzlpp}

Key Set Manager:
  Packages:
   Package [org.sfjboldyvukzzlpp] (483ffc8):
    userId=10102
    ...
    dataDir=/data/user/0/org.sfjboldyvukzzlpp
    ...
    requested permissions:
      android.permission.INTERNET
      ...
    install permissions:
      android.permission.GET_TASKS: granted=true
      ...
    User 0: ceDataInode=262281 installed=true hidden=false suspended=false
stopped=false notLaunched=false enabled=0 instant=false virtual=false
      gids=[3003]
      runtime permissions:
        android.permission.READ_EXTERNAL_STORAGE: granted=true
        ...
```

可以看到，包名为 org.sfjboldyvukzzlpp 的入口类以及权限等相关信息都列出来了。

（3）adb shell dbinfo <package-name>

功能：用于查看 App 使用的数据库信息，包括执行操作的查询语句等信息都会被打印出来。

示例：

```
root@VXIDr0ysue:~/Chap02# adb shell dumpsys dbinfo  org.sfjboldyvukzzlpp
Applications Database Info:

** Database info for pid 21312 [org.sfjboldyvukzzlpp] **

Connection pool for /data/user/0/org.sfjboldyvukzzlpp/databases/
cache_video.db:
   Open: true
```

```
    Max connections: 1
    Available primary connection:
      Connection #0:
        isPrimaryConnection: true
        onlyAllowReadOnlyOperations: true
        Most recently executed operations:
          ...
          8: [2020-11-28 12:07:36.875] executeForLong took 0ms - succeeded,
sql="PRAGMA wal_autocheckpoint=100"
          ...

  Connection pool for /data/user/0/org.sfjboldyvukzzlpp/databases/bugly_db_:
    Open: true
    Max connections: 1
    Available primary connection:
      Connection #0:
        isPrimaryConnection: true
        onlyAllowReadOnlyOperations: false
        Most recently executed operations:
          ...
          14: [2020-11-28 15:42:15.489] executeForLastInsertedRowId took 25ms -
succeeded, sql="INSERT OR REPLACE  INTO t_ui(_tm,_tp,_pc,_dt,_ut) VALUES
(?,?,?,?,?)"
          ...
...
```

与 lsof 命令打印出来的信息完全一致。

（4）adb shell screencap -p <path>

功能：用于执行截图操作，并保存到<path>目录下。

（5）adb shell input text <text>

功能：用于在屏幕选中的输入框内输入文字，可惜不能直接输入中文。

（6）adb shell pm 命令

功能：pm 命令是 Android 中 packageManager 的命令行，是用于管理 package 的命令，比如通过 pm list packages 命令可以列出所有安装的 APK 包名。

示例：

```
root@VXIDr0ysue:~/Chap02# adb shell pm list packages
package:com.google.android.carriersetup
package:com.android.cts.priv.ctsshim
package:com.google.android.youtube
...
```

pm install 命令用于安装 APK 文件，只是这里的 APK 文件不是在主机目录下，而是在 Android 手机目录下。

示例：

```
bullhead:/sdcard # ls | grep apk
network-debug.apk
root@VXIDr0ysue:~/Chap02# adb shell pm install /sdcard/network-debug.apk
Success
```

pm 命令还有很多其他用法，比如 pm uninstall 命令，用于卸载 Android 上的应用。这里仅以 pm list 和 pm install 为例，更多用法留待读者自行探索。

（7）adb shell am 命令

功能： am 命令是一个重要的调试工具，主要用于启动或停止服务、发送广播、启动 Activity 等。在逆向过程中，往往在需要以 Debug 模式启动 App 时会使用这个命令。

对应命令格式为 adb shell am start-activity -D -N <包名>/<类名>。

示例：

```
root@VXIDr0ysue:~/Chap02# adb shell am start-activity -D -N com.example.network/.MainActivity
    Starting: Intent { act=android.intent.action.MAIN cat=[android.intent.category.LAUNCHER] cmp=com.example.network/.MainActivity }
    root@VXIDr0ysue:~/Chap02#
```

此时 App 就以 Debug 模式启动了，界面中会显示 Waiting For Debugger，如图 2-10 所示。

图 2-10　Debug 模式启动 App

am 命令就介绍到这里，其他用法请读者自行研究。

其实以上所有命令也可以通过执行 adb shell 进入 Android 的 shell 中直接执行，只需要将开始的 adb shell 去掉就行。以 Debug 模式启动 App 为例，其结果是一样的。

```
# 计算机 Shell
root@VXIDr0ysue:~/Chap02# adb shell

# 手机 Shell
bullhead:/ $ am start-activity -D -N com.example.network/.MainActivity
Starting: Intent { act=android.intent.action.MAIN cat=[android.intent.category.LAUNCHER] cmp=com.example.network/.MainActivity }
bullhead:/ $
```

另外，还有一些关于主机和 Android 交互相关的 adb 命令，比如：

- adb install <App.apk>：这个命令可谓是重中之重，几乎每天都会被移动安全逆向开发和分析人员使用。这个命令用于将主机的apk安装到手机上，其中App路径是主机的目录。

示例：

```
root@VXIDr0ysue:~/Chap02# adb install ./network-debug.apk
Performing Streamed Install
Success
```

- adb push和adb pull：这两个命令用于在主机和Android设备之间交换文件，前者用于从主机推送文件到Android设备上，后者用于从Android设备上获取文件到主机中。

示例：

```
# 主机的 Shell
root@VXIDr0ysue:~/Chap02# adb shell

# 进入手机的 Shell
bullhead:/ $ cd /sdcard/Chap02
bullhead:/sdcard/Chap02 $ ls
1.txt 2.txt 3.txt

# 主机的 Shell
root@VXIDr0ysue:~/Chap02# ls
network-debug.apk
root@VXIDr0ysue:~/Chap02# adb push network-debug.apk /sdcard/Chap02/
network-debug.apk: 1 file pushed, 0 skipped. 1456.9 MB/s (2126079 bytes in 0.001s)

# 回到手机的 Shell
root@VXIDr0ysue:~/Chap02# adb shell
bullhead:/ $ cd /sdcard/Chap02/
```

```
bullhead:/sdcard/Chap02 $ ls
1.txt 2.txt 3.txt network-debug.apk
```

- adb logcat：用于查看Android中日志的输出，前面已经介绍过，这里不再重复。

2.4 本章小结

本章主要介绍了一些关于 Android 的基础知识，并带读者开发了一个简单的 Hello World 的 App，同时介绍了一些在 Android 逆向过程中常用的 adb 命令，这些命令会穿插在后面的逆向过程中，请读者注意掌握其使用方法。

第 3 章

Frida 逆向入门之 Java 层 Hook

前面的章节主要介绍了关于 Android 开发的入门知识以及逆向过程中所需要的环境和基础知识，本章将开始介绍本书的主角——常用的逆向工具 Frida，并以此为契机来开始我们的 Android 逆向旅程。

3.1 Frida 基础

3.1.1 Frida 介绍

官网对 Frida 的介绍是 "Frida 是平台原生 App 的 Greasemonkey"，专业一点就是一种动态插桩工具，可以插入一些代码到原生 App 的内存空间去动态地监视和修改其行为，这些原生平台可以是 Windows、Mac、Linux、Android 或者 iOS，同时 Frida 还是开源的。

Greasemonkey 可能看起来十分陌生，其实它是 Firefox 的一套插件体系，通过利用 Greasemonkey 插入自定义的 JavaScript 脚本可以定制网页的显示或行为方式；换而言之，可以直接改变 Firefox 对网页的编排方式，从而实现想要的任何功能。同时这套插件还是"外挂"的，非常灵活机动。同样，Frida 也可以通过将 JavaScript 脚本插入到 App 的内存中来对 App 的逻辑进行跟踪和监控，甚至重新修改程序的逻辑，实现逆向开发和分析人员想要实现的功能，这样的方式也可以称为 Hook（钩住，即通过钩子机制与钩子函数建立关联）。

Frida 目前非常火爆，该框架从 Java 层 Hook 到 Native 层 Hook 无所不能，虽然持久化还是要依靠 Xposed 和 HookZz 等开发框架，但是 Frida 的动态特性和灵活性对逆向过程以及自动化逆向过程的帮助非常大。

Frida 为什么这么火爆呢？

在逆向工作中，使用 Frida 可以"看到"平时看不到的东西。出于编译型语言的特性，机器码在 CPU 和内存上执行时，其内部数据的交互和跳转对用户来讲是看不见的。当然，如果手上有源码，哪怕有带调试符号的可执行文件包，也可以使用 gdb、lldb 等调试器连上去进行调试和查看。

如果没有呢？比如纯黑盒，此种情况下，如果仍旧要对 App 进行逆向过程和动态调试，甚至进行自动化的分析和规模化的信息收集，那么我们就需要一种可编程的框架，它具有细粒度的流程控制、代码级的可定制体系以及不断对调试进行动态纠正，Frida 就是这种框架。

Frida 使用的是 Python、JavaScript 等"胶水语言"，这可能也是它火爆的一个原因，Frida 可以迅速地将逆向过程自动化，并整合到现有的架构和体系中去，为发布"威胁情报""数据平台""AI 风控"等产品打好基础。

3.1.2　Frida 工作环境搭建

Frida 工作环境的搭建非常简单，直接使用 pip 安装 frida-tools 就会自动安装最新版的 Frida 全系列产品，具体如下：

```
root@VXIDr0ysue:~/Chap03# pip install frida-tools
Collecting frida-tools
...
Successfully installed colorama-0.4.4 frida-14.1.3 frida-tools-9.0.1
prompt-toolkit-3.0.8 pygments-2.7.3 wcwidth-0.2.5
root@VXIDr0ysue:~/Chap03# frida --version
14.1.3
```

如果不是对本机的程序进行测试，仅仅在计算机上安装 Frida 是不够的，还需要在测试机上安装和执行对应版本的 server。例如，在 Android 中，需要从 Frida 的 GitHub 主页的 release 页面 https://github.com/frida/frida/releases 下载和计算机上版本相同的 frida-server。这里有几个地方需要注意：第一，frida-server 的版本一定要和计算机上的版本一致，比如笔者安装的 Frida 版本为 14.1.3，那么 frida-server 的版本也必须是 14.1.3；第二，frida-server 的架构需要和测试机的系统以及架构一致，比如笔者使用的 Android 测试机 Nexus 5X 是 arm64 的架构，就需要下载 frida-server 相应的 arm64 的版本。

执行可以选择进入测试机的 shell，即用 getprop 命令查看系统的架构：

```
bullhead:/ $ getprop ro.product.cpu.abi
arm64-v8a
```

getprop 命令是 Android 特有的命令，可用于查看各种系统的属性。

在下载完 frida-server 后，需要在其解压后将 frida-server 通过 adb 工具推送到 Android 测试机上。在 Android 中，使用 adb push 命令推送文件到 data 目录一般需要 root 权限，但是这里有一个例外,那就是使用/data/local/tmp 目录并不需要 root 权限。所以,frida-server 一般会被存放在测试机的/data/local/tmp/目录下;在将 frida-server 存放到测试机目录下后,使用 chmod 命令赋予 frida-server 充分的权限,这样 frida-server 就可以执行了。

```
root@VXIDr0ysue:~/Chap03# 7z x frida-server-14.1.3-android-arm64.xz
...
Everything is Ok

root@VXIDr0ysue:~/Chap03# ls
frida-server-14.1.3-android-arm64  frida-server-14.1.3-android-arm64.xz

root@VXIDr0ysue:~/Chap03# adb push frida-server-14.1.3-android-arm64 /data/local/tmp/
frida-server-14.1.3-android-arm64: 1 file pushed, 0 skipped. 18.8 MB/s
(41309856 bytes in 2.094s)

root@VXIDr0ysue:~/Chap03# adb shell

bullhead:/ $ su
bullhead:/ # cd /data/local/tmp
bullhead:/data/local/tmp # chmod 777 frida-server-14.1.3-android-arm64
bullhead:/data/local/tmp # ./frida-server-14.1.3-android-arm64
```

Frida 的迭代更新速度很快,当读者看到这本书的时候,Frida 版本可能已经不是 14 系列了,这说明 Frida 的活跃度非常高,但也会带来一个弊端——Frida 的稳定性不能得到有效的保证。为此会用到 pyenv 或者 miniconda 等 Python 版本管理软件来切换 Python 版本,做到一个版本的 Python 就有一个版本的 Frida 套件,当然相对应的 frida-server 还要和安装的 Frida 版本一致。笔者在这里推荐相对比较稳定的 12.8.0 版本的 Frida。在安装自定义版本的 Frida 时,仅仅需要先使用 pip 安装特定版本的 Frida 和相对应版本的 frida-tools 即可。12.8.0 版本的 Frida 和相应的 frida-tools 版本的对应关系如图 3-1 所示。

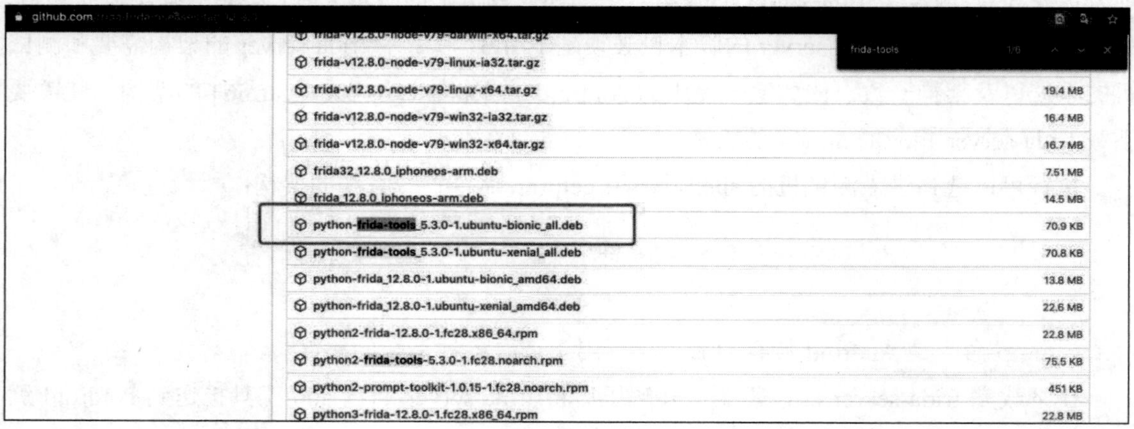

图 3-1　12.8.0 版本的 Frida 对应的 frida-tools 版本

确定 frida-tools 版本后,即可开始安装特定版本的 Frida。第 1 章已经演示了如何安装 Miniconda,这里仅演示使用 conda 安装 Python 3.7.0 并且安装 12.8.0 版本的 Frida 以及相应版本 5.3.0 的 frida-tools,具体步骤如下:

```
(base) root@VXIDr0ysue:~/Chap03# python -V
Python 3.8.0
(base) root@VXIDr0ysue:~/Chap03# conda create -n py370 python=3.7.0
Collecting package metadata (repodata.json): done
Solving environment: done
...
Proceed ([y]/n)? y
...
(base) root@VXIDr0ysue:~/Chap03# conda activate py370
(py370) root@VXIDr0ysue:~/Chap03# python -V
Python 3.7.0
(py370) root@VXIDr0ysue:~/Chap03# pip install frida==12.8.0
Collecting frida==12.8.0
...
Successfully built frida
Installing collected packages: frida
Successfully installed frida-12.8.0
(py370) root@VXIDr0ysue:~/Chap03# pip install frida-tools==5.3.0
Collecting frida-tools==5.3.0
...
Successfully built frida-tools
Installing collected packages: wcwidth, six,
pygments, prompt-toolkit, colorama, frida-tools
Successfully installed colorama-0.4.4 frida-tools-5.3.0 prompt-toolkit-2.0.10
pygments-2.7.3 six-1.15.0 wcwidth-0.2.5
(py370) root@VXIDr0ysue:~/Chap03# frida --version
12.8.0
```

同样地,需要安装好对应版本的 frida-server,这样一个全新的 Frida 就可以投入使用了。

3.1.3 Frida 基础知识

在之前的章节中,介绍了关于 Frida 的安装与配置,在一切准备就绪后,本小节将会介绍一些关于 Frida 的基础知识。

在 Android 逆向过程中,Frida 存在两种操作模式:一种是通过命令行直接将 JavaScript 脚本注入进程中,对进程进行操作,称为 CLI(命令行)模式;另一种是使用 Python 进行 JavaScript 脚本的注入工作,实际对进程进行操作的还是 JavaScript 脚本,这种操作模式称为 RPC 模式。两种模式本质上是一样的,最终执行 Hook 工作的都是 JavaScript 脚本,而且核心执行注入工作的还是 Frida 本身，只是 RPC 模式在对复杂数据的处理上可以通过 RPC 传输给 Python 脚本来进行，这样有利于减少被注入进程的性能损耗，在大规模调用中更加普遍。在本章中，笔者主要使用 CLI 模式进行操作。

Frida 操作 App 的方式有两种。第一种是 spwan 模式，简而言之就是将启动 App 的权利交由 Frida 来控制。采用这个模式时，即使目标 App 已经启动，在使用 Frida 注入程序时还是会重新启动 App。在 CLI 模式中，Frida 通过加上-f 参数指定包名以 spwan 模式操作 App。第二种是 attach 模式，建立在目标 App 已经启动的情况下，Frida 通过 ptrace 注入程序从而执行 Hook 的操作。在 CLI 模式中，如果不添加-f 参数，则默认会通过 attach 模式注入 App。

3.1.4 Frida IDE 配置

在编写代码时，一个好的 IDE 会使得编程工作事半功倍，一个最基础的 IDE 一定要有的功能就是代码的智能提示功能，同样地，在使用 Frida 编写脚本时，有 Frida 的 API 智能提示功能是非常方便的。Frida 的作者非常体贴地提供了一个让 VSCode、PyCharm 等 IDE 支持 Frida 的 API 智能提示的方式，具体配置方法如下：

首先，安装 Node 和 NPM 环境，注意不要使用 Linux 包管理软件 apt 直接安装（apt 安装的版本太低），这里使用 Node.js 官方的 GitHub 提供的方法（根据笔者自己的系统选择 Debian 版本，并且安装 Node.js v12.x）。

```
root@VXIDr0ysue:~/Chap03# curl -sL https://deb.nodesource.com/setup_12.x | bash -

## Installing the NodeSource Node.js 12.x repo...
...
root@VXIDr0ysue:~/Chap03# apt-get install -y nodejs
...
The following NEW packages will be installed:
nodejs
...
Processing triggers for man-db (2.9.0-1) ...
root@VXIDr0ysue:~/Chap03# node -v
v12.19.1
root@VXIDr0ysue:~/Chap03# npm -v
6.14.8
```

使用 git 下载 frida-agent-example 仓库并配置。

```
root@VXIDr0ysue:~/Chap03# git clone https://github.com/oleavr/frida-agent-example.git
    ...
    Resolving deltas: 100% (70/70), done.
```

```
root@VXIDr0ysue:~/Chap03# cd frida-agent-example/
root@VXIDr0ysue:~/Chap03/frida-agent-example# npm install
...

added 244 packages from 208 contributors and audited 245 packages in 82.424s
...

found 0 vulnerabilities

root@VXIDr0ysue:~/Chap03#
```

最后使用 VSCode 等 IDE（这些 IDE 需要自己下载并安装，这里不再赘述）打开此工程，在子目录下编写 JavaScript 脚本，就会有智能提示功能了，如图 3-2 所示。

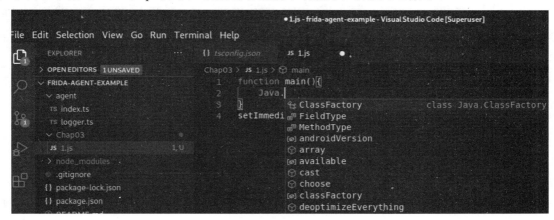

图 3-2　VSCode 智能提示

3.2　Frida 脚本入门

3.2.1　Frida 脚本的概念

Frida 脚本就是利用 Frida 动态插桩框架，使用 Frida 导出的 API 和方法对内存空间里的对象方法进行监视、修改或者替换的一段代码。Frida 的 API 是用 JavaScript 实现的，所以可以充分利用 JavaScript 的匿名函数优势以及大量的 Hook（钩子函数）和回调函数的 API。

下面举一个直观的例子，代码清单 3-1 基本上就是一个 Frida 版本的 "Hello World!"。

代码清单 3-1　hello_world.js

```
setTimeout(
    function(){  //匿名函数
```

```
    Java.perform(function(){
        console.log("hello world!")
    })
  }
)
```

在代码清单 3-1 中，从外层向里看，首先我们把一个匿名函数作为参数传给了 setTimeout() 函数，在这个匿名函数体中调用了 Frida 的 API 函数 Java.perform()，这个 API 函数本身又接受了一个匿名函数作为参数，该匿名函数最终调用 console.log() 函数来打印一个 "Hello world!" 字符串。这里需要调用 setTimeout() 方法是因为该方法将函数注册到 JavaScript 运行库中，然后在 JavaScript 运行库中调用 Java.perform() 方法将函数注册到 App 的 Java 运行库中并在其中执行该函数（本范例打印输出了一条 log）。

在手机上将 frida-server 运行起来，以验证计算机上能够正常使用 Frida 注入手机上的 App，这里使用 USB 模式连接到计算机，同时使用 frida-tools 工具包中的 frida-ps（查看进程的小工具）确认 Frida 能和手机上的 frida-server 建立连接，具体测试方式就是使用 shell 运行命令 frida-ps –U（加上 -U 参数是为了列出 USB 设备上正在运行的进程）。如果 frida-server 没有运行，则会出现如图 3-3 所示的错误。

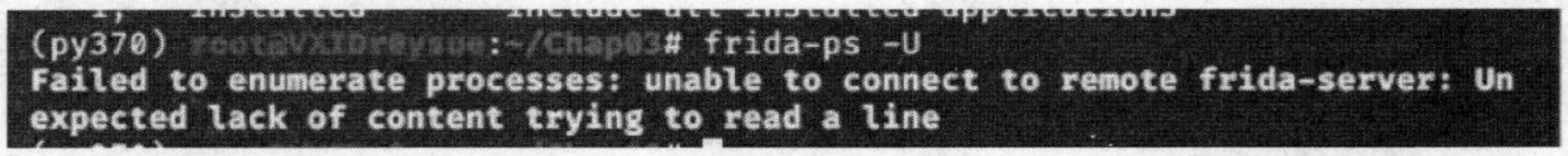

图 3-3　frida-server 未运行时执行 frida-ps -U 命令出现的错误提示信息

确认 frida-server 在手机上运行后，使用 frida-ps -U 命令即可看到手机上正在运行的进程了，如图 3-4 所示（左侧是 frida-ps -U 命令运行的截图，右侧是手机的 Shell 中 frida-server 运行的截图）。

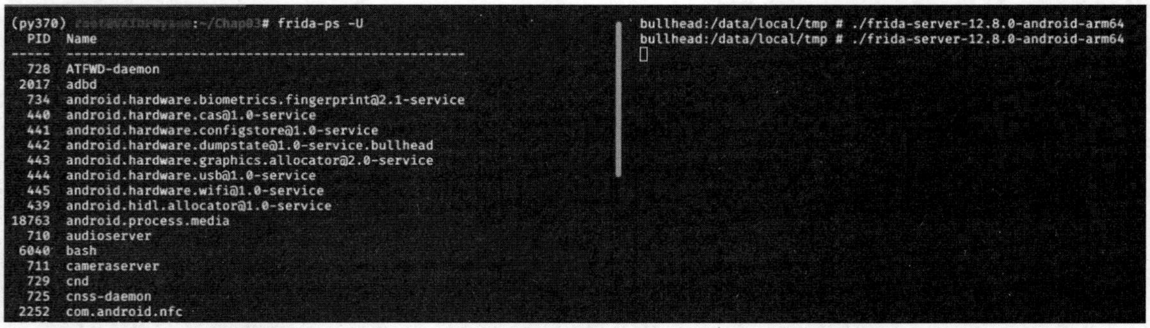

图 3-4　frida-ps -U

在确认 frida-server 和计算机建立连接后，在计算机的 Shell 中运行以下命令以 attach 模式注入指定应用：

```
# frida -U -l hello_world.js android.process.media
```

console.log() 函数执行成功，打印出"hello world!"字符串，如图 3-5 所示。

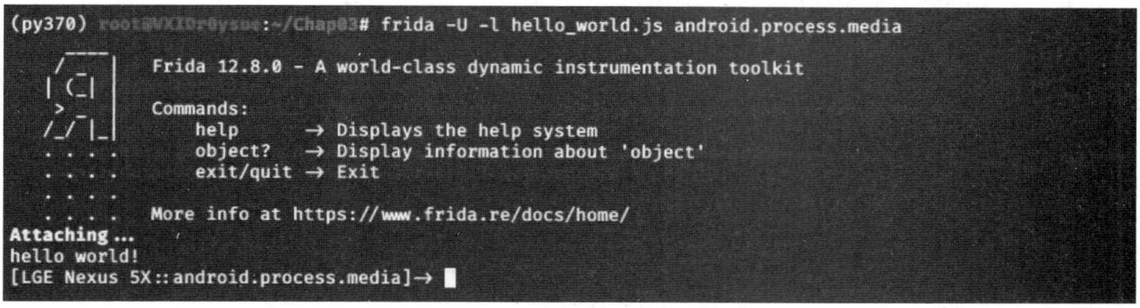

图 3-5　Frida 版 Hello World

在上面的命令中，-U 参数是指 USB 设备，-l 参数用于指定注入脚本所在的路径，后面跟上要注入的脚本，最后的 android.process.media 则为 Android 设备上正在运行的进程名。在 Android 中，App 进程的名字都是 App 的包名，这是 App 进程的唯一标志。

注意，计算机上的 Frida 版本要和手机上的 frida-server 版本保持一致，否则会报错，如图 3-6 所示。

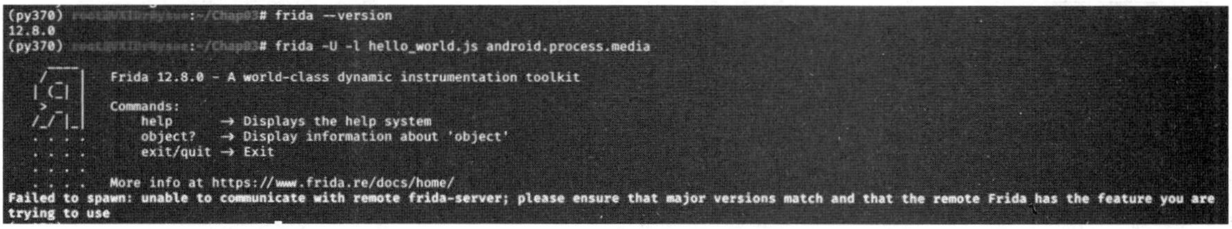

图 3-6　Frida 版本和 frida-server 版本不一致时的错误提示信息

3.2.2　Java 层 Hook 基础

在本小节中，我们将开始学习 Frida 在 Android Java 中的 Hook 功能。为了清楚地了解 App 的运行内容，这里先编写一个简单的 App 用于练习。创建 App 的具体过程在第 2 章中介绍过，这里直接给出 App 中 MainActivity 的代码（见代码清单 3-2）。

代码清单 3-2　MainActivity.java

```java
package com.roysue.demo02;

import androidx.appcompat.app.AppCompatActivity;

import android.os.Bundle;
import android.util.Log;

public class MainActivity extends AppCompatActivity {

    @Override
```

```java
protected void onCreate(Bundle savedInstanceState) {
    super.onCreate(savedInstanceState);
    setContentView(R.layout.activity_main);
    while (true){

        try {
            Thread.sleep(1000);
        } catch (InterruptedException e) {
            e.printStackTrace();
        }

        fun(50,30);
    }
}
void fun(int x , int y ){
    Log.d("r0ysue.sum" , String.valueOf(x+y));
}
}
```

这个 App 的逻辑十分简单，每次间隔 1 秒打印一次 fun(50,30)函数的运行结果。运行结果最终显示在控制台中，如下所示：

```
root@VXIDr0ysue:~/Chap03# adb logcat | grep r0ysue
12-19 17:02:25.913 21763 21763 D r0ysue.sum: 80
12-19 17:02:26.913 21763 21763 D r0ysue.sum: 80
12-19 17:02:27.914 21763 21763 D r0ysue.sum: 80
12-19 17:02:28.914 21763 21763 D r0ysue.sum: 80
12-19 17:02:29.915 21763 21763 D r0ysue.sum: 80
12-19 17:02:30.915 21763 21763 D r0ysue.sum: 80
12-19 17:02:31.916 21763 21763 D r0ysue.sum: 80
12-19 17:02:32.916 21763 21763 D r0ysue.sum: 80
12-19 17:02:33.916 21763 21763 D r0ysue.sum: 80
12-19 17:02:34.917 21763 21763 D r0ysue.sum: 80
...
```

在确认 App 正常运行且函数 fun()被调用后，开始编写 Frida 脚本，目标是编写 Hook fun()函数并打印出 fun()函数的参数值。Frida 脚本的最终代码如代码清单 3-3 所示。

代码清单 3-3　1.js

```javascript
function main(){
    console.log("Script loaded successfully")
    Java.perform(function(){
        console.log("Inside java perform function")
```

```
        var MainActivity = Java.use('com.roysue.demo02.MainActivity')
        console.log("Java.Use.Successfully!")  //定位类成功!
        MainActivity.fun.implementation = function(x,y){
            console.log("x => ",x," y => ",y)
            var ret_value = this.fun(x, y);
            return ret_value
        }
    })
}
setImmediate(main)
```

通过如下命令使用 Frida 的 CLI 模式以 attach 模式注入 App，最终的运行结果如图 3-7 所示。

```
frida -U -l 1.js com.roysue.demo02
```

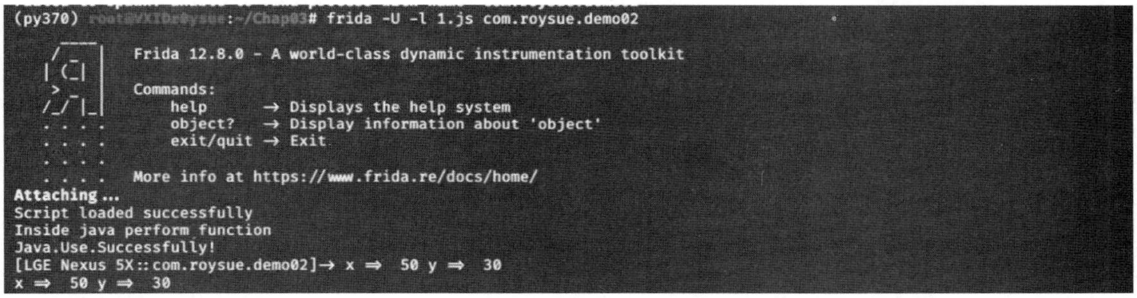

图 3-7　Frida 运行结果

从运行结果可以看到参数值打印出来了。接下来我们一起看一下脚本内容。

脚本中使用 function 关键字定义了一个 main()函数，用于存放 Hook 脚本，然后调用 Frida 的 API 函数 Java.perform()将脚本中的内容注入到 Java 运行库，这个 API 的参数是一个匿名函数，函数内容是监控和修改 Java 函数逻辑的主体内容。注意，这里的 Java.perform()函数非常重要，任何对 App 中 Java 层的操作都必须包裹在这个函数中，否则 Frida 运行起来后就会报错，如图 3-8 所示。

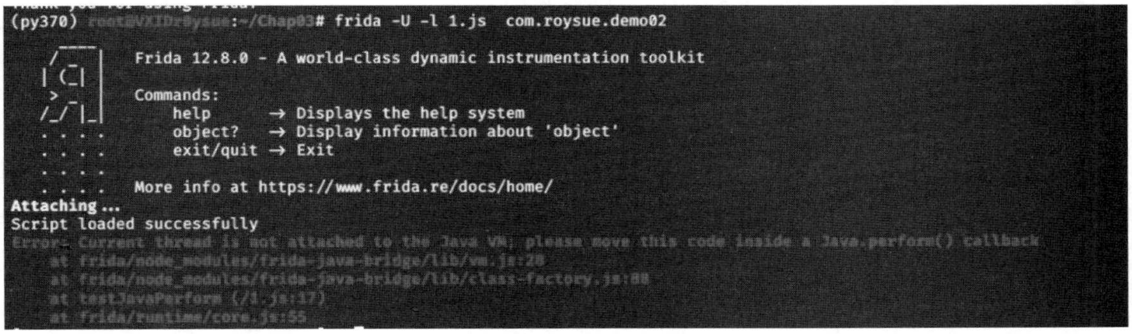

图 3-8　没有 Java.perform()函数，Frida 运行后会报错

在 Java.perform()函数包裹的匿名函数中，首先调用了 Frida 的 API 函数 Java.use()，这个函数的参数是 Hook 的函数所在类的类名，参数的类型是一个字符串类型，比如 Hook 的 fun()函数所在类的全名为 com.roysue.demo02.MainActivity，那么传递给这个函数的参数就是"com.roysue.demo02.MainActivity"。这个函数的返回值动态地为相应 Java 类获取一个 JavaScript Wrapper，可以通俗地理解为一个 JavaScript 对象。

在获取到对应的 JavaScript 对象后，通过"."符号连接 fun 这个对应的函数名，然后加上 implementation 关键词表示实现 MainActivity 对象的 fun()函数，最后通过"="这个符号连接一个匿名函数，参数内容和原 Java 的内容一致。不同的是，JavaScript 是一个弱类型的语言，不需要指明参数类型。此时一个针对 MainActivity 类的 fun()函数的 Hook 框架就完成了。

这个匿名函数的内容取决于逆向开发和分析人员想修改这个被Hook的函数的哪些运行逻辑。比如调用 console.log()函数把参数内容打印出来，通过 this.fun()函数再次调用原函数，并把原本的参数传递给这个 fun()函数。简而言之，就是重新执行原函数的内容，最后将这个函数的返回值直接通过 return 指令返回。

在 Hook 一个函数时，还有一个地方需要注意，那就是最好不要修改被 Hook 的函数的返回值类型，否则可能会引起程序崩溃等问题，比如直接通过调用原函数将原函数的返回值返回。

当然，也可以传递不同的参数，简单修改程序逻辑即可。笔者这里将参数改为 5 和 2，具体代码如代码清单 3-4 所示。

代码清单 3-4　修改参数的 change_args()函数

```
function change_args(){
    console.log("Script loaded successfully ")
    Java.perform(function(){
        console.log("Inside java perform function")
        var MainActivity = Java.use('com.roysue.demo02.MainActivity')
        console.log("Java.Use.Successfully!")  //定位类成功！
        MainActivity.fun.implementation = function(x,y){
            console.log("orignal args: x => ",x,", y => ",y)
            var ret_value = this.fun(2, 5);
            return ret_value
        }
    })
}
```

重新保存脚本内容，由于 Frida 脚本是即时生效的，因此不需要重新执行注入命令。此时重新查看日志内容，就会发现 Frida 脚本已经生效，如图 3-9 所示。

```
(base) root@VXIDr0ysue:~# adb logcat | grep r0ysue
12-19 19:52:39.829    8404  8404 D r0ysue.sum: 80
12-19 19:52:41.628    8404  8404 D r0ysue.sum: 80
12-19 19:52:42.640    8404  8404 D r0ysue.sum: 80
12-19 19:52:43.651    8404  8404 D r0ysue.sum: 80
12-19 19:53:03.427    8469  8469 D r0ysue.sum: 80
12-19 19:53:04.431    8469  8469 D r0ysue.sum: 80
12-19 19:53:06.448    8469  8469 D r0ysue.sum: 80
12-19 19:53:07.458    8469  8469 D r0ysue.sum: 80
12-19 19:53:08.463    8469  8469 D r0ysue.sum: 80
12-19 19:53:09.467    8469  8469 D r0ysue.sum: 80
12-19 19:53:10.470    8469  8469 D r0ysue.sum: 80
12-19 19:53:11.478    8469  8469 D r0ysue.sum: 80
12-19 19:53:12.488    8469  8469 D r0ysue.sum: 80
12-19 19:53:13.494    8469  8469 D r0ysue.sum: 80
12-19 19:53:14.498    8469  8469 D r0ysue.sum: 80
12-19 19:53:15.505    8469  8469 D r0ysue.sum: 7
12-19 19:53:16.515    8469  8469 D r0ysue.sum: 7
12-19 19:53:19.541    8469  8469 D r0ysue.sum: 7
12-19 19:53:20.551    8469  8469 D r0ysue.sum: 7
12-19 19:53:24.590    8469  8469 D r0ysue.sum: 7
12-19 19:53:25.600    8469  8469 D r0ysue.sum: 7
```

图 3-9 修改参数后的日志

setImmediate（Frida 的 API 函数）函数传递的参数是要被执行的函数，比如传入 main 参数，表示当 Frida 注入 App 后立即执行 main() 函数。这个函数和 setTimeout() 函数类似，都是用于指定要执行的函数，不同的是 setTimeout 可以用于指定 Frida 注入 App 多长时间后执行函数，往往用于延时注入。如果传递的第二个参数为 0 或者压根没有第二个参数，就和 setImmediate() 函数的作用一样，比如在代码清单 3-1 中，setTimeout() 函数就相当于 setImmediate() 函数。

接下来，为 App 增加一点新功能。新的 MainActivity 类的内容如代码清单 3-5 所示。

代码清单 3-5 MainActivity.java

```java
package com.roysue.demo02;

import androidx.appcompat.app.AppCompatActivity;

import android.os.Bundle;
import android.util.Log;

public class MainActivity extends AppCompatActivity {

    @Override
    protected void onCreate(Bundle savedInstanceState) {
        super.onCreate(savedInstanceState);
        setContentView(R.layout.activity_main);
        while (true){

            try {
```

```
            Thread.sleep(1000);
        } catch (InterruptedException e) {
            e.printStackTrace();
        }

        fun(50,30);
        Log.d("r0ysue.string" , fun("LoWeRcAsE Me!!!!!!!!!"));
    }
}
void fun(int x , int y ){
    Log.d("r0ysue.sum" , String.valueOf(x+y));
}
String fun(String x){
    return x.toLowerCase();
}
```

App 运行后使用 logcat 打印出来的日志如图 3-10 所示。

```
(base) root@VXIDr0ysue:~# adb logcat | grep r0ysue
12-19 20:12:34.792  8892  8892 D r0ysue.sum: 80
12-19 20:12:34.792  8892  8892 D r0ysue.string: lowercase me!!!!!!!!!
12-19 20:12:35.793  8892  8892 D r0ysue.sum: 80
12-19 20:12:35.794  8892  8892 D r0ysue.string: lowercase me!!!!!!!!!
12-19 20:12:36.795  8892  8892 D r0ysue.sum: 80
12-19 20:12:36.795  8892  8892 D r0ysue.string: lowercase me!!!!!!!!!
12-19 20:12:37.796  8892  8892 D r0ysue.sum: 80
12-19 20:12:37.797  8892  8892 D r0ysue.string: lowercase me!!!!!!!!!
12-19 20:12:38.798  8892  8892 D r0ysue.sum: 80
12-19 20:12:38.798  8892  8892 D r0ysue.string: lowercase me!!!!!!!!!
12-19 20:12:39.799  8892  8892 D r0ysue.sum: 80
12-19 20:12:39.800  8892  8892 D r0ysue.string: lowercase me!!!!!!!!!
12-19 20:12:40.801  8892  8892 D r0ysue.sum: 80
12-19 20:12:40.801  8892  8892 D r0ysue.string: lowercase me!!!!!!!!!
12-19 20:12:41.803  8892  8892 D r0ysue.sum: 80
12-19 20:12:41.803  8892  8892 D r0ysue.string: lowercase me!!!!!!!!!
```

图 3-10 同名函数的运行日志

可以看到，fun()方法有了重载，在参数是两个 int 类型的情况下，返回两个整数之和；当参数为 String 类型时，返回字符串的小写形式。

如果直接使用之前编写的脚本，就一定会报错。报错提示信息如下：

```
(py370) root@VXIDr0ysue:~/Chap03# frida -U -l 1.js   com.roysue.demo02
     ____
    / _  |   Frida 12.8.0 - A world-class dynamic instrumentation toolkit
   | (_| |
    > _  |   Commands:
   /_/ |_|       help      -> Displays the help system
   . . .         object?   -> Display information about 'object'
```

```
        ...            exit/quit -> Exit
        ...
        ...          More info at https://www.frida.re/docs/home/
Attaching...
Script loaded successfully
Inside java perform function
Java.Use.Successfully!
Error: fun(): has more than one overload, use .overload(<signature>) to choose
from:
        .overload('java.lang.String')
        .overload('int', 'int')
    at throwOverloadError (frida/node_modules/frida-java-bridge/lib/
class-factory.js:1020)
    at frida/node_modules/frida-java-bridge/lib/class-factory.js:707
    at /1.js:11
    at frida/node_modules/frida-java-bridge/lib/vm.js:11
    at E (frida/node_modules/frida-java-bridge/index.js:346)
    at frida/node_modules/frida-java-bridge/index.js:298
    at frida/node_modules/frida-java-bridge/lib/vm.js:11
    at frida/node_modules/frida-java-bridge/index.js:278
    at main (/1.js:12)
[LGE Nexus 5X::com.roysue.demo02]->
```

可以看到，Frida 运行后提示"Error: fun(): has more than one overload"，这是函数的重载导致 Frida 不知道具体应该 Hook 哪个函数而出现的问题。其实 Frida 已经提供了解决方案（use .overload(<signature>)），就是指定函数签名，将报错中的.overload('java.lang.String')或者.overload('int', 'int')添加到要 Hook 的函数名后、关键词 implementation 之前。当然，相应的参数和具体函数逻辑也得修改，这里仅演示两个 int 作为参数类型的函数的 Hook，String 类型的 Hook 交由读者自行完成。我们直接新建一个脚本 2.js，具体代码内容如代码清单 3-6 所示。

代码清单 3-6　2.js

```
function main(){
    console.log("Script loaded successfully ")
    Java.perform(function(){
        console.log("Inside java perform function")
        var MainActivity = Java.use('com.roysue.demo02.MainActivity')
        console.log("Java.Use.Successfully!")  //定位类成功
        // Hook 重载函数
        MainActivity.fun.overload('int', 'int').implementation =
function(x,y){
            console.log("x => ",x,", y => ",y)
            var ret_value = this.fun(2, 5);
```

```
            return ret_value
        }
    })
}
setImmediate(main)
```

此时以 attach 模式重新将 2.js 脚本注入 App，发现 Frida 页面不再报错，并且成功修改了 App 日志，具体结果如图 3-11 所示（左边是 Frida 运行界面，右边是 App 日志）。

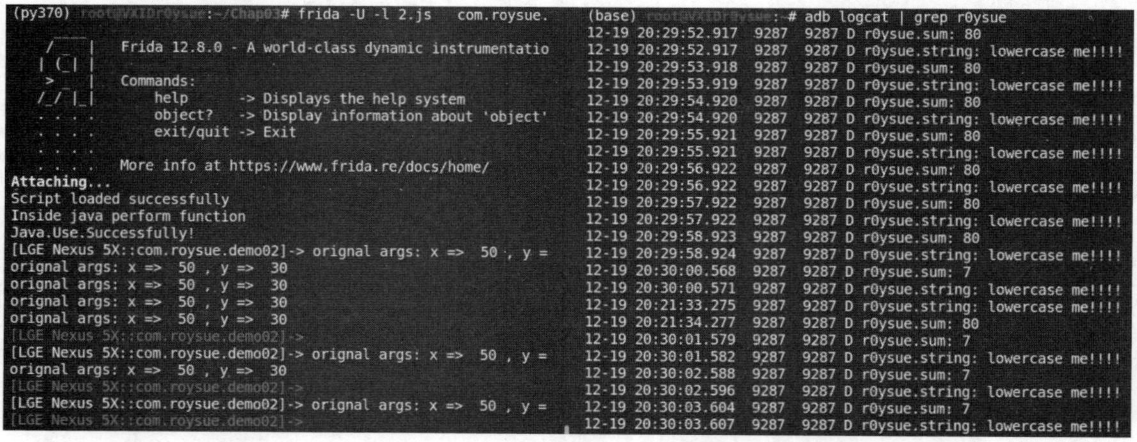

图 3-11　运行结果

3.2.3　Java 层主动调用

在讲述 Frida 的 Java 层主动调用之前，先介绍一下主动调用的概念：主动调用就是强制调用一个函数去执行。相对地，被动调用是由 App 按照正常逻辑去执行函数，函数的执行完全依靠与用户交互完成程序逻辑进而间接调用到关键函数，而主动调用则可以直接调用关键函数，主动性更强，甚至可以直接完成关键数据的"自吐"。在逆向分析过程中，如果不想分析详细的算法逻辑，可以直接通过主动传递参数来调用关键算法函数，忽略方法函数的实现过程直接得到密文或者明文，可以说这是各种算法调用的"克星"。

在 Java 中，类中的函数可分为两种：类函数和实例方法。通俗地讲，就是静态的方法和动态的方法。类函数使用关键字 static 修饰，和对应类是绑定的，如果类函数还被 public 关键字修饰着，在外部就可以直接通过类去调用；实例方法则没有关键字 static 修饰，在外部只能通过创建对应类的实例再通过这个实例去调用。在 Frida 中主动调用的类型会根据方法类型区分开。如果是类函数的主动调用，直接使用 Java.use() 函数找到类进行调用即可；如果是实例方法的主动调用，则需要在找到对应的实例后对方法进行调用。这里用到了 Frida 中非常重要的一个 API 函数 Java.choose()，这个函数可以在 Java 的堆中寻找指定类的实例。接下来继续为上一小节使用的 demo 添加一些功能，如代码清单 3-7 所示。

代码清单 3-7　MainActivity.java

```java
package com.roysue.demo02;

import androidx.appcompat.app.AppCompatActivity;

import android.os.Bundle;
import android.util.Log;

public class MainActivity extends AppCompatActivity {

    @Override
    protected void onCreate(Bundle savedInstanceState) {
        super.onCreate(savedInstanceState);
        setContentView(R.layout.activity_main);
        while (true){

            try {
                Thread.sleep(1000);
            } catch (InterruptedException e) {
                e.printStackTrace();
            }

            fun(50,30);
            Log.d("r0ysue.string" , fun("LoWeRcAsE Me!!!!!!!!!"));
        }
    }
    void fun(int x , int y ){
        Log.d("r0ysue.sum" , String.valueOf(x+y));
    }
    String fun(String x){
        return x.toLowerCase();
    }

    void secret(){
        Log.d("r0ysue.secret" , "this is secret func");
    }
    static void staticSecret(){
        Log.d("r0ysue.secret" , "this is static secret func");
    }
}
```

笔者在这里添加了两个 secret() 函数：一个是没有 static 修饰的 secret 实例方法，一个是有 static 关键字修饰的 staticSecret 类方法。运行后，App 的日志如图 3-12 所示。

```
(base) root@VXIDr0ysue:~/Chap03# adb logcat | grep r0ysue
12-23 11:31:00.458 22406 22406 D r0ysue.sum: 80
12-23 11:31:00.458 22406 22406 D r0ysue.string: lowercase me!!!!!!!!!
12-23 11:31:01.459 22406 22406 D r0ysue.sum: 80
12-23 11:31:01.459 22406 22406 D r0ysue.string: lowercase me!!!!!!!!!
12-23 11:31:02.459 22406 22406 D r0ysue.sum: 80
12-23 11:31:02.460 22406 22406 D r0ysue.string: lowercase me!!!!!!!!!
12-23 11:31:03.460 22406 22406 D r0ysue.sum: 80
12-23 11:31:03.460 22406 22406 D r0ysue.string: lowercase me!!!!!!!!!
12-23 11:31:04.461 22406 22406 D r0ysue.sum: 80
12-23 11:31:04.461 22406 22406 D r0ysue.string: lowercase me!!!!!!!!!
12-23 11:31:05.461 22406 22406 D r0ysue.sum: 80
12-23 11:31:05.462 22406 22406 D r0ysue.string: lowercase me!!!!!!!!!
12-23 11:31:06.462 22406 22406 D r0ysue.sum: 80
12-23 11:31:06.462 22406 22406 D r0ysue.string: lowercase me!!!!!!!!!
```

图 3-12　添加了 Secret 函数后 App 的运行日志

可以看到，在这个 App 中，两个新加的函数并没有被调用。接下来，我们完成两个隐藏函数的主动调用，让这两个函数"真正"地发挥作用，具体代码如代码清单 3-8 所示。

代码清单 3-8　3.js

```javascript
function main(){
    console.log("Script loaded successfully ")
    Java.perform(function(){
        console.log("Inside java perform function")


        // 静态函数主动调用
        var MainActivity = Java.use('com.roysue.demo02.MainActivity')
        MainActivity.staticSecret()

        // 动态函数主动调用
        Java.choose('com.roysue.demo02.MainActivity',{
            onMatch: function(instance){
                console.log('instance found',instance)
                instance.secret()
            },
            onComplete: function(){
                console.log('search Complete')
            }
        })
    })
}
setImmediate(main)
```

将脚本注入 App 后，App 运行日志变成了如图 3-13 所示的结果，可以看到两个 secret() 函数已经执行了。

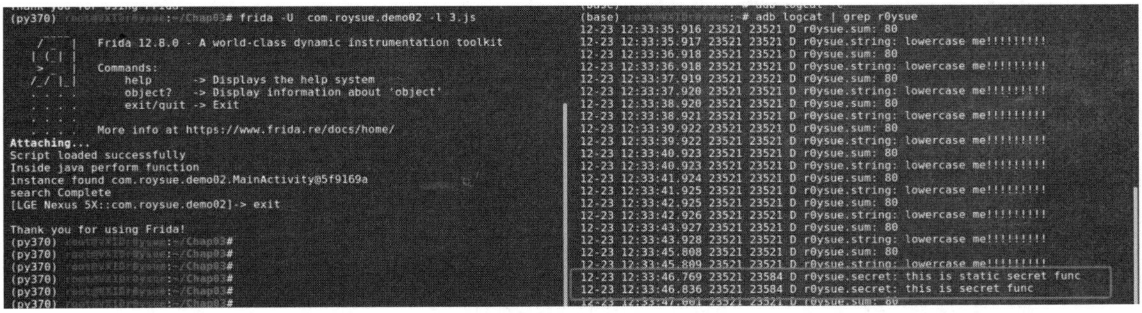

图 3-13　隐藏函数调用后 App 的运行日志

在代码清单 3-8 这个脚本中，可以发现静态的 staticSecret() 函数和 Hook 时使用的方式大同小异，都是使用 Java.use 这个 API 去获取 MainActivity 类，在获取对应的类对象后通过"."连接符连接 staticSecret 方法名，最终以和 Java 中一样的方式直接调用静态方法 staticSecret() 函数；动态方法 secret 需要先通过 Java.choose 这个 API 从内存中获取相应类的实例对象，然后才能通过这个实例对象去调用动态的 secret() 函数。如果使用"MainActivity.secret();"方式（和 staticSecret() 函数一样）调用，那么会报错，如图 3-14 所示。

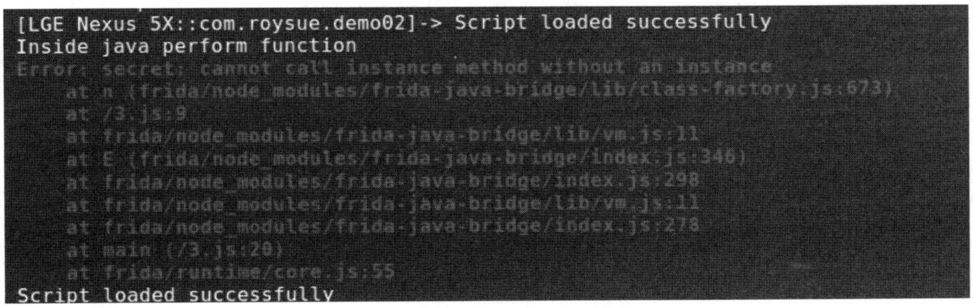

图 3-14　Java.use 调用动态方法会导致系统报错

如果需要主动调用动态函数，必须确保存在相应类的对象，否则无法进入 Java.choose 这个 API 的回调 onMatch 逻辑中，比如 MainActivity 类对象。由于 App 在打开后确实运行在 MainActivity 界面上，那么这个对象就一定会存在，这就是所谓的"所见即所得"思想，这个思想在主动调用的过程中非常重要，此处先引入，后续会继续讲解。

3.3　RPC 及其自动化

在 3.1 节中，曾介绍过 Frida 存在两种操作模式，其中第一种命令行模式在之前的章节中一直使用，在这一节中，将介绍一些关于 RPC 模式以及使用 RPC 完成自动化的相关知识。

在Frida中，可以使用Python完成JavaScript脚本对进程的注入以及相应的Hook。在开始讲解前，先对demo进行修改，修改后的代码如代码清单3-9所示。

代码清单3-9 修改demo

```java
public class MainActivity extends AppCompatActivity {

    private String total = "hello";
    @Override
    protected void onCreate(Bundle savedInstanceState) {
        super.onCreate(savedInstanceState);
        setContentView(R.layout.activity_main);
        while (true){

            try {
                Thread.sleep(1000);
            } catch (InterruptedException e) {
                e.printStackTrace();
            }

            fun(50,30);
            Log.d("r0ysue.string" , fun("LoWeRcAsE Me!!!!!!!!!"));
        }
    }
    void fun(int x , int y ){
        Log.d("r0ysue.sum" , String.valueOf(x+y));
    }
    String fun(String x){
        return x.toLowerCase();
    }

    void secret(){
        total += " secretFunc";
        Log.d("r0ysue.secret" , "this is secret func");
    }
    static void staticSecret(){
        Log.d("r0ysue.secret" , "this is static secret func");
    }
}
```

在上述代码中，增加了一个字符串类型的实例变量total，同时每次调用secret()函数对字符串进行扩展。在本节中，我们的目的是获取total这个实例变量的值。

在主动调用时需要注意的是，Java 中的变量也存在是否使用 static 修饰的区别。在用 Frida 对 Java 中的变量进行处理时也要区分是否使用 static 修饰：类变量，使用 static 修饰，可以直接通过类进行获取；实例变量，不使用 static 修饰，和特定的对象绑定在一起。这里直接给出 JavaScript 代码（见代码清单 3-10），最终的执行结果如图 3-15 所示。

代码清单 3-10　4.js

```javascript
function CallSecretFunc(){
    Java.perform(function(){

        // 动态函数主动调用
        Java.choose('com.roysue.demo02.MainActivity',{
            onMatch: function(instance){

                instance.secret()



            },
            onComplete: function(){
            }
        })
    })
}
function getTotalValue(){
    Java.perform(function(){
      // console.log("Inside java perform function")
       var MainActivity = Java.use('com.roysue.demo02.MainActivity')

        // 动态函数主动调用
        Java.choose('com.roysue.demo02.MainActivity',{
            onMatch: function(instance){
              // console.log('instance found',instance)
               // instance.secret()
                console.log('total value = ',instance.total.value)
               // console.log('secret func exec success')
            },
            onComplete: function(){
                console.log('search Complete')
            }
        })
    })
}
setImmediate(getTotalValue)
```

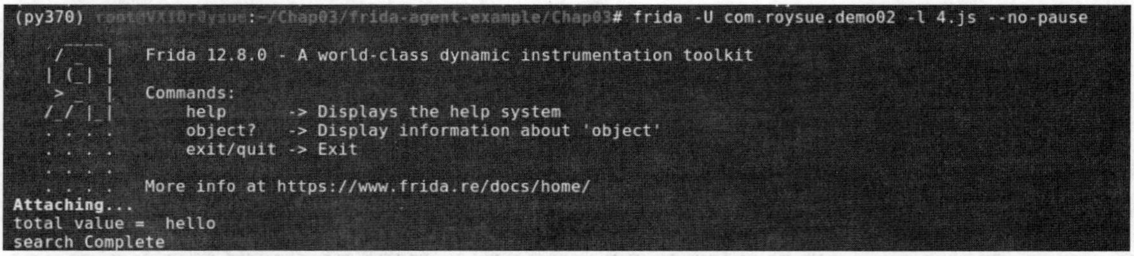

图 3-15　获取 total 变量的值

实际上，只需要在 total 之后加上一个.value 关键词就可以直接获取变量的值。此时如果直接使用类去获取实例变量的值，则会报错，如图 3-16 所示。

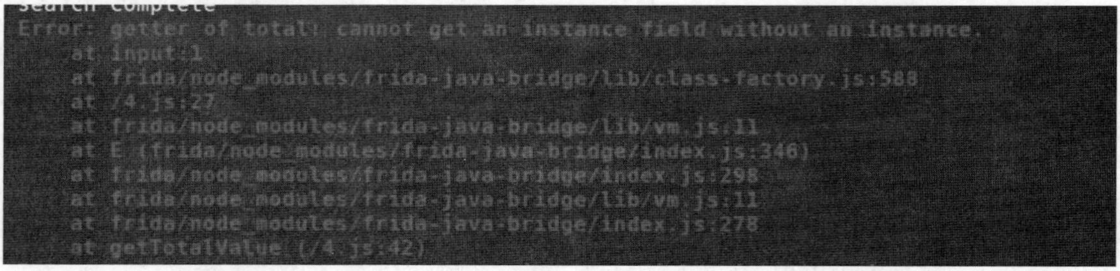

图 3-16　直接使用类获取 total 的值，系统会报错

如果调用 CallSecretFunc()函数，然后再次获取 total 的值，就会发现 total 的值已经变为 hello secretFunc，结果如图 3-17 所示。

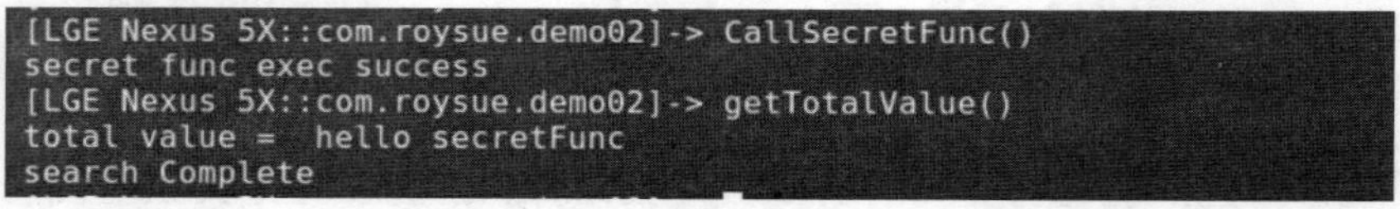

图 3-17　再次获取 total 的值

在确认我们的函数都没有写错且功能达到预期后，接下来开始 RPC 远程调用。将 CallSecretFunc()函数和 getTotalValue()函数导出，使得外部可以进行调用，在 JavaScript 代码末尾加上 RPC 相关代码：

```
rpc.exports = {
    callsecretfunc : CallSecretFunc,
    gettotalvalue : getTotalValue
};
```

这部分代码实现的功能就是将 CallSecretFunc()函数和 getTotalValue()函数分别导出为 callsecretfunc 和 gettotalvalue。需要注意的是，导出名不可以有大写字母或者下划线。接下来在外部就可以调用这两个函数了，这里将 Frida 官网给出的例子稍微修改一下，具体的 Python 代码如代码清单 3-11 所示。

代码清单 3-11　loader.py

```python
import frida, sys

def on_message(message, data):
    if message['type'] == 'send':
        print("[*] {0}".format(message['payload']))
    else:
        print(message)


device = frida.get_usb_device()
process = device.attach('com.roysue.demo02')

with open('4.js') as f:
    jscode = f.read()
script = process.create_script(jscode)

script.on('message', on_message)
script.load()

command = ""
while 1 == 1:
    command = input("\nEnter command:\n1: Exit\n2: Call secret function\n3: Get Total Value\nchoice:")
    if command == "1":
        break
    elif command == "2":  #在这里调用
        script.exports.callsecretfunc()
    elif command == "3":
        script.exports.gettotalvalue()
```

重新运行 App，然后直接运行 loader.py，运行结果如图 3-18 所示。

和单纯执行 JavaScript 是一致的，下面对 Frida 相关代码进行说明。

首先通过 frida.get_usb_device()获取到 USB 设备句柄；然后通过 device.attach('com.roysue.demo02')进程进行注入；接着使用 create_script()函数加载了编写的 JavaScript 代码，并使用 script.on('message', on_message)注册了自己的消息对应的函数，每当 JavaScript 想要输出时都会经过这里指定的 on_message 进行；最后，也是最重要的 RPC 调用代码，即通过 script.exports 访问所有我们在 JavaScript 中定义的导出名，进而调用导出函数。这样就完成了 RPC 远程调用，达到在主机上可以随意调用 App 代码的目的。

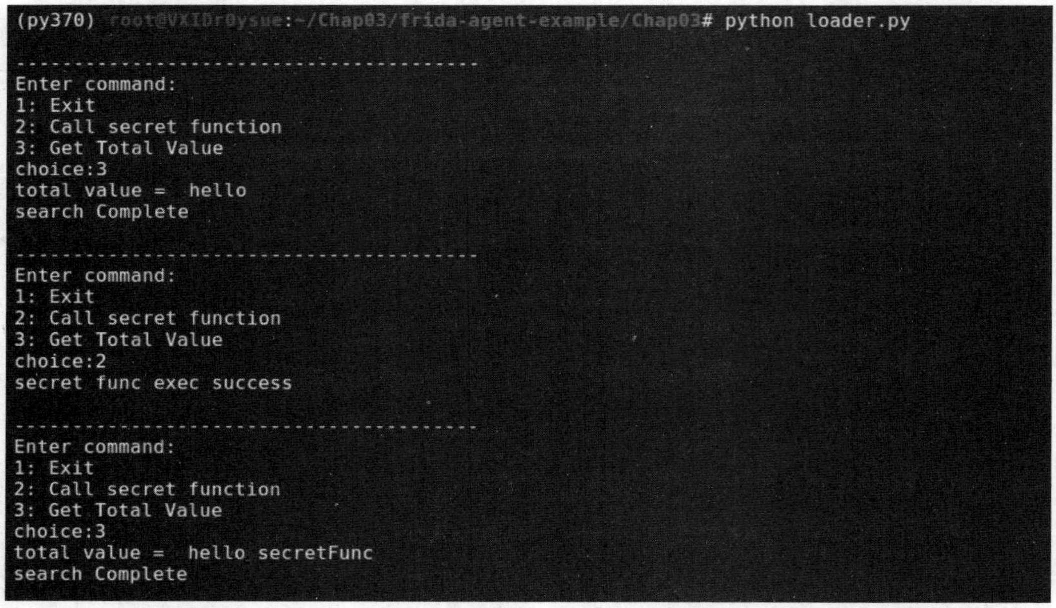

```
(py370) root@VXIDr0ysue:~/Chap03/frida-agent-example/Chap03# python loader.py
------------------------------------
Enter command:
1: Exit
2: Call secret function
3: Get Total Value
choice:3
total value =  hello
search Complete

------------------------------------
Enter command:
1: Exit
2: Call secret function
3: Get Total Value
choice:2
secret func exec success

------------------------------------
Enter command:
1: Exit
2: Call secret function
3: Get Total Value
choice:3
total value =  hello secretFunc
search Complete
```

图 3-18　运行 loader.py 之后的结果

　　如果编写一个循环自动调用这两个函数呢？如果导出的是关键的算法函数呢？这就涉及自动化了。接下来如何利用视读者的情况而定，本节仅做一个简略的介绍。

3.4　本章小结

　　在本章中，主要介绍了 Frida 这一动态插桩工具、如何使用 Frida 对函数进行 Hook 和修改逻辑、主动调用函数相关的知识以及如何获取 App 进程中一个类中的变量值，最后介绍了使用 Python 脚本对 JavaScript 中定义的导出函数进行远程调用的方式和自动化相关的知识。当然，这一章中只是简单地介绍了 Frida 面对 App 在 Java 层所能做的一些 Hook 方式，Frida 本身所能做到的远不止这些。在接下来的章节中，还会继续介绍 Frida 的其他使用方式及技巧。

第 4 章
Objection 快速逆向入门

在上一章中，介绍了当前在 Android 逆向过程中最火的一款 Hook 框架 Frida，并以笔者自己开发的 App 介绍了 Frida 脚本的一些简单使用方式。随着 Frida 的火爆，业界涌现出很多基于 Frida 的工具，在这些工具中，最火的当属 Objection。在本章中，笔者将带领读者一起领略 Objection 在逆向工作中的风采。

4.1 Objection 介绍

如果说在Frida提供的各种API基础之上可以实现无数的具体功能，那么Objection就可以认为是一个将各种常用功能整合进工具中供我们直接在命令行中使用的利器，Objection甚至可以不写一行代码就能进行App的逆向分析。

Objection 集成的功能主要支持 Android 和 iOS 两大移动平台。在对 Android 的支持中，Objection 可以快速完成诸如内存搜索、类和模块搜索、方法 Hook 以及打印参数、返回值、调用栈等常用功能，是一个非常方便的逆向必备工具和内存漫游神器。

据官方 Wiki 所描述的，Objection 主要有三大组成部分。

第一部分是指 Objection 重打包的相关组件。Objection 可以将 Frida 运行时所需要的 frida-gadget.so 重打包进 App 中，从而完成 Frida 的无 root 调试。

第二部分是指 Objection 本身。Objection 是一个 Python 的 pypi 包，可以和包含 frida-gadget.so 这个 so 文件的 App 进行交互，运行 Frida 的 Hook 脚本，并分析 Hook 的结果。

第三部分是指 Objection 从 TypeScript 项目编译而成的一个 agent.js 文件。该文件在 App 运行过程中插了 Frida 运行库，使得 Objection 支持的所有功能成为可能。

一言以蔽之，Objection 依托 Frida 完成了对应用的注入以及对函数的 Hook 模板，使用时只需要将具体的类填充进去即可完成相应的 Hook 测试，是一个非常好用的逆向工具。

4.2 Objection 安装与使用

4.2.1 Objection 的安装

在使用 Objection 前，首先要解决的是安装问题。据官方 Wiki 介绍，Objection 的运行必须满足以下条件：

（1）Python 的版本大于 3.4。可通过以下命令确认 Python 的版本：

```
(py370) root@VXIDr0ysue:~/Chap04# python -V
Python 3.7.0
```

（2）Python 包管理软件 pip 的版本大于 9.0。可通过 pip 查看版本的命令来确认其版本：

```
(py370) root@VXIDr0ysue:~/Chap04# pip --version
pip 20.3.3 from /root/miniconda3/envs/py370/lib/python3.7/site-packages/pip (python 3.7)
```

（3）使用 pip 命令安装 Objection。官网的建议是直接执行以下命令：

```
$ pip3 install -U objection
```

由于 Frida 版本更新过快，不同版本的 Frida 可能支持的 API 不尽相同，因此要尽量选择 Objection 在 Frida 相应版本发布后更新的版本，且版本发布时间应当尽量与 Frida 相应版本靠近。可以通过 pypi 官网查看 Objection 不同版本的发布时间，同时使用 GitHub Frida 的仓库查看相应 Frida 发布时间进行对比确认，否则在执行官网推荐的命令后会自动安装最新版的 Objection。如果相应的 Frida 版本未事先安装，就会自动安装 Frida 的最新版本，这可能会对本身就不太稳定的 Objection 进一步增加不稳定的因素。如果 Objection 的更新没有跟上 Frida，就只能用 Objection 最新版了，这里展示笔者常用的 Frida 12.8.0 版本对应的 Objection 版本（通过查看 pypi 官网 Objection 的发布历史页面和对应 Frida 发布时间），如图 4-1 所示。Frida 12.8.0 的发布时间为 2019 年 12 月 18 日，在这个时间后，Objection 新近的发布时间是 2020 年 1 月 30 日。

因此，在安装时须在 Frida 安装后指定安装 Objection 1.8.4 版本。最终的安装过程及结果分别如图 4-2 和图 4-3 所示。

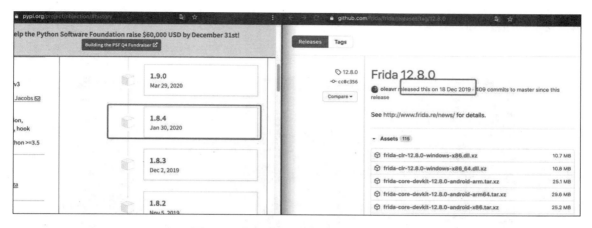

图 4-1 Frida 和 Objection 发布时间对比

```
(py370) root@VXIDr0ysue:~/Chap04# frida --version
12.8.0
(py370) root@VXIDr0ysue:~/Chap04# pip install objection==1.8.4
Collecting objection==1.8.4
...
Successfully built objection
(py370) root@VXIDr0ysue:~/Chap04# objection version
objection: 1.8.4
```

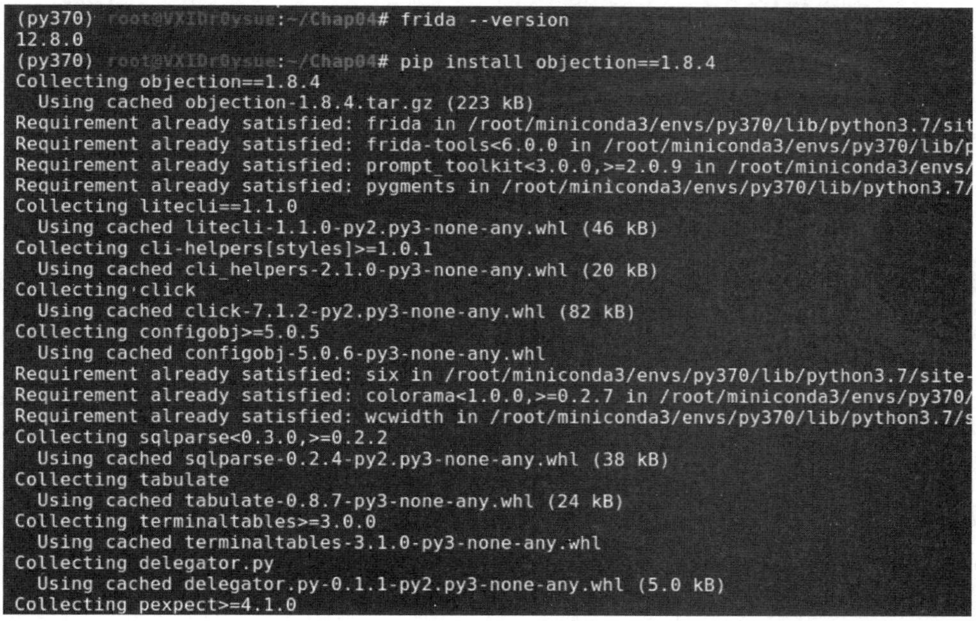

图 4-2 Objection 安装过程

图 4-3 Objection 安装结果

4.2.2　Objection 的使用

Objection 的使用界面和基本命令如图 4-4 所示。

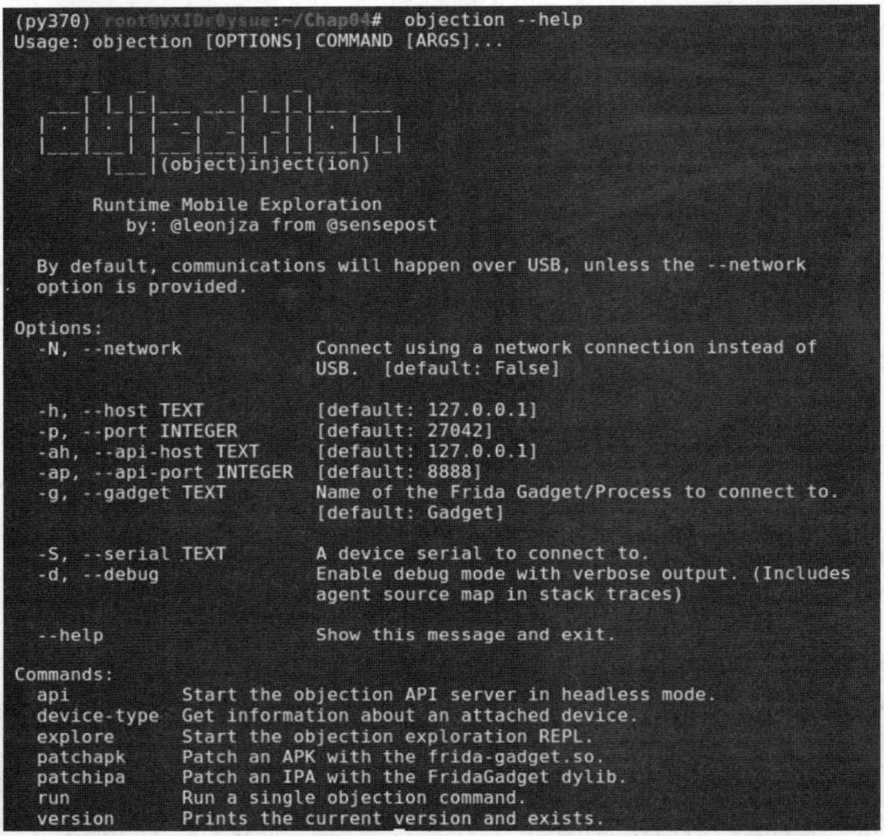

```
(py370) root@VXIDr0ysue:~/Chap04# objection --help
Usage: objection [OPTIONS] COMMAND [ARGS]...

             _     _         _   _
 ___ ___ ___| |___| |_ ___ _| |_|_|___ ___
| . | . | .'| | -_|  _|  _| | . | | . |   |
|___|___|__,|_|___|___|___|_|___|_|___|_|_|
        |___|(object)inject(ion)

    Runtime Mobile Exploration
        by: @leonjza from @sensepost

 By default, communications will happen over USB, unless the --network
 option is provided.

Options:
  -N, --network               Connect using a network connection instead of
                              USB. [default: False]
  -h, --host TEXT             [default: 127.0.0.1]
  -p, --port INTEGER          [default: 27042]
  -ah, --api-host TEXT        [default: 127.0.0.1]
  -ap, --api-port INTEGER     [default: 8888]
  -g, --gadget TEXT           Name of the Frida Gadget/Process to connect to.
                              [default: Gadget]
  -S, --serial TEXT           A device serial to connect to.
  -d, --debug                 Enable debug mode with verbose output. (Includes
                              agent source map in stack traces)
  --help                      Show this message and exit.

Commands:
  api          Start the objection API server in headless mode.
  device-type  Get information about an attached device.
  explore      Start the objection exploration REPL.
  patchapk     Patch an APK with the frida-gadget.so.
  patchipa     Patch an IPA with the FridaGadget dylib.
  run          Run a single objection command.
  version      Prints the current version and exists.
```

图 4-4　Objection 基本界面及命令

从图 4-4 可知，Objection 默认通过 USB 连接设备，这里不必和 Frida 的命令行一样通过 -U 参数指定 USB 模式连接，同时主要通过 -g 参数指定注入的进程并通过 explore 命令进入 REPL 模式。在进入 REPL 模式后便可以使用 Objection 进行 Hook 的常用命令，这也是本章中所要介绍的重点。

从图 4-4 中还可以看出，Objection 支持通过 -N 参数来指定网络中的设备并通过 -h 参数和 -p 参数来指定对应设备的 IP 和端口以进行连接，从而完成对网络设备的注入与 Hook。除此之外还可以通过 patchapk 命令将 frida-gadget.so 打包进 App 等。

这里以 Android 系统的基本应用"设置"为例来介绍 Objection 的 REPL 模式常用命令。首先，在确认手机使用 USB 线连接上计算机后，运行相应版本的 frida-server，运行"设置"应用以通过 frida-ps 找到对应的 App 及其包名，具体操作如下：

```
(py370) root@VXIDr0ysue:~/Chap04# frida-ps -U | grep setting
17383 com.android.settings
```

在找到设置的包名 com.android.settings 后，通过 objection 注入"设置"应用，注入成功后便进入了 Objection 的 REPL 界面，具体操作命令以及结果如下：

```
(py370) root@VXIDr0ysue:~/Chap04# objection -g com.android.settings explore
Using USB device `LGE Nexus 5X`
Agent injected and responds ok!

     _   _         _       _
 ___| |_| |___ ___| |_|_|___ ___ ___
| . | . | | -_|_  |  _| | . |   |
|___|___| |___|___|_| |___|_|_|
         |___|(object)inject(ion) v1.8.4

     Runtime Mobile Exploration
        by: @leonjza from @sensepost

[tab] for command suggestions
com.android.settings on (google: 8.1.0) [usb] #
```

在学习 Objection 的 REPL 界面命令之前，首先要了解空格键的作用。在 Objection REPL 界面中，当不知道命令时通过按空格键就会提示可用的命令，在出现提示后通过上下选择键及回车键便可以输入命令，如图 4-5 所示。

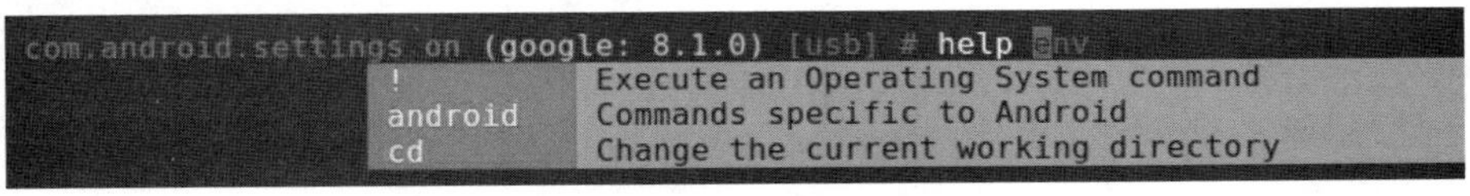

图 4-5　按空格后显示的界面

接下来正式开始命令的学习。

（1）help 命令。不知道当前命令的效果是什么时，在当前命令前加 help（比如 help env）按回车键之后就会出现当前命令的解释信息，如图 4-6 所示。

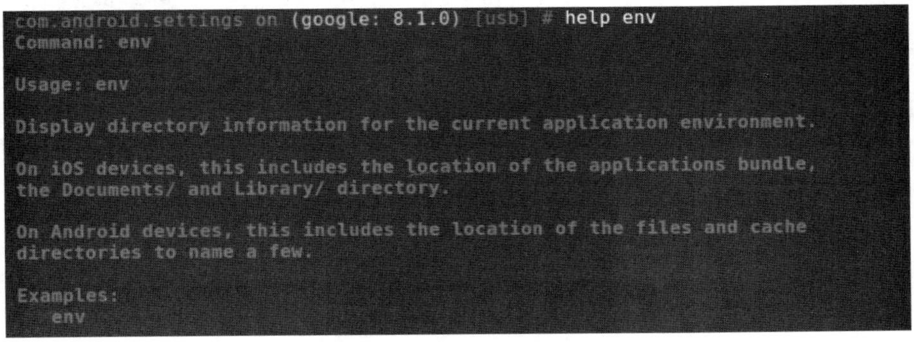

图 4-6　help env 界面

（2）jobs 命令。用于查看和管理当前 Hook 所执行的任务，建议一定要掌握，可以同时运行多项 Hook 作业。

（3）Frida 命令。查看 Frida 相关信息，如图 4-7 所示。

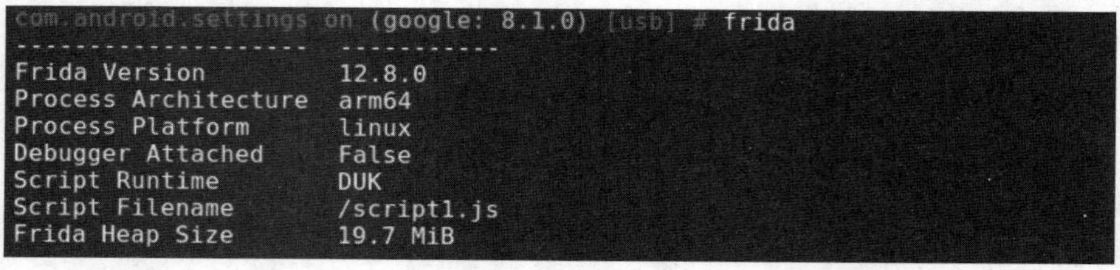

```
com.android.settings on (google: 8.1.0) [usb] # frida
--------------------    ----------
Frida Version           12.8.0
Process Architecture    arm64
Process Platform        linux
Debugger Attached       False
Script Runtime          DUK
Script Filename         /script1.js
Frida Heap Size         19.7 MiB
```

图 4-7　Frida 命令

（4）内存漫游相关命令。Objection 可以快速便捷地打印出内存中的各种类的相关信息，这对 App 快速定位有着无可比拟的优势，下面介绍几个常用命令。

① 可以使用以下命令列出内存中的所有类。

```
# android hooking list classes
com.android.settings on (google: 8.1.0) [usb] # android hooking list classes
...
org.apache.http.client.HttpClient
org.apache.http.client.ResponseHandler
org.apache.http.client.methods.AbortableHttpRequest
org.apache.http.client.methods.HttpRequestBase
org.apache.http.client.methods.HttpUriRequest
org.apache.http.client.params.HttpClientParams
org.apache.http.conn.ClientConnectionManager
...
void

Found 6103 classes
```

② 可以使用以下命令在内存中所有已加载的类中搜索包含特定关键词的类。

```
# android hooking search classes
```

这里搜索一下包含 display 关键词的类。

```
com.android.settings on (google: 8.1.0) [usb] # android hooking search classes display
    [Landroid.icu.text.DisplayContext$Type;
    [Landroid.icu.text.DisplayContext;
    [Landroid.view.Display$Mode;
    android.hardware.display.DisplayManager
    ...
```

```
javax.microedition.khronos.egl.EGLDisplay

Found 58 classes
```

③ 可以使用以下命令从内存中搜索所有包含关键词 key 的方法。

```
# android hooking search methods <key>
```

从上文中可以发现，内存中已加载的类高达 6103 个。它们的方法是类的个数的数倍，整个过程会相当耗时。这里展示搜索包含 display 关键词的方法，如图 4-8 所示。

```
com.android.settings on (google: 8.1.0) [usb] # android hooking search methods display
Warning, searching all classes may take some time and in some cases, crash the target Application.
Continue? [y/N]: y
Found 6103 classes, searching methods (this may take some time)...
android.App.ActionBar.getDisplayOptions
android.App.ActionBar.setDefaultDisplayHomeAsUpEnabled
android.App.ActionBar.setDisplayHomeAsUpEnabled
android.App.ActionBar.setDisplayOptions
android.App.ActionBar.setDisplayOptions
android.App.ActionBar.setDisplayShowCustomEnabled
android.App.ActionBar.setDisplayShowHomeEnabled
android.App.ActionBar.setDisplayShowTitleEnabled
...
```

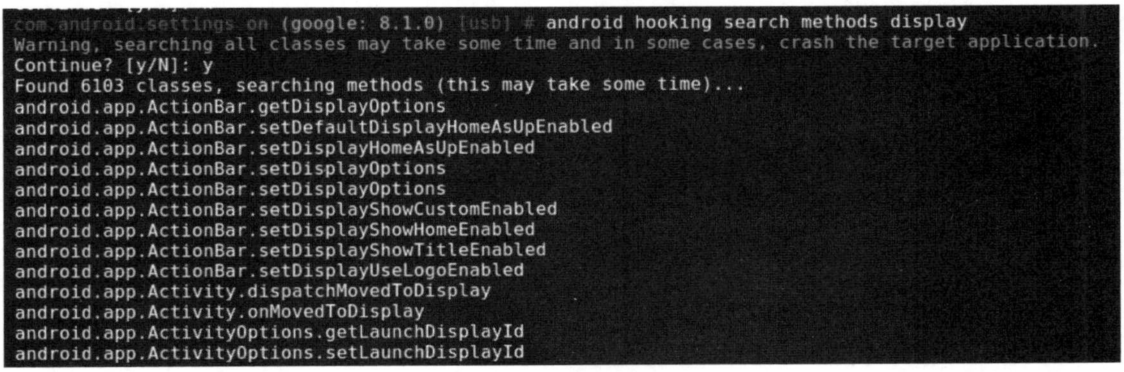

图 4-8 内存中搜索包含关键词方法

④ 搜索到我们感兴趣的类后，可以使用以下命令查看关心的类的所有方法：

```
# android hooking list class_methods
```

例如，对 android.hardware.display.DisplayManager 这个类感兴趣，列出的方法在与源码相比对之后发现是一模一样的，如图 4-9 所示。

```
com.android.settings on (google: 8.1.0) [usb] # android hooking list class methods android.hardware.display.DisplayManager
private android.view.Display android.hardware.display.DisplayManager.getOrCreateDisplayLocked(int,boolean)
private void android.hardware.display.DisplayManager.addAllDisplaysLocked(java.util.ArrayList<android.view.Display>,int[])
private void android.hardware.display.DisplayManager.addPresentationDisplaysLocked(java.util.ArrayList<android.view.Display>,int[],int)
public android.graphics.Point android.hardware.display.DisplayManager.getStableDisplaySize()
public android.hardware.display.VirtualDisplay android.hardware.display.DisplayManager.createVirtualDisplay(android.media.projection.MediaProjection,java.lang.String,int,int,int,android.view.Surface,int,android.hardware.display.VirtualDisplay$Callback,android.os.Handler,java.lang.String)
public android.hardware.display.VirtualDisplay android.hardware.display.DisplayManager.createVirtualDisplay(java.lang.String,int,int,int,android.view.Surface,int)
public android.hardware.display.VirtualDisplay android.hardware.display.DisplayManager.createVirtualDisplay(java.lang.String,int,int,int,android.view.Surface,int,android.hardware.display.VirtualDisplay$Callback,android.os.Handler)
public android.hardware.display.WifiDisplayStatus android.hardware.display.DisplayManager.getWifiDisplayStatus()
public android.view.Display android.hardware.display.DisplayManager.getDisplay(int)
public android.view.Display[] android.hardware.display.DisplayManager.getDisplays()
public android.view.Display[] android.hardware.display.DisplayManager.getDisplays(java.lang.String)
public void android.hardware.display.DisplayManager.connectWifiDisplay(java.lang.String)
public void android.hardware.display.DisplayManager.disconnectWifiDisplay()
public void android.hardware.display.DisplayManager.forgetWifiDisplay(java.lang.String)
public void android.hardware.display.DisplayManager.pauseWifiDisplay()
public void android.hardware.display.DisplayManager.registerDisplayListener(android.hardware.display.DisplayManager$DisplayListener,android.os.Handler)
public void android.hardware.display.DisplayManager.renameWifiDisplay(java.lang.String,java.lang.String)
public void android.hardware.display.DisplayManager.resumeWifiDisplay()
public void android.hardware.display.DisplayManager.startWifiDisplayScan()
public void android.hardware.display.DisplayManager.stopWifiDisplayScan()
public void android.hardware.display.DisplayManager.unregisterDisplayListener(android.hardware.display.DisplayManager$DisplayListener)
Found 21 method(s)
```

图 4-9 列出类的对应方法

⑤ 以上介绍的都是最基础的一些 Java 类相关的内容。在 Android 中，正如笔者在第 2 章中介绍的，四大组件的相关内容是非常值得关注的，Objection 在这方面也提供了支持，可以通过以下命令列出进程所有的 activity（活动）。

```
# android hooking list activities
```

具体展示如下：

```
com.android.settings on (google: 8.1.0) [usb] # android hooking list activities
com.android.settings.ActivityPicker
com.android.settings.AirplaneModeVoiceActivity
com.android.settings.AllowBindAppWidgetActivity
com.android.settings.AppWidgetPickActivity
com.android.settings.BandMode
com.android.settings.Display
com.android.settings.DisplaySettings
com.android.settings.EncryptionInterstitial
com.android.settings.FallbackHome
com.android.settings.HelpTrampoline
com.android.settings.LanguageSettings
com.android.settings.ManageApplications
com.android.settings.MonitoringCertInfoActivity
com.android.settings.RadioInfo
...
Found 239 classes
```

⑥ 可以通过以下命令列出进程所有的 service。

```
# android hooking list services
```

最终的运行结果如下：

```
com.android.settings on (google: 8.1.0) [usb] # android hooking list services
com.android.settings.SettingsDumpService
```

```
com.android.settings.TetherService
com.android.settings.bluetooth.BluetoothPairingService

Found 3 classes
```

需要列出其他两个组件的信息时，只要将对应的地方更换为 receivers 和 providers 即可，这里不再演示。

（5）Hook 相关命令。作为 Frida 的核心功能，Hook 总是不能绕过的。同样地，Objection 作为 Frida 优秀的开发工具，Hook 相关的命令是一定要实现的。事实上，Objection 在这方面的表现确实令人称赞。

通过以下命令对指定的方法进行 Hook。

```
# android hooking watch class_method <methodName>
```

这里选择 Java 中 File 类的构造函数进行 Hook，结果如下：

```
com.android.settings on (google: 8.1.0) [usb] # android hooking watch class_method java.io.File.$init --dump-args --dump-backtrace --dump-return
(agent) Attempting to watch class java.io.File and method $init.
(agent) Hooking java.io.File.$init(java.io.File, java.lang.String)
(agent) Hooking java.io.File.$init(java.lang.String)
(agent) Hooking java.io.File.$init(java.lang.String, int)
(agent) Hooking java.io.File.$init(java.lang.String, java.io.File)
(agent) Hooking java.io.File.$init(java.lang.String, java.lang.String)
(agent) Hooking java.io.File.$init(java.net.URI)
(agent) Registering job 7s9a29pxmt4. Type: watch-method for: java.io.File.$init
```

在上述命令中，我们加上了 --dump-args、--dump-backtrace、--dump-return 三个参数，分别用于打印函数的参数、调用栈以及返回值。这三个参数对逆向分析的帮助是非常大的：有些函数的明文和密文非常有可能放在参数和返回值中,而打印调用栈可以让分析者快速进行调用链的溯源。

另外需要注意的是，此时虽然只确定了 Hook 构造函数，但是默认会 Hook 对应方法的所有重载。同时，在输出的最后一行显示 Registering job 7s9a29pxmt4，这表示这个 Hook 被作为一个"作业"添加到 Objection 的作业系统中了，此时运行 job list 命令可以查看到这个"作业"的相关信息，如图 4-10 所示。可以发现这里的 Job ID 对应的是 7s9a29pxmt4，同时 Hooks 对应的 6 正是 Hook 的函数的数量。

```
com.android.settings on (google: 8.1.0) [usb] # jobs list
Job ID          Hooks   Type
----------      -----   ----
7s9a29pxmt4       6     watch-method for: java.io.File.$init
```

图 4-10　job list 命令及其执行结果

当我们在"设置"应用中的任意位置进行点击时，会发现 java.io.File.File(java.io.File, java.lang.String)这一个函数被调用了。在 Backtrace 之后打印的调用栈中，可以清楚地看到这个构造函数的调用来源，如图 4-11 所示。注意，调用栈的顺序是从下至上的，根据 Arguments 那一行会发现打开的文件路径是/data/user_de/0/com.android.settings/shared_prefs，文件名为 development.xml。虽然 Return Value 后打印的返回值为 none，表明这个函数没有返回值，但是也是真实地打印了返回值。当然，读者也可以 Hook 其他函数以打印返回值进行测试。

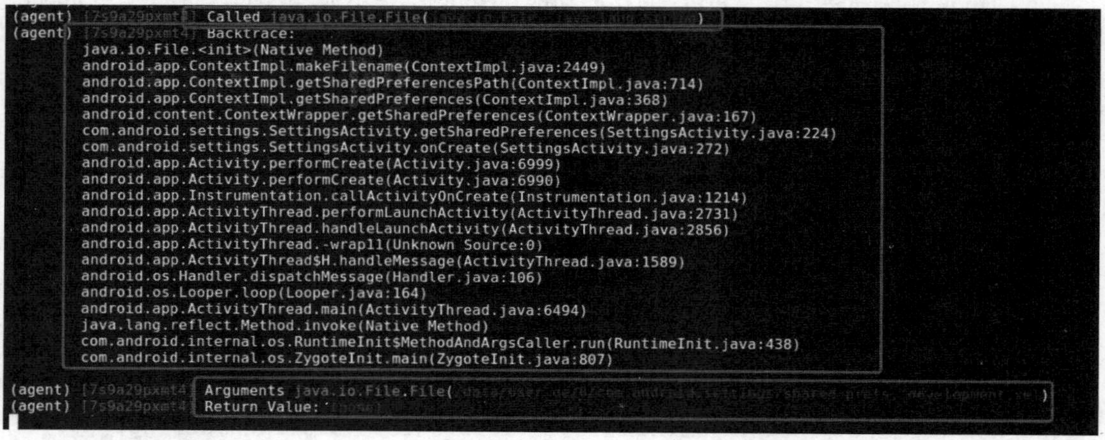

图 4-11　Hook 的触发

测试结束后，可以根据"作业"的 ID 来删除"作业"，取消对这些函数的 Hook，最终执行结果如图 4-12 所示。

```
# jobs kill <id>
```

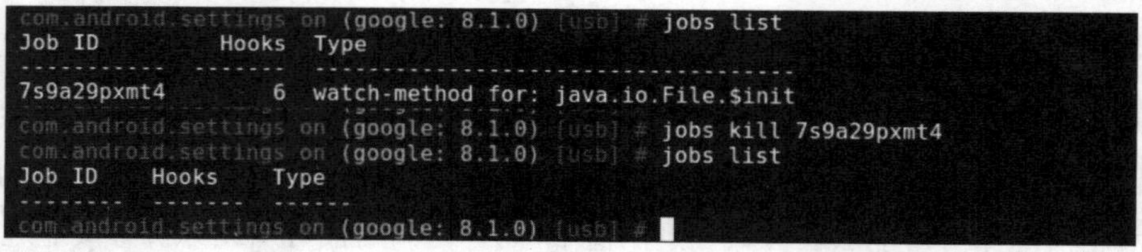

图 4-12　jobs kill 命令及其执行结果

除了可以直接 Hook 一个函数之外，Objection 还可以通过执行如下命令实现对指定类 classname 中所有函数的 Hook（这里的所有函数并不包括构造函数的 Hook）。

```
# android hooking watch class <classname>
```

同样以 java.io.File 类为例，最终执行效果如下：

```
com.android.settings on (google: 8.1.0) [usb] # android hooking watch class java.io.File
 (agent) Hooking java.io.File.createTempFile(java.lang.String, java.lang.String)
```

```
(agent) Hooking java.io.File.createTempFile(java.lang.String,
java.lang.String, java.io.File)
(agent) Hooking java.io.File.listRoots()
(agent) Hooking java.io.File.readObject(java.io.ObjectInputStream)
(agent) Hooking java.io.File.slashify(java.lang.String, boolean)
(agent) Hooking java.io.File.writeObject(java.io.ObjectOutputStream)
...
(agent) Registering job dpyds1gf9if. Type: watch-class for: java.io.File
```

此时执行以下命令可以发现一共 Hook 了 56 个函数，输出结果如图 4-13 所示。

```
# jobs list
```

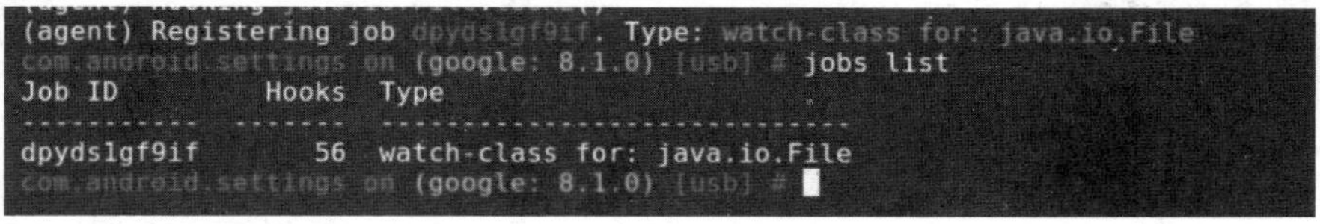

图 4-13　jobs list 命令及其执行结果

最终 Hook 的效果如图 4-14 所示。当然，这里的调用顺序（自上而下）和之前的调用栈的打印是不同的。

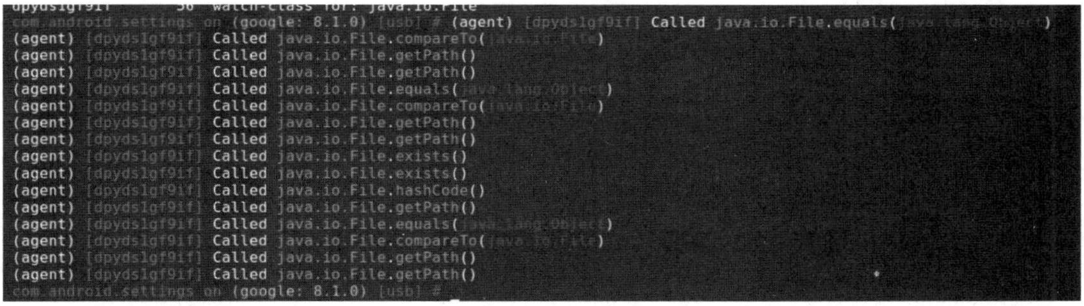

图 4-14　最终 Hook 的效果

（6）主动调用：android heap 相关命令。最后介绍 Frida 的一大特色——主动调用在 Objection 中的使用。

① 基于最简单的 Java.choose 的实现，在 Frida 脚本中，对实例的搜索在 Objection 中是使用以下命令实现的：

```
# android heap search instances <classname>
```

这里仍以 java.io.File 类为例，搜索到很多 File 的实例，并且打印出对应的 Handle 和 toString() 的结果，如图 4-15 所示。

图 4-15 中显示的 Handle 十分重要，在之后的主动调用中都是以这个十六进制的 Handle 值作为实例的句柄来调用和执行函数。

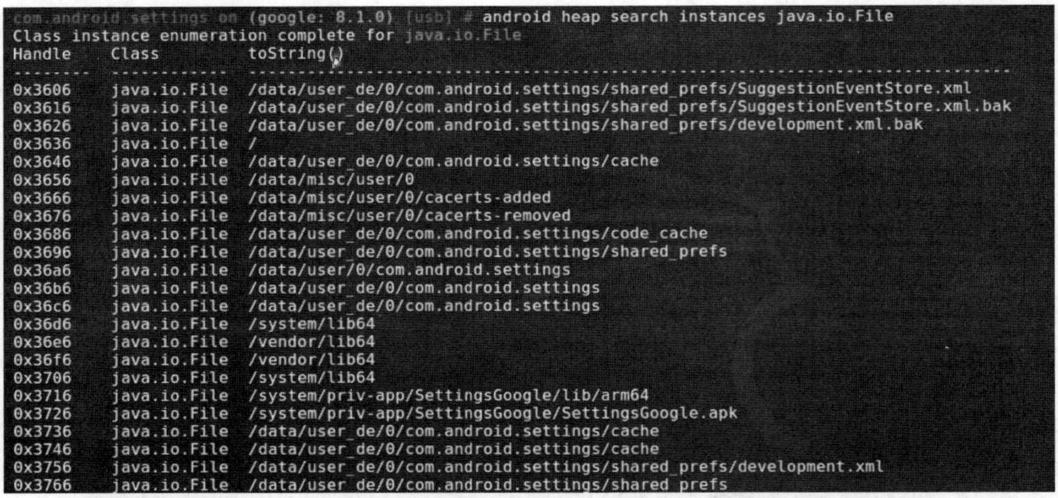

```
com.android.settings on (google: 8.1.0) [usb] # android heap search instances java.io.File
Class instance enumeration complete for java.io.File
Handle    Class          toString()
------    -----          ----------
0x3606    java.io.File   /data/user_de/0/com.android.settings/shared_prefs/SuggestionEventStore.xml
0x3616    java.io.File   /data/user_de/0/com.android.settings/shared_prefs/SuggestionEventStore.xml.bak
0x3626    java.io.File   /data/user_de/0/com.android.settings/shared_prefs/development.xml.bak
0x3636    java.io.File   /
0x3646    java.io.File   /data/user_de/0/com.android.settings/cache
0x3656    java.io.File   /data/misc/user/0
0x3666    java.io.File   /data/misc/user/0/cacerts-added
0x3676    java.io.File   /data/misc/user/0/cacerts-removed
0x3686    java.io.File   /data/user_de/0/com.android.settings/code_cache
0x3696    java.io.File   /data/user_de/0/com.android.settings/shared_prefs
0x36a6    java.io.File   /data/user/0/com.android.settings
0x36b6    java.io.File   /data/user_de/0/com.android.settings
0x36c6    java.io.File   /data/user_de/0/com.android.settings
0x36d6    java.io.File   /system/lib64
0x36e6    java.io.File   /vendor/lib64
0x36f6    java.io.File   /vendor/lib64
0x3706    java.io.File   /system/lib64
0x3716    java.io.File   /system/priv-app/SettingsGoogle/lib/arm64
0x3726    java.io.File   /system/priv-app/SettingsGoogle/SettingsGoogle.apk
0x3736    java.io.File   /data/user_de/0/com.android.settings/cache
0x3746    java.io.File   /data/user_de/0/com.android.settings/cache
0x3756    java.io.File   /data/user_de/0/com.android.settings/shared_prefs/development.xml
0x3766    java.io.File   /data/user_de/0/com.android.settings/shared_prefs
```

图 4-15   heap search

② 在 Objection 中调用实例方法的方式有两种。第一种是使用以下命令调用实例方法：

```
# android heap execute <Handle> <methodname>
```

这里的实例方法指的是没有参数的实例方法。下面演示一下使用 Handle 值为 0x3606 所对应的实例来执行 File 的 getPath 方法，如图 4-16 所示，得到的结果与图 4-15 中 Handle 值为 0x3606 所对应的 toString()函数的执行结果一致。

```
com.android.settings on (google: 8.1.0) [usb] # android heap execute 0x3606 getPath
Handle 0x3606 is to class java.io.File
Executing method: getPath()
/data/user_de/0/com.android.settings/shared_prefs/SuggestionEventStore.xml
com.android.settings on (google: 8.1.0) [usb] #
```

图 4-16   heap execute 无参函数

使用 execute 执行带参函数会报错，如图 4-17 所示。

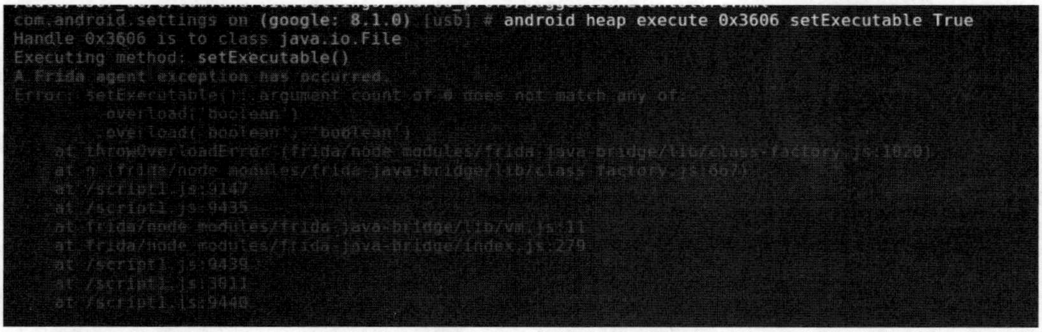

```
com.android.settings on (google: 8.1.0) [usb] # android heap execute 0x3606 setExecutable True
Handle 0x3606 is to class java.io.File
Executing method: setExecutable()
A Frida agent exception has occurred.
Error: setExecutable(): argument count of 0 does not match any of:
      .overload('boolean')
      .overload('boolean', 'boolean')
    at throwOverloadError (frida/node_modules/frida-java-bridge/lib/class-factory.js:1020)
    at n (frida/node_modules/frida-java-bridge/lib/class-factory.js:667)
    at /script1.js:9147
    at /script1.js:9435
    at frida/node_modules/frida-java-bridge/lib/vm.js:11
    at frida/node_modules/frida-java-bridge/index.js:279
    at /script1.js:9439
    at /script1.js:3011
    at /script1.js:9440
```

图 4-17   执行 heap execute 带参函数，系统会报错

如果要执行带参数的函数，则需要先执行以下命令：

```
android heap evaluate <Handle>
```

在进入一个迷你编辑器环境后,输入想要执行的脚本内容,确认编辑完成,然后按 Esc 键退出编辑器,最后按回车键,即会开始执行这行脚本并输出结果。这里的脚本内容和在编辑器中直接编写的脚本内容是一样的(使用 File 类的 canWrite()函数和 setWritable()函数进行测试),具体内容如代码清单 4-1。

代码清单 4-1　evaluate

```
console.log('File is canWrite? =>',clazz.canWrite())
clazz.setWritable(false)
console.log('File is canWrite? =>',clazz.canWrite())
```

在这个脚本中,Objection 设定 clazz 用于代表 Handle 值为 0x3606 所对应的实例,同时函数 canWrite()用于返回这个实例所打开的文件是否可写。setWritable()函数用于修改对应文件是否可写的属性。脚本的编辑页面和最终的执行效果分别如图 4-18 和图 4-19 所示。

图 4-18　heap evaluate 脚本编辑

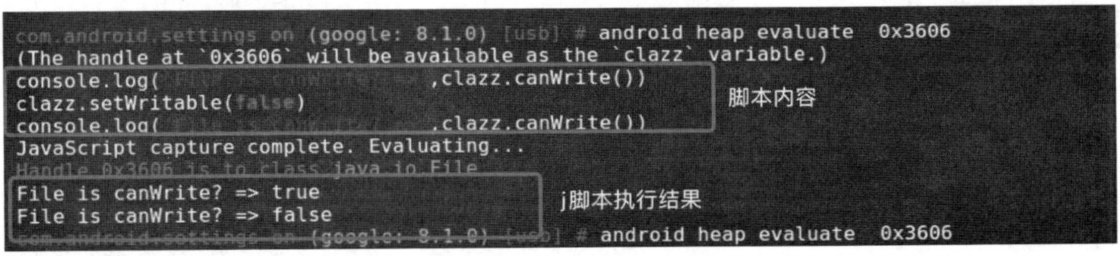

图 4-19　heap evaluate 带参函数执行的结果

heap evaluate 既可以执行有参函数,也可以执行无参函数,这里不再演示,留待读者自行研究。

Objection 的功能很多,这一节仅介绍了逆向过程中常用的一些命令,还有一些其他命令并未介绍,部分命令在后续章节会继续讲解。对于本书没有讲解的命令,读者也可以自行探索研究。

4.3　Objection 实战

本节将以一个简单的恶意软件作为分析目标,演示 Objection 在逆向分析中的强大之处。

注意 不要把这个软件安装到手机上,同时一定要使用模拟器而不是真机。在打开 App 前一定要戴耳机并将音量调至最低!!!

4.3.1 Jadx/Jeb/GDA 介绍

在开始进行实战分析之前,先介绍一些在 Android 逆向分析中常用的将打包好的 APK 文件反编译为 Java 代码的静态分析工具。

1. Jadx

相比其他两个分析工具,Jadx 是开源的。Jadx 支持多个平台,不管是 Windows 还是 Linux、Mac,都可以无差别地运行这款软件。这里仅演示 Linux 版的使用。

从对应仓库下载 Jadx 最新版后,解压并切换到 Jadx 的 bin 目录下,运行 Jadx-gui 就可以直接启动 Jadx,如图 4-20 所示。

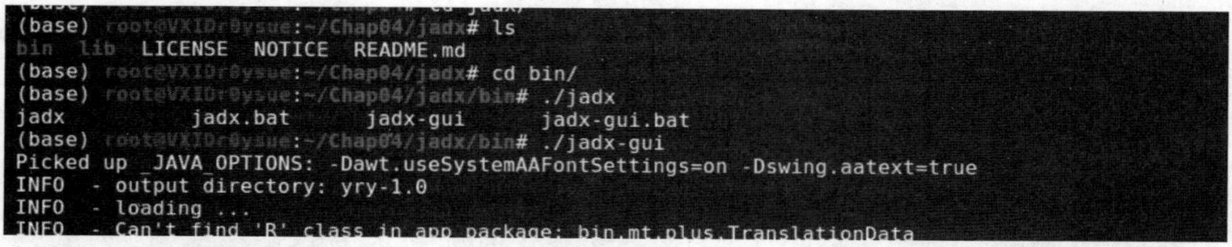

图 4-20 Jadx 的启动

在打开 Jadx 页面后,可以直接将目标 APK 拖曳进页面进行静态分析,最终页面如图 4-21 所示。

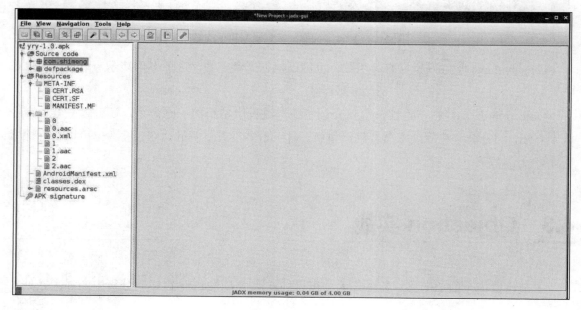

图 4-21 Jadx 页面

在功能上，可以通过从选中函数的右键快捷菜单来跳转到该函数的声明之处（Go to declaration），或者跳转到该函数在 App 中被调用之处（Find Usage），如图 4-22 所示。

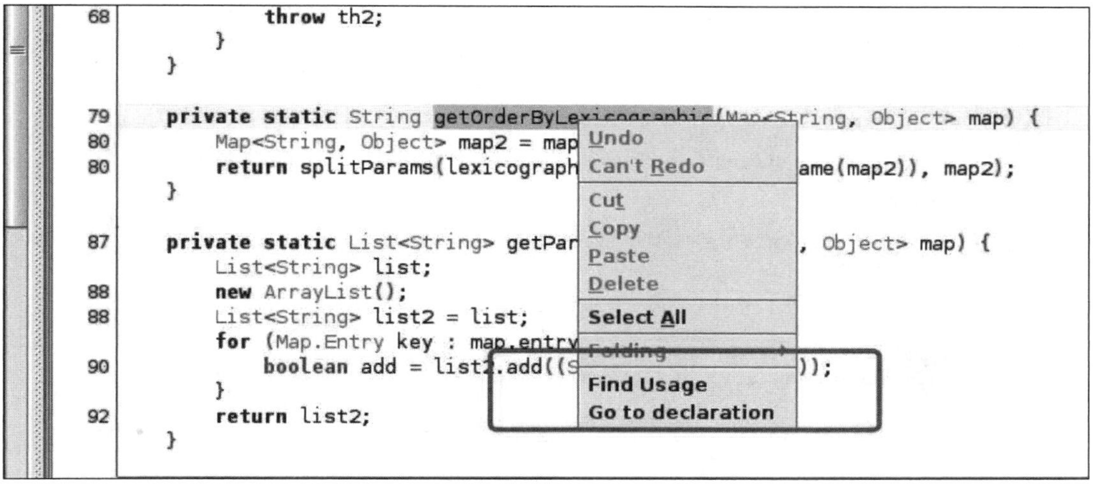

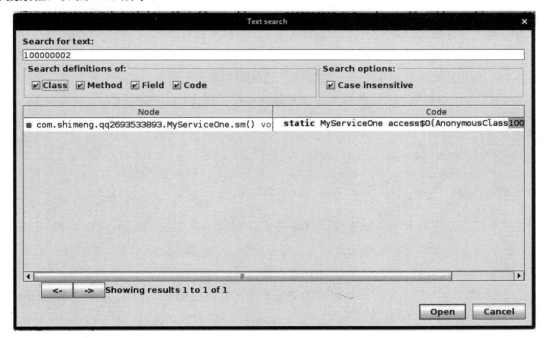

图 4-22　跳转到函数声明之处或调用之处

Jadx 还支持完整的搜索功能。包括搜索类、方法和代码，可以通过快捷键 Ctrl+Shift+F 打开搜索框，如图 4-23 所示。

图 4-23　Jadx 的搜索功能

在新版的 Jadx 中还支持反混淆的功能（见图 4-24），支持对不可见字符和混淆的函数名等进行翻译，可以从注释中看到原本的信息，非常有利于逆向开发和分析人员进行分析。

```
/* access modifiers changed from: private */
/* renamed from: 诗梦MD5  reason: contains not printable characters */
public static final String f3MD5 = "9DDEB743E935CE399F1DFAF080775366";
int B = 0;
int L = 10;
/* access modifiers changed from: private */
public Handler hand2;
/* access modifiers changed from: private */
public Handler hand3;
private Runnable runn2;
/* access modifiers changed from: private */
public Runnable runn3;
/* access modifiers changed from: private */
public FloatViewUtil util;
private View v;

/* renamed from: 坐等前往世界的尽头的小船  reason: contains not printable characters */
public String f4;

/* renamed from: 解锁  reason: contains not printable characters */
public TextView f5;

static {
    002693533893 r5;
```

图 4-24 Jadx 的反混淆功能

可以说，Jadx 几乎能满足静态逆向分析的所有需求了。

2. Jeb

和上一节介绍的 Jadx 一样，Jeb 是一款强大的跨平台的 Android 静态分析工具。与 Jadx 相比，Jadx 拥有的功能 Jeb 几乎都有，而 Jeb 在反编译的效果上比 Jadx 解析的准确度更好，此外 Jeb 还支持自定义的脚本功能，这在自动化分析和对抗代码混淆中非常实用。可惜的是，Jeb 是一款商业软件，在使用之前需要到官方网址进行购买，或者暂时使用 Demo 版本的 Jeb，不过 Demo 版本限制较多，若想要长期使用，建议购买商用正版。

下载后，在本地解压 Jeb 会得到三个执行脚本 jeb_linux.sh、jeb_macos.sh、jeb_wincon.bat，如下所示：

```
root@VXIDr0ysue:~/Desktop/jeb# ls
bin           doc             jeb_macos.sh      jvmopt.txt      siglibs
coreplugins   jeb_linux.sh    jeb_wincon.bat    scripts         typelibs
```

这三个脚本分别用于 Linux 系统、Mac 系统、Windows 系统，在第一次启动时会联网下载所对应平台上需要使用的依赖文件。在下载完成后，Jeb 就安装成功了，启动 Jeb 后将要分析的应用拖入其中，而后就会自动对 App 进行分析了，Jeb 界面如图 4-25 所示。

在 Jeb 界面中，页面左上方是工程的概览界面，在概览界面中会有 AndroidManifest.xml 的入口，Jeb 标记为了 Manifest；Certificate 是 App 所使用的签名证书；ByteCode 是 App 中代码的入口；最后还有一个 Resources，它是存储着 App 所有资源信息的入口。图 4-25 的左下角是类似于 Jadx 界面的包结构界面，对应左上方的是 ByteCode。与 Jadx 一样，Jeb 支持使用快捷键 Ctrl+F 进行代码的搜索、X 键进行交叉引用，使用 TAB 键把 Smali 反编译为 Java 类等，这里不再赘述，具体用法留给读者自行探索。

图 4-25　Jeb 界面

Jeb 比 Jadx 优秀的地方在于代码的反编译，不管是内部类的显示还是代码翻译的准确性，Jeb 的表现更为优秀。如图 4-26 所示，从对同一个类的解析上可以明显地发现图中左部分 OnCreate 函数中的代码更接近开发时所写的代码。

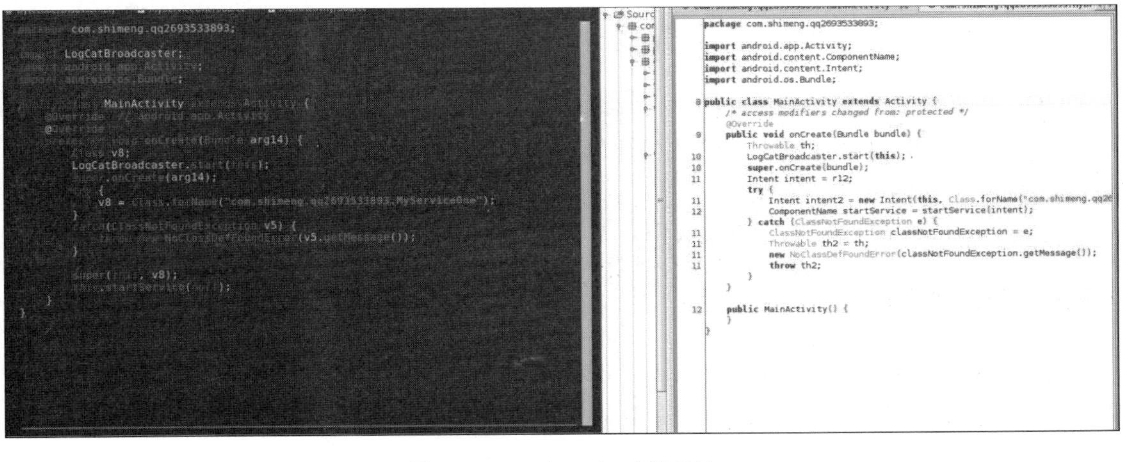

图 4-26　Jeb 与 Jadx 功能对比

3. GDA

与以上两款工具相比，GDA（GGJoy Dex Analysizer）是中国第一款也是唯一一款全交互式的现代反编译器，同时也是世界上最早实现的 Dalvik 字节码反编译器。据官网介绍，GDA 不只是反编译器，同时也是一款轻便且功能强大的综合性逆向分析利器，它不依赖 Java 环境并且支持 apk、dex 等文件的反编译，并且和 Jeb 一样，支持自定义脚本的自动化分析。GDA

还提供了字符串、方法、类和成员变量的交叉引用及搜索功能、代码注释功能等。除了这些基础的功能，GDA 中包含了多个由作者独立研究的高速分析引擎：反编译引擎、漏洞检测引擎、恶意行为检测引擎、污点传播分析引擎、反混淆引擎、apk 壳检测引擎等，尤其是恶意行为检测引擎和污点传播分析引擎与反编译核心的完美融合，大大提高了无源码逆向工程的效率，相比于其他两款专注于代码反编译的软件，GDA 的反编译器还提供了很多实用功能，如路径求解、漏洞检测、隐私泄露检测、查壳、Android 设备内存 dump 等。

虽然 GDA 分为免费版和 PRO 收费版，但是免费版中的功能足以满足日常工作中的需要。除此之外，在将其直接从官网（http://www.gda.wiki:9090/）下载并解压后会发现 GDA 是免安装的，解压后通过双击图标即可运行。在拖入要分析的 APK 后，GDA 的界面如图 4-27 所示。

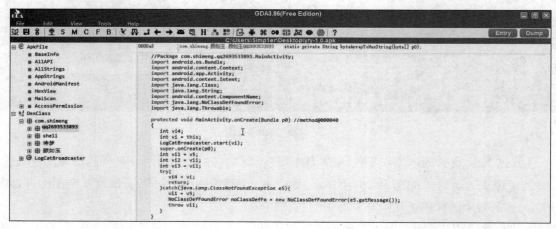

图 4-27　GDA 的界面

GDA 的具体功能这里不再介绍，留给读者自行研究。就免费版而言，将图 4-27 和图 4-26 结合来看，会发现 GDA 的变量命名人性化的程度和反编译的效果还是略逊于 Jeb。可惜的是，GDA 目前仅仅支持 Windows 系统。由于笔者系统的限制，因此主要是将 Jeb 和 Jadx 结合起来对 App 进行静态分析。

4.3.2　Objection 结合 Jeb 分析

使用 Jadx 将 App 拖入分析，在 Jadx 初步分析完毕后，使用 Jadx 查看 AndroidManifest.xml 内容，如前面章节所述，这个文件中会记录一些 App 相关的属性信息，包括 App 的包名、版本号、所申请的权限信息、四大组件信息以及入口类等信息。这个 App 的 AndroidManifest.xml 文件内容大致如下。

```
<?xml version="1.0" encoding="UTF-8"?>
<manifest android:versionCode="1" android:versionName="1.0" package="com.shimeng.qq2693533893" platformBuildVersionCode="21" platformBuildVersionName="5.0-1521886" xmlns:android="http://schemas.android.com/apk/res/android">
```

```xml
<uses-sdk android:minSdkVersion="14" android:targetSdkVersion="21"/>
...
<uses-permission android:name="android.permission.SYSTEM_ALERT_WINDOW"/>
<uses-permission android:name="android.permission.GET_TASKS"/>
<uses-permission android:name="android.permission.INTERNET"/>
<uses-permission android:name="android.permission.VIBRATE"/>
<uses-permission android:name="android.permission.BROADCAST_STICKY"/>
<uses-permission android:name="android.permission.WRITE_EXTERNAL_STORAGE"/>
<uses-permission android:name="android.permission.ACCESS_NETWORK_STATE"/>
<uses-permission android:name="android.permission.CALL_PHONE"/>
<uses-permission android:name="android.permission.SEND_SMS"/>
<uses-permission android:name="android.permission.READ_PHONE_STATE"/>
<Application android:allowBackup="true" android:debuggable="true" android:icon="@drawable/MT_Bin" android:label="@string/MT_Bin" android:theme= "@style/MT_Bin">
    <activity android:label="@string/MT_Bin" android:name=".MainActivity">
      <intent-filter>
        <action android:name="android.intent.action.MAIN"/>
        <category android:name="android.intent.category.LAUNCHER"/>
      </intent-filter>
    </activity>
    <service android:name=".MyServiceOne"/>
    <receiver android:name=".MyBroadcast">
      <intent-filter android:priority="2147483647">
        <action android:name="android.intent.action.BOOT_COMPLETED"/>
        ...
      </intent-filter>
    </receiver>
  </Application>
</manifest>
```

App 的包名就是进程唯一的标志（com.shimeng.qq2693533893），根据 activity、service 等标签可以确认 App 的四大组件信息。由于这个 App 只有一个 activity，因此这个 MainActivity 就是入口类，否则需要通过 intent-filter 标签中的 action 属性信息和 category 属性去标志入口类，入口类的 action 属性信息为 android.intent.action.MAIN，而相应的 category 属性名则为 android.intent.category.LAUNCHER。

查看入口类的代码，在 Jadx 界面左部选中并双击 MainActivity 后，Jadx 会自动显示翻译出的 MainActivity 类的内容，如图 4-28 所示。

这个 activity 主要是通过 startService() 函数启动了一个名为 com.shimeng.qq2693533893.MyServiceOne 的服务。此时直接查看 MyServiceOne 类的内容，如图 4-29 所示，会发现代码特别复杂，而且由于混淆的信息导致静态代码可读性十分不人性化。

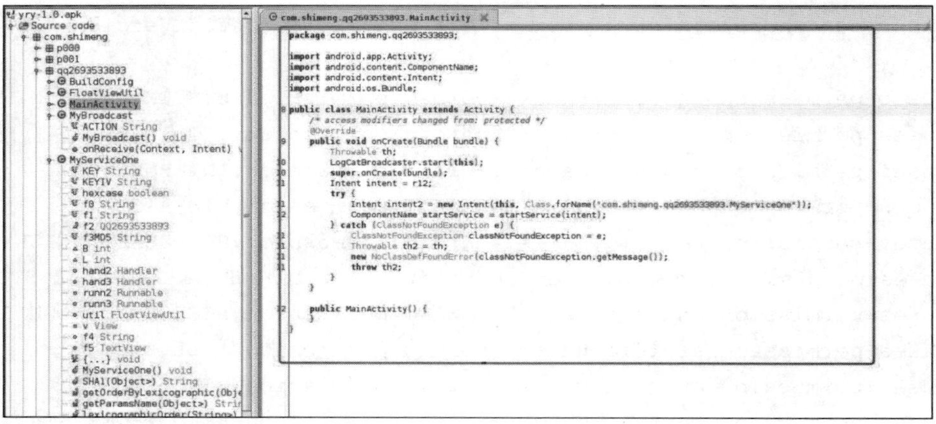

图 4-28 MainActivity 类

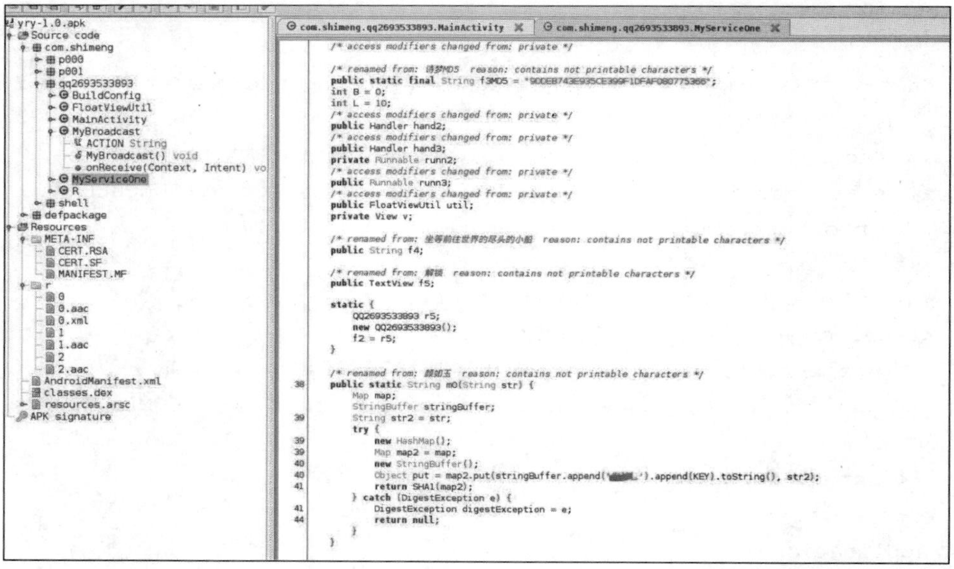

图 4-29 MyServiceOne 类的部分截图

如果不想深陷代码逻辑中且希望能够快速分析程序逻辑时，就要选择使用 Objection 进行动态调试，不过在开始动态调试之前需要解决一些问题。

第一，在这一节开始的时候，笔者特意提到过，要使用模拟器去安装这个恶意应用。选择模拟器的原因是，如果模拟器的系统被恶意代码攻击或者损坏了，可以直接删除后重新创建一个全新的系统，就像虚拟机一样。推荐使用 GenyMotion 模拟器，既可以选择各种机型，也可以选择 Android 版本，而且有免费的个人使用版，十分好用。

第二，在这个恶意的 App 打开应用后，adb 连接会自动断开，并且无法通过 USB 连接上去。

再次使用 Jadx 查看 App 的包结构会发现有一个 USBLock 的相关类，如图 4-30 所示。查看其中内容会发现，类中执行了一个 setprop persist.sys.usb.config none 的命令。setprop 命令与之前讲的 getprop 是相对的，setprop 用于 Android 系统的某个属性。通过搜索 persist.sys.usb.config 关键词会发现这个属性是与设置 USB 调试相关的，当这个属性被设置为 none 时，就会导致 adb 调试被禁用，也就达成了断开连接的作用。

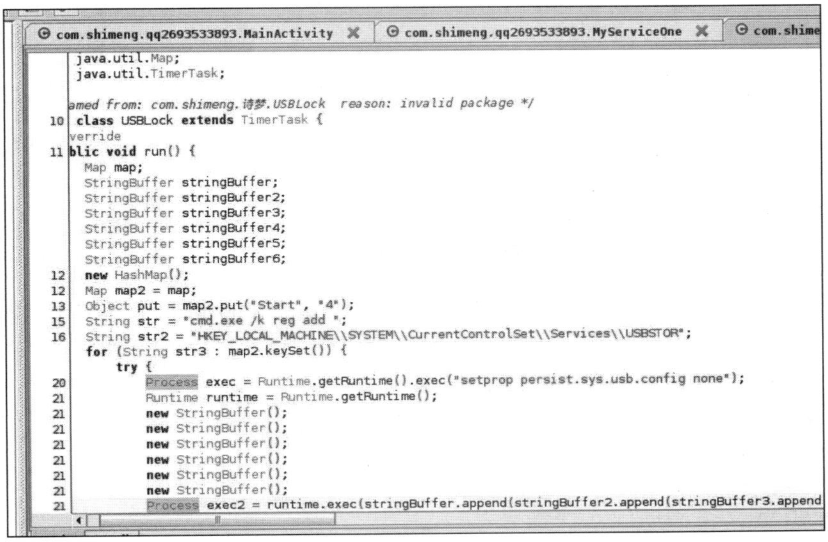

图 4-30　USBLock 类的部分截图

如果无法使用 USB 连接，就无法通过 adb 启动 frida-server，也就无法使用 Objection 进行连接，那么怎么解决这个无法使用 USB 连接设备的问题呢？推荐使用 Termux 软件。Termux 是一个安卓手机的 Linux 模拟器，可以在手机上模拟 Linux 环境。它提供一个命令行界面，让用户与系统互动。其实它就是一个普通的手机 App，可以从应用商店下载安装。Termux 的界面和一个普通的终端一样，如图 4-31 所示。

图 4-31　Termux 界面

模拟器默认 root 过，此时只需要下载对应模拟器架构的 frida-server 并用 push 推送到模拟器的对应目录下，这样不通过 adb 就可以启动 frida-server。此时运行 frida-server –help 来查看帮助信息，就会发现 frida-server 其实是支持使用网络模式进行监听的，具体运行结果如下：

```
vbox86p:/data/local/tmp #./frida-server-12.8.0- android-x86 -help
Usage:
  frida [OPTION…]

Help Options:
  -h, --help                  Show help options

Application Options:
  --version                   Output version information and exit
  -l, --listen=ADDRESS        Listen on ADDRESS
  -d, --directory=DIRECTORY   Store binaries in DIRECTORY
  -D, --daemonize             Detach and become a daemon
  -v, --verbose
```

那么 Objection 支持网络模式连接吗？

在 4.2.2 小节中曾经提过，虽然 Objection 默认使用 USB 模式连接，但是可以通过-N 参数使用网络模式，使用时只需要通过-h 参数指定 IP 地址、-p 参数指定端口去实现网络模式连接。

解决这两个问题之后，再也没有任何障碍阻止我们使用 Objection 进行动态调试了。

首先，在 Termux 运行 su 命令获得 root 权限，然后切换到 frida-server 所在目录 /data/local/tmp，通过输入"./frida-server -l 0.0.0.0:8888"并按回车键以网络模式运行 frida-server，从而监听任何对手机 8888 端口的网络连接。此时，通过以下命令可以查看 frida-server 监听的端口。

```
# netstat -tulp | grep frida
```

此时 frida-server 已经启动，并且确实在 LISTEN 0.0.0.0:8888 端口，如图 4-32 所示。

图 4-32　以网络模式运行 frida-server

在确认 frida-server 正在以网络模式监听后，确认模拟器的 IP 地址为 192.168.31.52，先使用 adb 将样本安装到模拟器上并启动应用（启动之前一定要带上耳机），启动之后会发现如静态分析的那样，adb 断开了连接，音量会被调制最大并且 App 会发出一些恶搞的声音。在将计算机静音后，使用以下命令对样本进行注入与测试。

```
# objection -N -h 192.168.31.52 -p 8888 -g com.shimeng.qq2693533893 explore
```

最终的运行结果如图 4-33 所示，从运行结果可知注入成功，进入 Objection 的 REPL 界面。

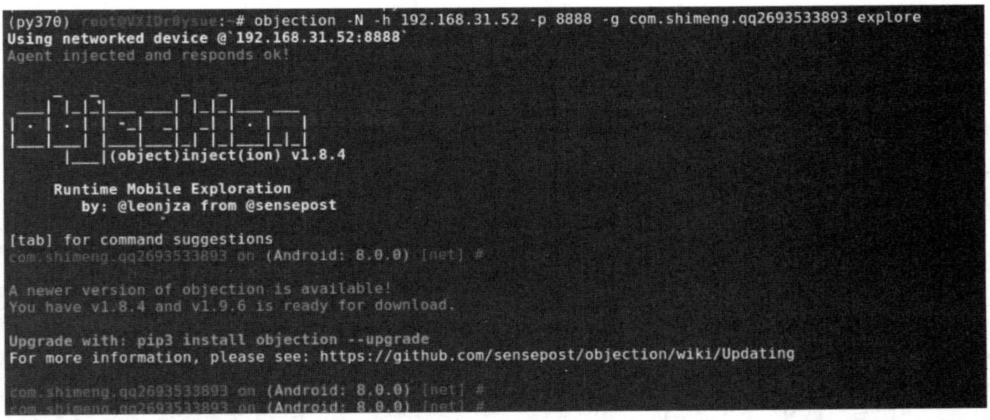

图 4-33　Objection 注入结果

此时，可以测试之前学习的一些知识。这里测试一下遍历 services 服务，运行结果如下：

```
com.shimeng.qq2693533893 on (Android: 8.0.0) [net] # android hooking list services
com.shimeng.qq2693533893.MyServiceOne

Found 1 classes
```

和静态分析是一致的。经过之前的静态分析后，我们初步确认这个 App 的核心方法应该在 MyServiceOne 服务中，但是并不确定具体是哪个函数，所以直接使用命令 Hook 上整个类，具体方式如下：

```
com.shimeng.qq2693533893 on (Android: 8.0.0) [net] # android hooking watch class com.shimeng.qq2693533893.MyServiceOne
    (agent) Hooking com.shimeng.qq2693533893.MyServiceOne.SHA1(java.util.Map)
    (agent) Hooking com.shimeng.qq2693533893.MyServiceOne.access$1000014(com.shimeng.qq2693533893.MyServiceOne)
    (agent) Hooking com.shimeng.qq2693533893.MyServiceOne.access$L1000000(com.shimeng.qq2693533893.MyServiceOne)
    (agent) Hooking com.shimeng.qq2693533893.MyServiceOne.access$L1000002()
    (agent) Hooking com.shimeng.qq2693533893.MyServiceOne.access$L1000003()
    (agent) Hooking com.shimeng.qq2693533893.MyServiceOne.access$L1000004()
    ...
    (agent) Hooking com.shimeng.qq2693533893.MyServiceOne.smsOpera(java.lang.String)
    (agent) Hooking com.shimeng.qq2693533893.MyServiceOne.独自走在孤独的雨中(java.lang.String)
    (agent) Hooking com.shimeng.qq2693533893.MyServiceOne.诗梦()
```

(agent) Registering job 9dw79ii6ip. Type: watch-class for: com.shimeng.
qq2693533893.MyServiceOne
  com.shimeng.qq2693533893 on (Android: 8.0.0) [net] #

这个类的所有方法被 Hook 后，com.shimeng.qq2693533893.MyServiceOne.access$L1000018 就会一直被调用，如图 4-34 所示。

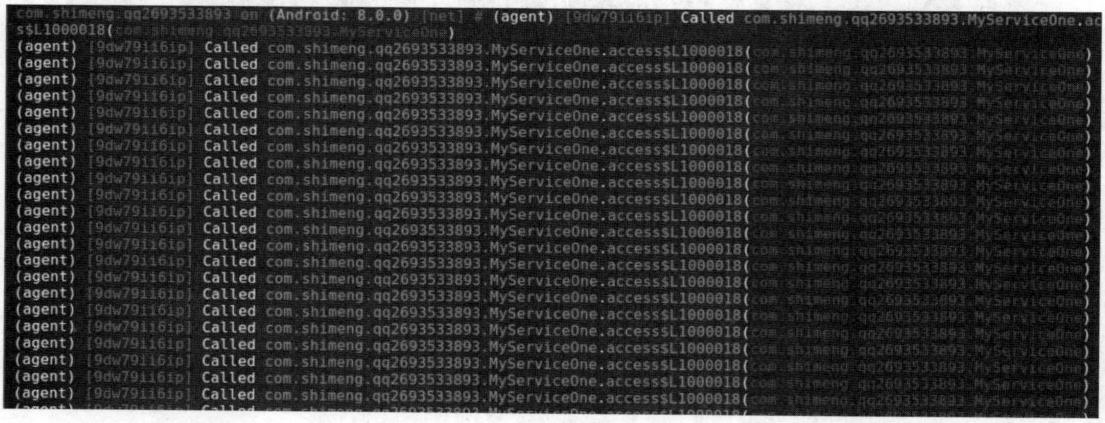

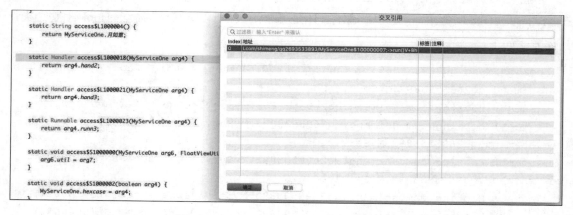

图 4-34　com.shimeng.qq2693533893.MyServiceOne.access$L1000018 一直被调用

此时使用 Jeb 查看对应的函数，就会发现这个函数什么都没有，那么哪里调用的它呢？选中这个函数再按 X 快捷键就可以查找这个函数的调用来源，如图 4-35 所示。

跟踪过去会发现这个函数就是导致音量一直调到最大的原因，具体函数内容如代码清单 4-2 所示。

图 4-35　access$L1000018 函数和交叉引用

代码清单 4-2　access$L1000018 调用函数内容

```java
public void run() {
    MyServiceOne.this.hand2.postDelayed(this, ((long)1800));
    Object v1 = MyServiceOne.this.getSystemService("audio");
    v1.setStreamVolume(3, v1.getStreamMaxVolume(3), 4);
```

```
    v1.getStreamMaxVolume(0);
    v1.getStreamVolume(0);
    v1.getStreamVolume(0);
    MyServiceOne.this.getApplication()
        .getSystemService("vibrator")
        .vibrate(new long[]{((long)100), ((long)1500), ((long)100),
((long)1500)}, -1);
    }
```

我们知道,当被勒索软件锁机后我们最想做的事就是解锁。为了触发解锁的逻辑,在 App 界面随便输入一段字符,并单击"解除锁定"按钮。由于这个勒索软件的界面不太雅观,本书就不展示了。读者在进行测试时把这个恶意软件安装在模拟器上,并且保证计算机静音。

当单击"解除锁定"按钮后,重新回到 Objection 的 REPL 界面,会发现又有几个函数被调用了,如图 4-36 所示。

图 4-36　看到的函数调用链

排除音量相关的函数,按照"先打印出来的函数先被调用"的原则,我们会发现最上层的调用函数为 com.shimeng.qq2693533893.MyServiceOne.颜如玉(java.lang.String)。那么这个函数又是怎么被调用的呢?我们先使用 jobs kill,不再对 MyServiceOne 进行全部 Hook,此时用以下命令重新对"颜如玉"这个具体的方法进行 Hook,并打印参数、调用栈和返回值观察,具体调用情况如图 4-37 所示。

```
# android hooking watch class_method com.shimeng.qq2693533893.MyServiceOne.
颜如玉 --dump-args --dump-backtrace --dump-return
```

调用栈的打印顺序与 watch class 命令打印的结果不同,这里在调用栈下方的函数是先调用的。从图 4-37 中可以看出,App 最先调用的方法是 com.shimeng.qq2693533893. MyServiceOne$100000002.onClick()函数。重新使用 Jeb 去看这个函数,就会发现这个函数是"解除锁定"按钮的响应函数,并且关键的函数就是在这开始的,如图 4-38 所示。

图 4-37 watch class_method 函数调用情况

图 4-38 onClick()函数

通过上面的分析，我们会发现 Objection 对快速定位关键函数的帮助是巨大的，它将整个逆向过程中最难部分（即从海量代码中定位关键函数）的效率提升了无数倍。

这个恶意软件的分析还没有结束，这里仅仅是为了演示 Objection 的使用，后续的分析可以按照上面介绍的方式去进行，这里就不再继续介绍了。

4.4 Frida 开发思想

在介绍完 Frida 和 Objection 后，将在这一节中提出一个在逆向过程中常用的工作思路，通常将之称为"Frida 三板斧"。

4.4.1 定位：Objection 辅助定位

经过本章前面几节的学习，我们发现 Objection 在逆向过程中最强大的功能其实是从海量的代码中快速定位关键的程序逻辑。Frida 需要每次手动编写代码去 Hook 从静态分析得到的函数，进而观察其参数和返回值是否与需求相符，Objection 将常用的一些功能集成在一起，使得逆向开发和分析人员在分析过程中不需要浪费精力在编写代码上。

下面以样例程序 Junior.apk 为例（样本来自于《Android Studio 开发实战：从零基础到 App 上线（第 2 版）》一书中的 Junior 样例，源代码在 https://github.com/aqi00/android2 上，Junior 样本已放于本书的随书附件中）。使用 adb 命令将 Junior.apk 安装并启动后，首先使用 Objection 遍历一下 App 的所有 activity（活动），如图 4-39 所示。

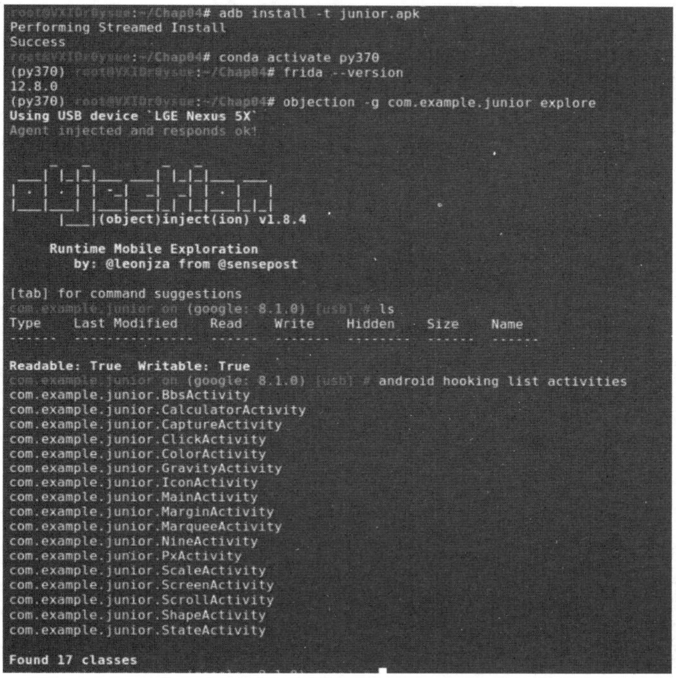

图 4-39　安装和遍历过程

在安装和遍历 App 的所有 activity 后，我们会发现整个 App 总共有 17 个 activity，为了方便讲解，这里选择分析的目标 activity 为计算器的相关活动 com.example.junior.CalculatorActivity，并尝试使用如下命令去启动这个活动。

```
com.example.junior on (google: 8.1.0) [usb] # android intent launch_activity com.example.junior.CalculatorActivity
(agent) Starting activity com.example.junior.CalculatorActivity...
(agent) Activity successfully asked to start.
```

观察手机页面，会发现 activity 被成功启动了，最终的计算器页面如图 4-40 所示。

这里选取减法作为我们的分析目标，在计算器成功启动后，从源码地址下载对应 android2 源码并直接查看这个 activity 的源码：切换到 android2 工程下，打开对应的 junior/src/main/java/com/example/junior/CalculatorActivity.java 文件，从这个文件中的 onCreate() 函数（见代码清单 4-3）可以看到整个活动注册了很多控件的点击事件。

图 4-40　简单计算器页面

代码清单 4-3　onCreate 函数

```java
@Override
protected void onCreate(Bundle savedInstanceState) {
    super.onCreate(savedInstanceState);
    setContentView(R.layout.activity_calculator);
    // 从布局文件中获取名为 tv_result 的文本视图
    tv_result = findViewById(R.id.tv_result);
    // 设置 tv_result 内部文本的移动方式为滚动形式
    tv_result.setMovementMethod(new ScrollingMovementMethod());
    // 下面给每个按钮控件注册点击监听器
    findViewById(R.id.btn_cancel).setOnClickListener(this);   // "取消"按钮
    findViewById(R.id.btn_divide).setOnClickListener(this);   // "除法"按钮
    findViewById(R.id.btn_multiply).setOnClickListener(this); // "乘法"按钮
    findViewById(R.id.btn_clear).setOnClickListener(this);    // "清除"按钮
    findViewById(R.id.btn_seven).setOnClickListener(this);    // 数字 7
    findViewById(R.id.btn_eight).setOnClickListener(this);    // 数字 8
    findViewById(R.id.btn_nine).setOnClickListener(this);     // 数字 9
    findViewById(R.id.btn_plus).setOnClickListener(this);     // "加法"按钮
    findViewById(R.id.btn_four).setOnClickListener(this);     // 数字 4
    findViewById(R.id.btn_five).setOnClickListener(this);     // 数字 5
    findViewById(R.id.btn_six).setOnClickListener(this);      // 数字 6
    findViewById(R.id.btn_minus).setOnClickListener(this);    // "减法"按钮
    findViewById(R.id.btn_one).setOnClickListener(this);      // 数字 1
    findViewById(R.id.btn_two).setOnClickListener(this);      // 数字 2
    findViewById(R.id.btn_three).setOnClickListener(this);    // 数字 3
```

```
findViewById(R.id.btn_zero).setOnClickListener(this);    // 数字 0
findViewById(R.id.btn_dot).setOnClickListener(this);    // "小数点"按钮
findViewById(R.id.btn_equal).setOnClickListener(this);  // "等号"按钮
findViewById(R.id.ib_sqrt).setOnClickListener(this);    // "开平方"按钮
    }
```

随便测试这个计算器之后会发现,每次按"等号"按钮后计算结果都会被打印出来。根据这一现象,找到对应"等号"按钮的 id 为 btn_equal,并根据这个 id 找到对应的点击响应函数 onClick 函数中属于"等号"按钮的源码部分,最终的源码如代码清单 4-4 所示。

代码清单 4-4　onClick 函数

```java
        @Override
        public void onClick(View v) {
            int resid = v.getId(); // 获得当前按钮的编号
            ...
            else if (resid == R.id.btn_equal) { // 点击了"等号"按钮
                if (operator.length() == 0 || operator.equals("=")) {
                    Toast.makeText(this, "请输入运算符", Toast.LENGTH_SHORT).show();
                    return;
                } else if (nextNum.length() <= 0) {
                    Toast.makeText(this, "请输入数字", Toast.LENGTH_SHORT).show();
                    return;
                }
                if (caculate()) {        // 计算成功,显示计算结果
                    operator = inputText;
                    showText = showText + "=" + result;
                    tv_result.setText(showText);
                } else {                 // 计算失败,直接返回
                    return;
                }
            }
            ...
        }
```

从代码清单 4-4 中可以发现最终真实的点击"等号"按钮后的主要代码在 caculate()函数中。接下来就是验证我们想法的时候了:为了防止源码和真实运行代码不同,先使用以下命令验证是否存在 caculate()函数。

```
# android hooking list class_methods com.example.junior.CalculatorActivity
```

最终的执行结果如图 4-41 所示,说明 caculate()函数确实是存在的。

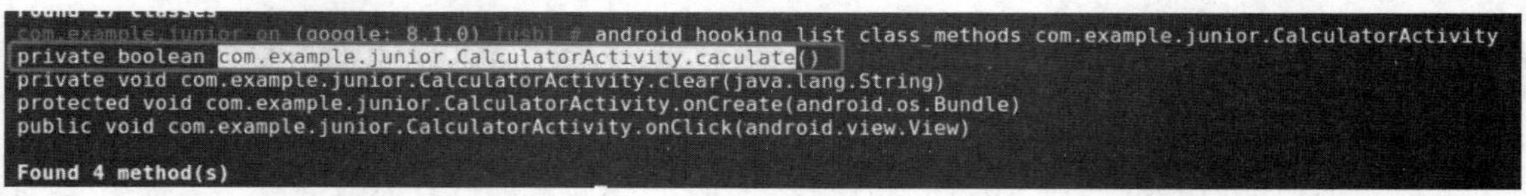

```
Found 17 classes
com.example.junior on (google: 8.1.0) [usb] # android hooking list class_methods com.example.junior.CalculatorActivity
private boolean com.example.junior.CalculatorActivity.caculate()
private void com.example.junior.CalculatorActivity.clear(java.lang.String)
protected void com.example.junior.CalculatorActivity.onCreate(android.os.Bundle)
public void com.example.junior.CalculatorActivity.onClick(android.view.View)
Found 4 method(s)
```

图 4-41 caculate()函数

接下来就很明显了，使用如下命令 Hook 这个函数来确认在点击"等号"按钮后这个函数被调用了。在 Hook 上后，任意输入一个表达式并点击"等号"按钮，会发现这个函数在点击"等号"按钮后被调用，Hook 结果如图 4-42 所示。

```
# android hooking watch class_method com.example.junior.CalculatorActivity.caculate --dump-args --dump-backtrace --dump-return
```

```
com.example.junior on (google: 8.1.0) [usb] # android hooking watch class_method com.example.junior.CalculatorActivity.caculate --dump-args --dump-backtrace --dump-return
(agent) Attempting to watch class com.example.junior.CalculatorActivity and method caculate.
(agent) Hooking com.example.junior.CalculatorActivity.caculate()
(agent) Registering job 4csemllhms. Type: watch-method for: com.example.junior.CalculatorActivity.caculate
com.example.junior on (google: 8.1.0) [usb] # [4csemllhms] Called com.example.junior.CalculatorActivity.caculate()
(agent) [4csemllhms] Backtrace:
    com.example.junior.CalculatorActivity.caculate(Native Method)
    com.example.junior.CalculatorActivity.onClick(CalculatorActivity.java:94)
    android.view.View.performClick(View.java:6294)
    android.view.View$PerformClick.run(View.java:24770)
    android.os.Handler.handleCallback(Handler.java:790)
    android.os.Handler.dispatchMessage(Handler.java:99)
    android.os.Looper.loop(Looper.java:164)
    android.app.ActivityThread.main(ActivityThread.java:6494)
    java.lang.reflect.Method.invoke(Native Method)
    com.android.internal.os.RuntimeInit$MethodAndArgsCaller.run(RuntimeInit.java:438)
    com.android.internal.os.ZygoteInit.main(ZygoteInit.java:807)
(agent) [4csemllhms] Return Value: true
com.example.junior on (google: 8.1.0) [usb] #
```

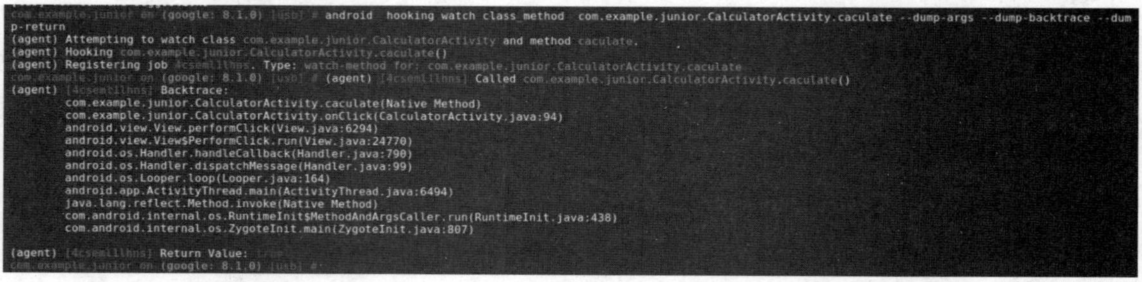

图 4-42 hook caculate()函数

此时 caculate()函数的内容如代码清单 4-5 所示。

代码清单 4-5　caculate()函数

```java
    private boolean caculate() {
        if (operator.equals("＋")) {           // 当前是相加运算
            result = String.valueOf(Arith.add(firstNum, nextNum));
        } else if (operator.equals("－")) {    // 当前是相减运算
            result = String.valueOf(Arith.sub(firstNum, nextNum));
        } else if (operator.equals("×")) {     // 当前是相乘运算
            result = String.valueOf(Arith.mul(firstNum, nextNum));
        } else if (operator.equals("÷")) {     // 当前是相除运算
            if (Double.parseDouble(nextNum) == 0) { // 发现除数是 0
                // 若除数为 0，则要通过弹窗提示用户
                Toast.makeText(this, "除数不能为零", Toast.LENGTH_SHORT).show();
                // 返回 false，表示运算失败
                return false;
            } else { // 除数非 0，则进行正常的除法运算
                result = String.valueOf(Arith.div(firstNum, nextNum));
            }
        }
        // 把运算结果打印到日志中
        Log.d(TAG, "result=" + result);
```

```
            firstNum = result;
            nextNum = "";
            // 返回 true，表示运算成功
            return true;
        }
```

在这个函数中，对减法的处理是通过调用 Arith 类中的 sub()函数来实现的。为了验证 Arith 类在内存中是真实存在的，我们通常使用以下 Objection 命令来获取一个应用在内存中的所有类。

```
# android hooking list classes
```

通常，在运行这行命令后会列出很多类，甚至会超过整个 Terminal 缓存空间，这时会出现一些类被缓存冲刷掉的情况，如果只是简单地在终端窗口里查找，那么不一定能找到。其实 Objection 本身有一个 log 文件，用于记录 objection 运行时产生的所有数据。这个日志数据存放在~/.objection 目录下的 objection.log 文件中。

解决方法：在运行 objection 注入 App 之前，首先切换到~/.objection 目录下，将之前的 objection.log 文件删除或者改名，如图 4-43 所示。

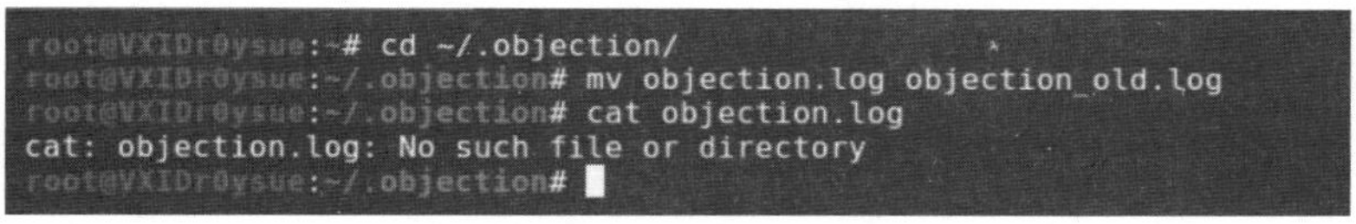

图 4-43　objection.log 相关

在删除这个 log 文件后重新注入 App，并重新遍历应用在内存中的所有类，如图 4-44 所示。

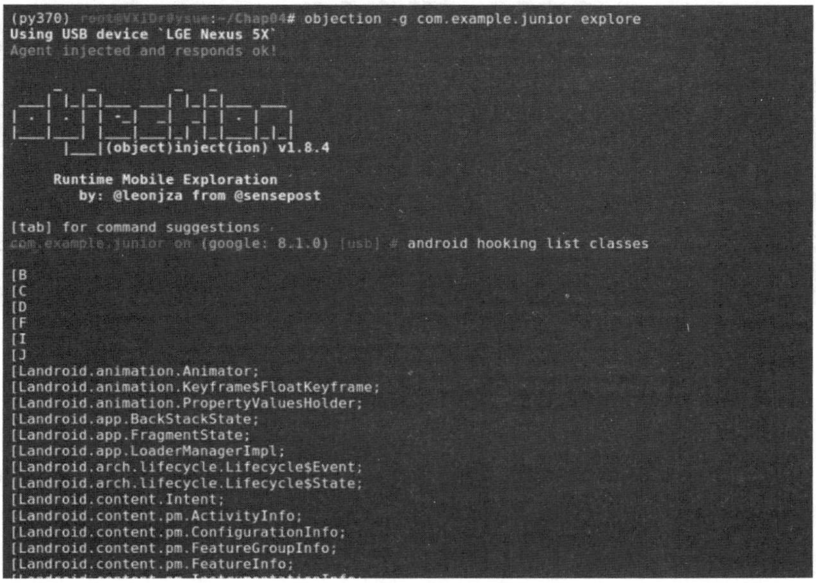

图 4-44　遍历内存中的所有类

在遍历完成后退出 Objection 注入模式以确保 log 文件刷新成功，并重新通过 cat 命令查看这个 objection.log 文件，由于 log 文件过大，因此还需要配合 grep 命令过滤文本，从而通过观察结果是否有输出来判定内存中是否存在目标类 Arith，如图 4-45 所示。

图 4-45　查看内存中是否存在 Arith 类

在判定内存中确实存在 Arith 类后，我们进一步通过 Objection 命令判断 Arith 类是否存在 sub() 函数，如图 4-46 所示。

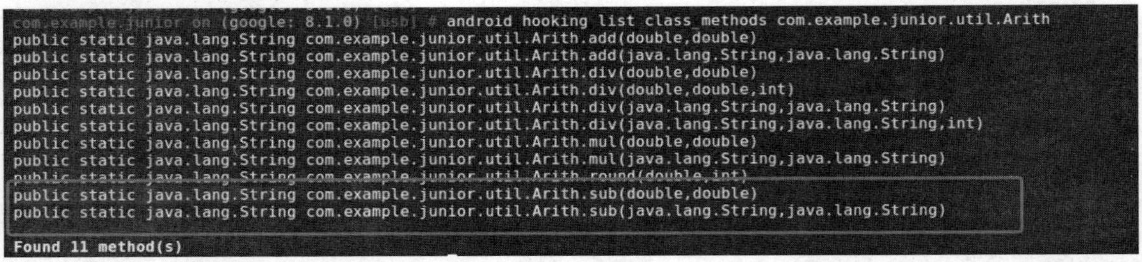

图 4-46　查看 Arith 类是否存在 sub() 函数

在内存中确定这个函数存在后，便可以使用如下命令对这个函数进行 Hook 了。

```
# android hooking watch class_method com.example.junior.util.Arith.sub --dump-args --dump-backtrace --dump-return
```

最终确认这个简单计算器的减法是通过 sub(java.lang.String, java.lang.String) 实现的，如图 4-47 所示。

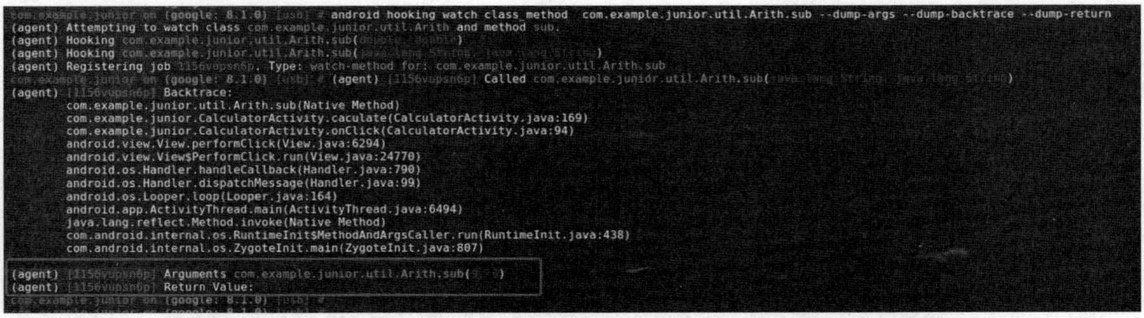

图 4-47　Objection Hook sub() 函数

4.4.2　利用：Frida 脚本修改参数、主动调用

在 4.4.1 小节中，我们确认了 Arith 类的函数 sub(java.lang.String, java.lang.String) 是最终计算器减法的真实执行函数。接下来是对这个减法的进一步利用。

在进一步实现利用前，需要优先确保整个代码的正确性。这里采取最终实现和 Objection 一样的 Hook 结果的目标来确保整个代码的正确性，初步的 Frida 脚本代码如代码清单 4-6 所示。

代码清单4-6　hook.js

```
function main(){
    Java.perform(function (){
        var Arith = Java.use('com.example.junior.util.Arith')
        Arith.sub.implementation = function(str,str2){
            var result = this.sub(str,str2)
            console.log('str,str2,result =>',str,str2,result)
            // 打印Java调用栈
            console.log(Java.use("android.util.Log").getStackTraceString(Java.use("java.lang.Throwable").$new()))
            return result
        }
    })
}
setImmediate(main)
```

这里介绍一下在代码清单4-6中打印Java调用栈的代码，其实就是将Android开发中获取调用栈的函数Log.getStackTraceString(Throwable e)翻译为JavaScript语言而已。

在使用Frida将代码注入App前，我们先取消Objection的Hook，然后进行Frida脚本的注入。这里取消Objection对目标函数的Hook是因为不能使用Objection和Frida对同一个函数进行Hook，否则会报错，如图4-48所示。

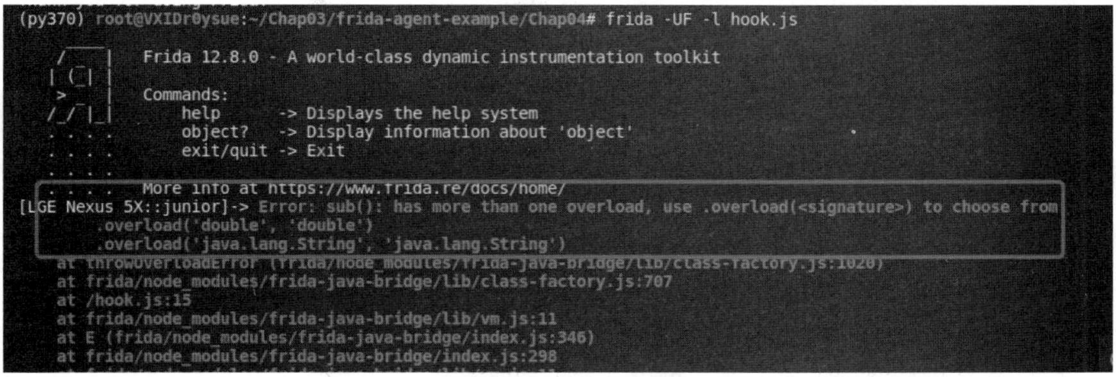

图4-48　Frida Hook sub()报错

Frida注入命令中的-UF参数代表使用USB方式，并注入手机最前台的应用中，毫无疑问这里就是我们的junior应用。

经过4.4.1小节的定位后，我们确定使用的是第二个参数类型都是String类型的overload()函数。再将.overload('java.lang.String', 'java.lang.String')添加到代码中的.implementation之前，而后保存该脚本，再重新测试减法，最终的Hook结果如图4-49所示。

```
[LGE Nexus 5X::junior]->
[LGE Nexus 5X::junior]-> str,str2,result => 9 6 3
java.lang.Throwable
        at com.example.junior.util.Arith.sub(Native Method)
        at com.example.junior.CalculatorActivity.caculate(CalculatorActivity.java:169)
        at com.example.junior.CalculatorActivity.onClick(CalculatorActivity.java:94)
        at android.view.View.performClick(View.java:6294)
        at android.view.View$PerformClick.run(View.java:24770)
        at android.os.Handler.handleCallback(Handler.java:790)
        at android.os.Handler.dispatchMessage(Handler.java:99)
        at android.os.Looper.loop(Looper.java:164)
        at android.app.ActivityThread.main(ActivityThread.java:6494)
        at java.lang.reflect.Method.invoke(Native Method)
        at com.android.internal.os.RuntimeInit$MethodAndArgsCaller.run(RuntimeInit.java:438)
        at com.android.internal.os.ZygoteInit.main(ZygoteInit.java:807)
```

图 4-49　Frida Hook 函数 sub()函数的最终结果

对比图 4-49 中的结果和图 4-47 中的结果，我们会发现二者的 Hook 结果一致。验证成功后便可以使用 Frida 脚本对参数和返回值进行进一步的修改，比如将第二个参数修改为 123。此时 Hook 的关键代码如代码清单 4-7 所示。

代码清单 4-7　hook.js

```
Java.perform(function () {
    var Arith = Java.use('com.example.junior.util.Arith')
    Arith.sub.overload('java.lang.String',
'java.lang.String').implementation = function (str, str2) {
        var result = this.sub(str,"123")
        console.log('str,str2,result =>', str, str2, result)
        // 通过 Java 中获取调用栈的方式进行打印
        console.log(Java.use("android.util.Log")
                    .getStackTraceString(Java.use("java.lang.Throwable")
                    .$new()))
        return result
    }
})
```

再次测试减法，会发现 App 页面的最终结果变成了-114，如图 4-50 所示。

图 4-50　修改参数

这里 123 的直接传递实际上是不对的，正确的传入字符串参数的方式应该如代码清单 4-8 那样，也即是使用 Java 中相应字符串类新建一个字符串实例传参。

代码清单 4-8　hook.js

```
var JavaString = Java.use('java.lang.String')
var result = this.sub(str, JavaString.$new('123'))
```

这里构造新的参数的类型是根据实际函数的第二个参数类型为 java.lang.String 决定的。之所以在不使用代码清单 4-8 的方式传递字符串时没有报错，是因为 Frida 本身对 JavaScript 的字符串进行了转换，将 JavaScript 的字符串在内部转换为了 Java 的 String 类型。如果是复杂的参数，就一定要按照代码清单 4-8 中的程序逻辑先调用 Java.use() 这个 API 去获取对应的类对象，然后通过 $new() 函数去构造一个新的参数。

在第 3 章中，曾经介绍过 Frida 脚本中 Java 函数的主动调用（区分静态函数和实例函数）。如果是静态函数，只需要获取类对象即可直接完成函数的主动调用；如果是实例函数，只需要优先获取到类的实例对象即可完成函数的主动调用。

通过观察代码清单 4-8 中对 sub() 函数的调用，我们会发现在 Java 中是直接通过 Arith 类对象来完成对 sub() 函数的调用。如果还是无法确认，则可以通过将 Objection 注入到应用中，再使用如下命令打印出 Airth 类的所有函数：

```
# android hooking list class_methods com.example.junior.util.Arith
```

观察图 4-51 中最终的打印结果，可以发现 sub() 函数是一个被 static 关键词修饰的函数，因此确认 sub() 函数只需要通过获取 Arith 类的对象即可进行主动调用。

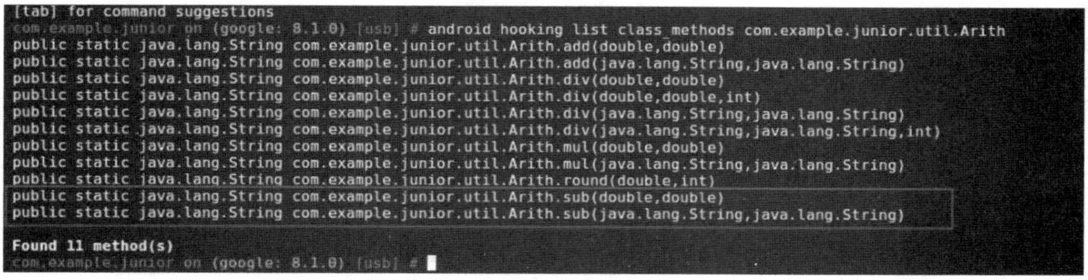

图 4-51　打印 Arith 类的所有函数

最终函数的主动调用如代码清单 4-9 所示，调用结果如图 4-52 所示。

代码清单 4-9　call.js

```
function callSub(){
  Java.perform(function(){
    var Arith = Java.use('com.example.junior.util.Arith')
    var JavaString = Java.use('java.lang.String')
```

```
        var result  = Arith.sub(JavaString.$new("123"),JavaString.$new("111"))
        console.log("123 - 111 =",result)
    })
}
```

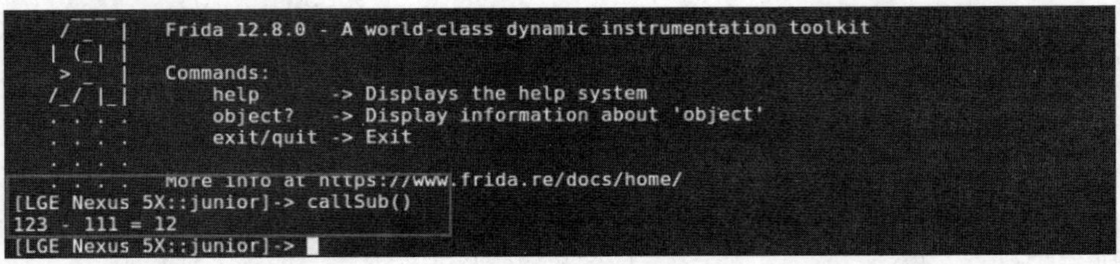

图 4-52 调用 sub()函数

至此，笔者展示了使用 Frida 对 Hook 函数进行内部逻辑的修改以及对函数的主动调用。当然，这只是一种对 Hook 函数进行利用的方式，读者还可以在 Hook 时对函数的返回值进行修改，甚至通过完整替换函数的内部逻辑等其他使用方式进行测试，这些内容笔者就不再赘述了。

4.4.3 规模化利用：Python 规模化利用

在完成关键函数的定位与主动调用后，如果想要大规模地对关键函数进行调用，此时就会用到 RPC。在本小节中，假设 App 核心的函数算法是 sub()函数，经过上面两个章节的测试，一个完整的定位+主动调用的链条已经形成，在最后一步就是完成 RPC 实现关键函数的批量调用了。

既然是批量数据的调用，就需要修改原有的主动调用脚本 call.js 的内容，将原本只调用一次的 sub()函数修改为可以调用多次的格式，并且需要将完成主动调用的函数修改为导出的 rpc 函数。最终 call.js 的内容如代码清单 4-10 所示。

代码清单 4-10　call.js

```
function CallSub(a,b){
    var Arith = Java.use('com.example.junior.util.Arith')
    var JavaString = Java.use('java.lang.String')
    var result  = Arith.sub(JavaString.$new(a),JavaString.$new(b))
    console.log(a,"-",b,"=",result) // 最终修改为 send(a,"-",b,"=",result)
}
rpc.exports = {
    sub : CallSub,
};
```

在修改完毕后还需要重新对这个脚本进行测试，并且在确认脚本没有错误后方能使用 Python 进行 RPC 调用，这里 Python 的调用脚本是基于第 3 章中的 loader.py 修改而成的。以调用 sub()函数 100 次为例，修改后的 loader.py 的内容如代码清单 4-11 所示。

代码清单 4-11　loader.py

```python
import frida, sys

def on_message(message, data):
    if message['type'] == 'send':
        print("[*] {0}".format(message['payload']))
    else:
        print(message)

device = frida.get_usb_device()

# frida-server -l 0.0.0.0:1337
# device = frida.get_device_manager().add_remote_device('192.168.50.129:1234')

process = device.attach('com.example.junior')

with open('call.js') as f:
    jscode = f.read()
script = process.create_script(jscode)

script.on('message', on_message)
script.load()

for i in range(20,30):
  for j in range(0,10):
    script.exports.sub(str(i),str(j))
```

至此，整个 Python 通过 RPC 远程调用的方式完成规模化利用的模板就完成了。在最终测试前还需要将 call.js 中 console.log() 函数替换为 send() 函数，以方便 Python 处理最终的输出结果，最终批量调用结果如图 4-53 所示。

在逆向 App 的过程中，如果目标接口的某个参数是由一个复杂的密码函数完成的，其加密逻辑过于复杂而不易进行逆向过程，那么 Frida 的主动调用就派上用场了；如果还想要进一步完成大规模的调用就需要使用 RPC。

如果只能在测试手机使用 USB 模式时才能使用 Python 进行规模化调用，且一个计算机的接口数量是固定的，那么在这里介绍的规模化利用就不是真正的规模化。事实上，Frida 的网络模式完美地解决了对 USB 数据线的依赖，进一步为规模化做好了准备。

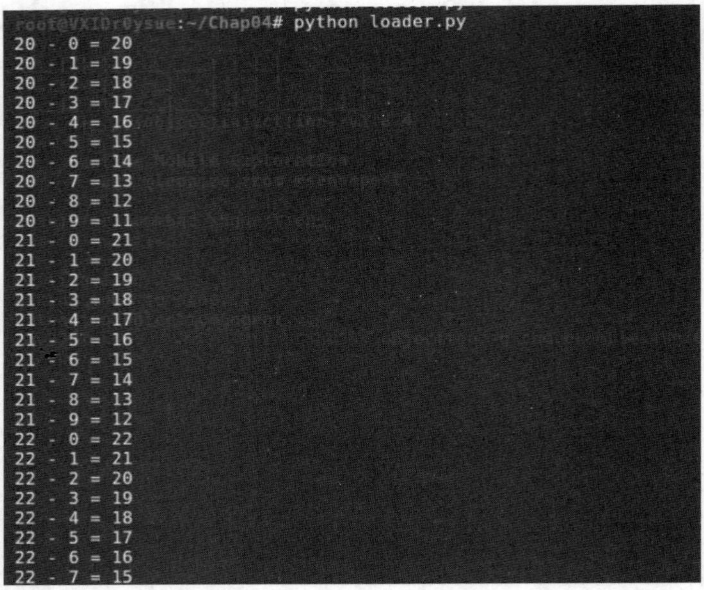

图 4-53 Python 批量调用

要做到这一点，只需要在 Android 运行 frida-server 时加上 -l 参数指定监听 IP 接口和端口即可。如果想要通过 Python 语言连接处于网络模式下的 frida-server，只需要将 loader.js 脚本中 get_usb_device() 函数更改为 get_device_manager().add_remote_device('<IP>:<port>')即可断开 adb 的连接，通过网络模式对 App 进行后续的注入和 Hook 工作。这样规模化利用才能称为真正的大规模利用。

4.5 本章小结

在本章中，介绍了基于 Frida 所做的工具 Objection 并以"设置"应用为例介绍了 Objection 的一些基础用法，同时以一个实战展示了 Objection 在实际分析 App 中的巨大威力。这一章只展示了部分 Objection 的功能，Objection 在实际中还有一些其他的使用方式，后续章节会继续介绍。

在介绍完 Objection 后，通过一个简单的小例子以小见大地展示了对一个 App 进行逆向的全过程：第一步，使用 Objection 快速 Hook 定位；第二步，通过 Frida 脚本进行关键函数的逻辑修改与主动调用；最后，将 Frida 脚本的主动调用结合 Python 完成了对关键函数的大规模实例利用。笔者也将之戏称为 Frida 逆向三板斧。

需要注意的是，Objection 是基于不是太稳定的 Frida 开发的工具，加上其自身可能存在一些 bug，因此在使用过程中可能非常容易崩溃，在大型 App 中的表现更加明显。

第 5 章

App 攻防博弈过程

在安全领域中，攻击和防御是一体的，攻防相互地博弈最终推动攻防技术的推进与发展。在本章中，将会介绍在 Android 安全发展这么多年的过程中 App 方面攻防博弈的发展过程并介绍其中出现的一些技术，最后通过两个简单 App 的实战来实际演练 App 攻防的博弈过程。

5.1 App 攻防技术演进

5.1.1 APK 结构分析

以第 3 章开发的 demo02 项目为例，我们使用 file 命令查看一下其最终生成的 APK 文件的类型（APK 文件只要项目运行过一次，便会出现在项目根目录的 App/build/outputs/apk/debug 目录下，其文件名为 App-debug.apk）：

```
root@VXIDr0ysue:~/Chap03/demo02/App/build/outputs/apk/debug# file App-debug.apk
App-debug.apk: Zip archive data, at least v?[0] to extract
```

由结果可知，这是一个 zip 格式的文件，将这个 APK 文件使用 unzip 命令解压到 demo02 的目录下，使用 tree 命令查看这个文件的结果，并与项目源码的结果进行对比，如图 5-1 所示。可见二者的文件结构是类似的，都存在 AndroidManifest.xml 文件和 res 文件夹，并且功能是相同的，都是作为应用程序的清单文件描述了应用程序的基础特性。二者的 res 文件夹下都存储了资源相关的文件，与源码不同的是，APK 文件在解压后多出了一个 classes.dex 文件。实际上，这个 dex 文件正是 Android 系统虚拟机的可执行文件，它也正是由图 5-1 右半部分的 java

文件夹中所有的 Java 类编译而成的二进制文件。在一个 APK 中，所有的 dex 文件存储着 APK 整体业务逻辑的核心，因此它也是在逆向分析过程中关注的重点。

图 5-1　APK 文件结构对比

另外，相比源代码项目会发现 APK 文件解压后出现了一个 resources.arsc 文件，该文件是用于资源文件相关信息的文件，这里粗略了解即可。当然，还有一个 META-INF 文件夹，这里需要补充的知识是一个成品 App 在最终发放于应用市场上之前一定是要进行签名的。App 在使用 adb 命令安装未签名应用时也会向图 5-2 那样提示 INSTALL_PARSE_FAILED_NO_CERTIFICATES 这种没有签名的错误，而 META-INF 文件夹主要就是用于存储签名文件的。这里值得一提的是，Android 本身的签名十分简单，和 Apple 签名机制严格由 Apple 官方控制不同，由于 Android 本身的开源导致 Android 市场的碎片化，Android 最终也就没有限制 App 的签名方身份，而这一点在促进 Android 发展的同时也为重打包的技术创造了便利。

图 5-2　未签名文件使用 adb 命令安装的结果

当我们试图像打开源代码一样使用文本编辑器直接打开解压后的 App 的各类文件时，会发现几乎所有文件都会出现乱码，比如使用 cat 命令查看 AndroidManifest.xml 文件（见图 5-3），会发现除了一些单词外大部分内容都是乱码，处于不可读的状态。这是因为最终编译生成的 APK 文件虽是压缩包的格式，但其内部的每个文件都被编译为二进制状态了。那么如何将二进制文件转换为和源码类似的文件呢？这正是整个 Android 安全领域最开始的拦路虎。本章后面的内容会梳理 Android 安全从开始到现在的发展脉络。

图 5-3　AndroidManifest.xml 文件

5.1.2　App 攻防技术发展

在 Android 还没有普及的时候，App 安全根本无人关注。

随着 Android 平台的流行，对 App 破解的需求逐渐增大。在 2009 年，随着 Smali 工具（将 dex 反编译为 Smali 语言的工具）以及 baksmali 工具（将 Smali 语言编译为 dex 二进制文件的工具）的横空出世，Android 安全正式起步。

这里简单介绍一下 Smali 语言，因为 Android 中的代码是运行在 Dalvik 或 Art 虚拟机中的，与 ARM 汇编类似，而 Smali 语言可以当作 Android 虚拟机的汇编语言，本书会在 5.2 节中详细介绍 Smali 语言。

2010 年，卡巴斯基安全公司拦截到了第一种 Android 病毒。同年，apktool 这一 App 应用反编译神器出现并开源，标志着 App 逆向开始加速发展。之后的几年，基于 apktool 开发的各种 App 逆向工具（比如 androguard）层出不穷，包括在前面章节中介绍的 Jadx 和 Jeb 也都是基于 apktool 进一步优化的成果。可以说，apktool 是 Android 逆向领域中具有里程碑意义的一个神器。

早期，在没有保护的情况下想要破解一个软件，只要使用 apktool 等反编译工具就可以清楚且完整地看到一款产品的原始代码，观察到的代码几乎和源码一模一样，这时只要再加上坚持不懈的毅力以及一定的逆向思维就可以完成对一个 App 的破解工作。

为了应对这样的破解手段，开发人员开始利用各种各样的手段保护自己的源代码。其中最常用的手段就是"代码混淆"，例如使用 Google 自带的混淆器 ProGuard。ProGuard 对安全领域来说只有一个作用，就是更改类名、函数名和变量名。这样做的结果主要有两个好处：一个是符号混淆，将开发者为了代码可读性所编写的类似于 SplashActivity、LoginActivity 这种有意义的名称改成 a、b 这样无意义的名称，以增加攻击者在破解软件时猜到相应类的实际作用的难度；另一个是压缩文件大小，毕竟对于动辄成千上万的类，其符号字符串在 dex 文件中的字节占比并不小。在 Android Studio 中要启用 ProGuard，只需要修改项目根目录下的 App/build.gradle 文件（代码清单 5-1），将其中 buildTypes 层级中 minifyEnabled 对应的值从 false 更改为 true 即可，这样最终编译生成的 release 版本便会启用代码混淆了。

代码清单 5-1　build.gradle

```
buildTypes {
    release {
        // 把 false 修改为 true
        minifyEnabled true
        proguardFiles getDefaultProguardFile('proguard-android-optimize.txt'),
                'proguard-rules.pro'
    }
}
```

还有一个具有代表性的"代码混淆"工具——DexGuard。DexGuard 与 ProGuard 是同一个开发者开发的，与 ProGuard 相比，DexGuard 功能更加丰富，不过它是一个收费的商业软件。同时，DexGuard 的混淆功能更加强大，不仅支持 ProGuard 的所有功能，还支持字符串加密、花指令、资源加密等。发展到现在，DexGuard 甚至还添加了一些运行库的防护，已经不是一个单纯的代码优化器了。

除此之外，还有一些常用的保护手段，比如动态加载方案。所谓动态加载，就是将需要保护的代码单独编译成一个二进制文件，将其进行加密后保存在一个外部的二进制文件中。在外部程序运行的过程中，再将被保护的二进制文件进行解密并使用 ClassLoader 类加载器来动态加载和运行被保护的代码。需要知道的是，在 Android 中每一个 Java 类都是由 ClassLoader 类加载器进行加载和运行的，关于 ClassLoader 的具体原理这里就不展开介绍了。

再比如，鉴于在 Android 中使用 Java 编写的 App 很容易被破解，故反其道而行之，将所有的核心代码使用 NDK 套件（在 Android 中，NDK 实际上是一个工具集，可以让开发者使用 C/C++语言实现应用的各个部分）进行开发，这样的结果往往是外部的 Java 代码最终只是充当了一个二进制文件装载器的角色，实际的业务逻辑都被放置在更难破解的 so 文件中。当然，基于"放置在客户端"都不可靠的原则，为了 App 的安全，有的 App 甚至将重要的功能和数据都放置到云端，在客户端尽量只进行结果的展示。

基于如此之多的保护手段，单纯依靠 apktool 和 Jadx 这类的静态反编译工具对 App 进行静态分析已经无法满足破解者的需求，这时动态分析方法就成为主流的分析方法。

所谓动态分析，是指通过附加调试或者注入进程来进行的分析。不管是使用 Android Studio 或者 Jeb 对 App 的 dex 进行动态调试，亦或是通过 IDA、GDB 等 Native 调试器对 so 文件进行单步调试，包括本书中最重要的主角——Hook 和 trace，实际上也都是动态分析手段的一种。

基于动态分析，在上面提到的最直接有效且低成本的动态加载保护就变成最脆弱的一种保护方式。只要通过动态分析，不管是在加载后的函数中设置断点以便从内存 dump（转储）出来被保护的内容，还是直接搜索进程的内存空间以便根据特征找到真实的 dex 文件并 dump 下来，都能很轻松地应对这种保护方式。另外，针对其他静态保护方式，由于动态分析是基于进程所处的运行状态，因此相比于在静态分析时得到的无意义代码而在动态分析时包含的都是真实的数据信息，这使得破解者在逆向分析的过程中有了很多真实的数据，从而大大削减了代码保护的作用。基于此，针对动态分析的对抗手段也进一步发展起来。

在动态分析过程中，首先需要将调试器附加上进程或者通过注入将指令代码和数据注入目标进程中，然后才能对目标进程进行调试与内存监控。要做到这一步，最基本的方法就是调用 ptrace()函数对进程进行附加或者是基于二次打包的方式对程序进行修改，而对抗的手段主要分为两种：运行时检测和事先阻止。

如果调用 ptrace()函数对进程进行附加，那么会存在相应的特征点，比如/proc/<pid>/status 文件中的 TracePid 变量在进程被附加后会由 0 变为附加进程的 pid。在图 5-4 中，IDA 调试的服务端 android_server64 的进程 pid 为 18174，demo02 的进程 pid 为 17887，当使用 IDA 附加到 demo02 进程后查看 demo02 进程的 proc/<pid>/status 文件时，会发现 TracerPid 的值变成了 android_server64 的进程 pid。如果此时代码本身单开一个线程对这个文件的 TracerPid 值进行循环检测，检测异常时就自动退出进程，那么便做到了阻止进程被破解者调试。

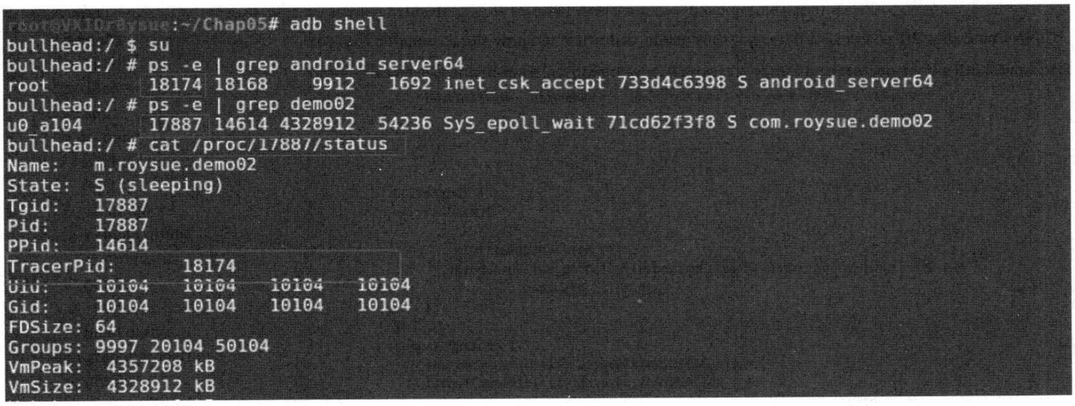

```
root@VX10r8ysue:~/Chap05# adb shell
bullhead:/ $ su
bullhead:/ # ps -e | grep android_server64
root         18174 18168    9912   1692 inet_csk_accept 733d4c6398 S android_server64
bullhead:/ # ps -e | grep demo02
u0_a104      17887 14614 4328912  54236 SyS_epoll_wait 71cd62f3f8 S com.roysue.demo02
bullhead:/ # cat /proc/17887/status
Name:   m.roysue.demo02
State:  S (sleeping)
Tgid:   17887
Pid:    17887
PPid:   14614
TracerPid:      18174
Uid:    10104   10104   10104   10104
Gid:    10104   10104   10104   10104
FDSize: 64
Groups: 9997 20104 50104
VmPeak:     4357208 kB
VmSize:     4328912 kB
```

图 5-4　android_server 附加进程

还可以根据调试器在附加手机上进程的时候需要运行 Server 端进行配合通信的这一特征，通过判断系统进程中是否存在 Server 相关的进程名进行检测，或者利用 Server 和调试器之间需要进行通信的特性监控这些 Server 打开时需要默认监听的端口进行检测。这种反调试手段不仅仅针对 IDA 这类调试器有效，而且针对 Frida 也同样有效。

除此之外，针对调试器还可以通过指令执行时间差进行检测，因为如果一段代码正在被调试，那么这段代码执行的耗时比正常执行所消耗的时间会更长。当然，还有很多检测手段，这里就不一一列举了。

除了通过检测手段保护代码免于被动态分析外，还有以事先预防的方式来保护代码，比如最经典的双进程保护。双进程保护是利用一个进程最多只能被一个进程 ptrace 附加的特性，事先在代码中自己 fork 一个子进程 ptrace，ptrace 自己就可以防止再被其他进程 ptrace，也就变相地阻止了进程被调试。

面对如此之多的反动态分析的方式，破解者当然也不甘示弱，针对各种反动态分析方法推出了更新的动态分析方法。由于检测代码都是运行在程序之中的，因此在对应用程序进行调试之前，先避开（bypass）这些检测方法，比如在进程还未真正运行起来之前将调试器附加到进程中，或者手动绕过（patch）这些检测代码逻辑再对 App 重打包，而后再运行，诸如此类的方法，等等。

在攻防领域，这些动态分析方法和反动态分析方法层出不穷，不是简单的一小节就能够完全覆盖的，这里仅做简要介绍。

除此之外，在 App 逆向分析过程中最难绕过的保护手段就是 App 加固。所谓 App 加固，其逻辑和上面讲述的动态加载类似，用加固厂商的壳程序包裹真实的 App，在真实动态运行时再通过壳程序执行释放出来的真正 App。App 加固发展出各种各样的加固手段。在业界曾有人根据加固手法将加固分成了五个不同的阶段，近年来已逐渐将加固的五个阶段进一步按照不同阶段加固的特性重新分为三个不同阶段。

第一个阶段被认为是 DEX 整体加固，这是 App 加固的初期。这时 App 加固的核心原理是将 DEX 整体加密后动态加载，这一点在上面讲动态加载保护技术时介绍过。刚开始，App 整体加固是需要先解密文件并在解密完成后写入到另外一个文件中，在解密完毕后调用 DexClassLoader 或者其他类加载函数来加载解密后的文件。后来，由于文件操作过于明显，因此进一步发展出将加密的 DEX 在内存中解密并直接在内存中进行加载的加固技术，这一阶段的加固技术虽然没有了明显的写文件操作但同样无法阻止动态分析，只要在内存中搜索 DEX 文件头 "dex03?" 或者在加载 DEX 的函数上设置断点、进行 Hook 就可以找到在内存中的解密数据。后来为了防止根据特征进行内存搜索的方式还出现了加载后抹去 DEX 文件头的手段，但都无法阻止设置断点和 Hook 的动态分析手段。

DEX 整体加固的致命之处在于，代码数据总是结构完整地存储在一段内存中，一旦反注入、反调试等措施被破解，这种保护就门户洞开了。于是出现了第二代代码保护机制。

第二代代码保护习惯上被称为代码抽取保护。这一阶段 App 加固的关键在于真正的代码数据并不与 DEX 的整体结构数据存储在一起，就算 DEX 被完整地从内存中 dump（转储）出来，也无法看到真正的函数代码。比如在图 5-5 中，某 DEX 整体加固被 dump 出来之后，使用 Jadx 查看关键函数，发现其代码被 nop 这一无意义的代码填充了。这种加固的核心原理是利用私有函数，通过对自身进程的 Hook 来拦截函数被调用时的路径，在抽取的函数被真实调用之前，将无意义的代码数据填充到对应的代码区中。

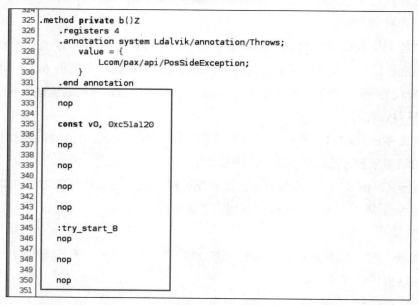

图 5-5　函数被抽取保护的演示

代码抽取技术的出现从根本上解决了第一代整体加固保护的缺陷，同时也正式宣告全手工单步调试脱壳时代的彻底终结。代码抽取技术存在一定的兼容性和性能损耗的问题，为了顾及这一问题，正常的加固手段并不会对 App 中所有函数进行抽取保护，特别是对一些无关核心的第三方库的代码就不必进行代码抽取保护。另外，考虑到性能问题，代码抽取保护通常在函数被第一次调用后就不再将函数内容重新置空，这也正是如今依然存在一些从内存中把 DEX 整体 dump 出来的方案，因为只需要在 App 运行时多触发几次程序逻，然后再进行 DEX 的 dump，即可得到更加完整的 DEX 文件。

随着代码抽取保护的发展，相应的破解方案也随之而生，比如 DexHunter，其原理就是通过主动加载 DEX 中的所有类并 dump 出所有方法对应的代码，最后将代码重构再填充回被抽取的 DEX 中。为了对抗 DexHunter，有的代码抽取方案在类加载的时并不恢复函数的代码内容，而将恢复的时机进一步延后，这也就引出了后来的主动调用方案——FUPK3/FART。FUPK3/FART 的原理是对执行方法的入口函数进行插桩操作，并在入口函数开始处判断是否带有主动调用的标志，若属于主动调用则 dump 出相应函数的内容，再进行 DEX 文件的重构。为了对抗这类脱壳的方式，加固厂商也采取过一些反制手段，比如为 App 添加一个垃圾类，一旦这个垃圾类被加载就退出进程的执行；亦或是采取监控特定文件读写的方式，比如一旦监控到进程要把以 dex035 开头的文件内容 dump 出，就杀死进程，诸如此类。

尽管加固厂商存在一些反制主动调用脱壳机的手段，但是这些反制的手段都治标不治本，无法从根本上阻止脱壳的完成，比如先通过监控脱壳流程确定垃圾类再将垃圾类排除重新进行脱壳的方法就可以顺利完成代码抽取保护的脱壳工作。也正是因为这样才出现了第三代加壳保护手段——VMP 与 Dex2C。

第三代保护手段有一个重要的特点，就是将所有的 Java 代码变成最终的 Native 层代码。两者不同的是 VMP 加固技术最早起源于 PC 的虚拟机加固，其核心逻辑是将所有的代码使用自定义的解释器执行。这时的代码不再依赖于系统本身，即使获得了所有的函数内容，也是貌合神离、不知所云。这时唯一的解决方案可能是逆向对应的解释器，以找到与系统解释器的映射关系。

Dex2C 技术则是通过编译原理相关知识将原本的 Java 代码转化为 native 层代码，之所以这么做，是因为 native 层的二进制编码相比 Java 字节码而言更不容易被逆向。native 层虽然相对于 Java 字节码而言逆向的难度更大了，但是实际上只要具有一点 C/C++ 逆向经验的逆向开发和分析人员还是能够完成的。

通过上面的讲解，读者应该了解到，不管是反调试、反 Hook 还是 DEX 加固，程序的关键逻辑都是通过 native 层完成的。为了进一步保护 native 代码，也可以使用 native 本身的一些保护手段，比如在移动端很火的 OLLVM（Obfuscator-LLVM）。LLVM 是一套开源的编译器，OLLVM 是一个专门为混淆而生的 LLVM，OLLVM 通过编写 PASS 来控制中间代码以达到混淆的目的。官方的 OLLVM 存在三种混淆的功能：虚假控制流（Bogus Control Flow）、控制流平坦化（Control Flow Flattening）以及最简单的指令替换（Instructions Substitution）。这些功能能够将原本最简单的 if-else 变为极其复杂冗长的程序，随之带来的是性能的损耗，如何做到安全与性能的平衡是安全领域一直需要思考的问题。

这里简单展示一下 OLLVM 的功效，具体代码如代码清单 5-2 所示。在未加混淆之前编译出来的二进制控制流如图 5-6 所示，而在加上 OLLVM 混淆后其逻辑变得极其复杂，最终的控制流图如图 5-7 所示。其中的具体原理不是本书的主题，读者如果感兴趣可以在有一定的基础后自行研究，这里就不具体介绍了。

代码清单 5-2　demo.c

```c
#include <stdlib.h>
int main(int argc, char** argv) {
 int a = atoi(argv[1]);
 if(a == 0)
   return 1;
 else
   return 10;
 return 0;
}
```

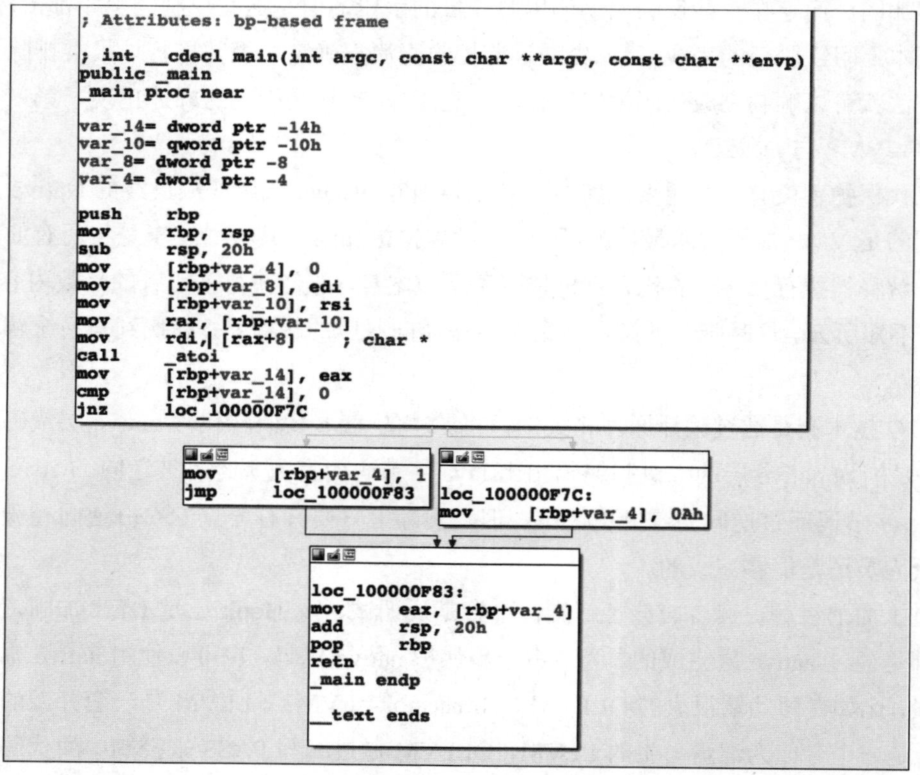

```
; Attributes: bp-based frame

; int __cdecl main(int argc, const char **argv, const char **envp)
public _main
_main proc near

var_14= dword ptr -14h
var_10= qword ptr -10h
var_8= dword ptr -8
var_4= dword ptr -4

push    rbp
mov     rbp, rsp
sub     rsp, 20h
mov     [rbp+var_4], 0
mov     [rbp+var_8], edi
mov     [rbp+var_10], rsi
mov     rax, [rbp+var_10]
mov     rdi, [rax+8]      ; char *
call    _atoi
mov     [rbp+var_14], eax
cmp     [rbp+var_14], 0
jnz     loc_100000F7C
```

```
mov     [rbp+var_4], 1
jmp     loc_100000F83
```

```
loc_100000F7C:
mov     [rbp+var_4], 0Ah
```

```
loc_100000F83:
mov     eax, [rbp+var_4]
add     rsp, 20h
pop     rbp
retn
_main endp

__text ends
```

图 5-6　OLLVM 混淆前

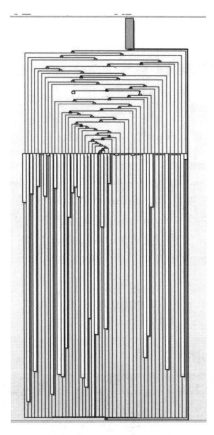

图 5-7　OLLVM 混淆后

5.2　Smali 语言简介

　　Smali/baksmali 工具的出现是 Android 安全正式开始发展的标志。在 Android 安全发展初期，不管是逆向查看逻辑，还是是修改代码进行二次打包，它们都是直接通过 Smali 语言来进行操作的。这一节将介绍一下 Smali 语言最基本的语法。Smali 语言和上面所说的 Smali 工具不同，Smali 工具是用于将 Smali 编译为 dex 的工具，而 Smali 语言是介于 Java 字节码和 Java 源码之间的中间语言，可以将它类比为"汇编语言"。

　　为了学习 Smali 语法，我们需要将一个 APK 反编译为 Smali 文件（需要使用 apktool 这个工具）。首先需要安装 apktool，据官网介绍，Linux 平台上安装 apktool 的步骤如下（其他平台自行参考官网中的说明文档）：

步骤 01　下载控制 apktool 工作的脚本（网址为 https://raw.githubusercontent.com/iBotPeaches/Apktool/master/scripts/linux/apktool），选择使用 wget 命令下载 apktool 并将文件命名为 apktool。

```
# wget -O apktool https://raw.githubusercontent.com/iBotPeaches/Apktool/
master/scripts/linux/apktool
```

步骤 02 在成功下载 apktool 脚本后，从 https://bitbucket.org/iBotPeaches/apktool/downloads/ 上选择最新版 apktool 的 jar 文件（这里下载的是 2.5.0）。下载时使用如下命令完成 apktool.jar 的下载与重命名。

```
# wget -O apktool.jar https://bitbucket.org/iBotPeaches/apktool/downloads/
apktool_2.5.0.jar
```

步骤 03 在下载完所需的文件后，先通过 chmod 命令为两个文件添加可执行权限（这个过程需要使用 root 权限，但是笔者使用的是 kali 没有复杂的权限机制，登录用户本身就是 root 用户，因此无须在前缀中添加 sudo，而这也是笔者在第 1 章推荐使用 Kali 系统的原因）。在提升权限后，将两个文件移动到 /usr/local/bin 目录下，之后就可以在任意终端输入"apktool"来运行 apktool 工具了，具体命令如下：

```
# chmod +x apktool && chmod +x apktool.jar
# mv apktool /usr/local/bin
# mv apktool.jar /usr/local/bin
```

运行 apktool 命令的结果如图 5-8 所示。

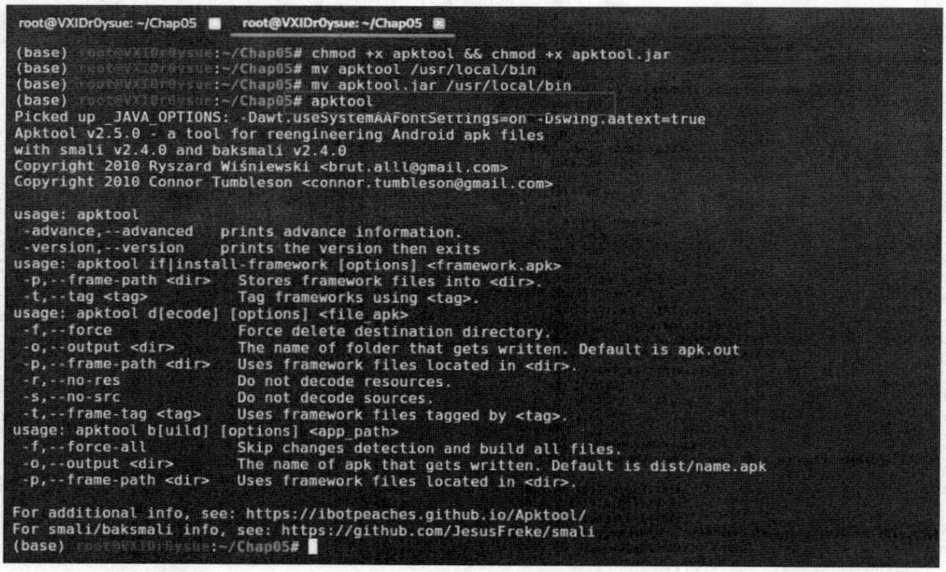

图 5-8 运行 apktool

接下来使用在第 3 章中 demo02 生成的 App-debug.apk，对其中的 MainActivity 类反编译，将结果用于介绍 Smali 的范例。

由图 5-8 可知，在 apktool 中使用 d 参数来完成 APK 文件的反编译，反编译的结果会存储在以 APK 文件名作为文件夹名称的文件夹中，因此本例中反编译的结果存储在 App-debug 文件夹中，详细命令如下：

```
# apktool d App-debug.apk
```

使用 apktool 反编译的结果如图 5-9 所示。

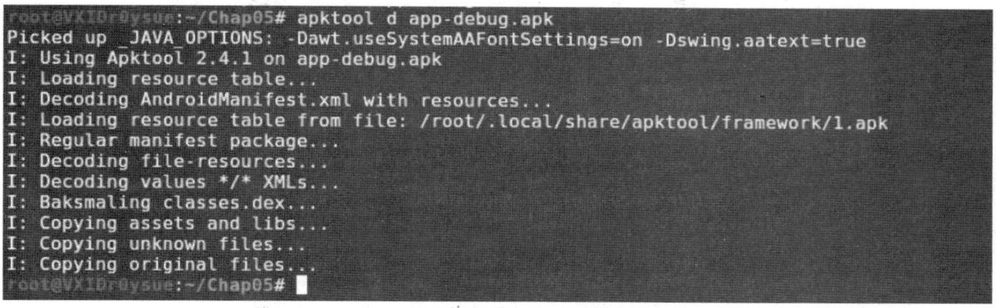

图 5-9　反编译 App-debug.apk

反编译完成后，切换到 App-debug 文件夹中，如图 5-10 所示。重新查看 AndroidManifest.xml 这些文件，会发现与图 5-3 中显示的文件不同，这些文件都是明文状态且 classes.dex 文件反编译的结果都按照源代码的目录层级结构存储在 Smali 文件夹下，每一个类都对应一个 Smali 文件。

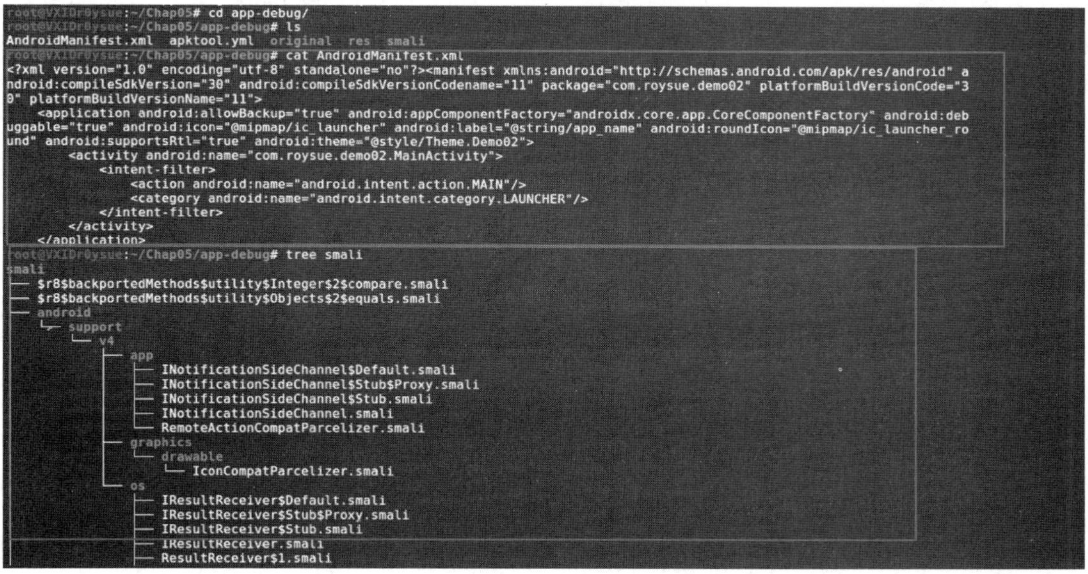

图 5-10　反编译 App-debug.apk 生成的目录结构和各个文件

接下来进入本小节的正题，切换到 smali/com/roysue/demo02 目录下，打开 MainActivity.smali 文件并使用 Android Studio 打开相应的 MainActivity.java 文件，参照其中的内容进行下面的学习。

首先介绍一些关于 Smali 语法的基础知识。

在 Java 字节码中，寄存器都是 32 位的，能够支持任何类型，64 位类型（Long/Double）用 2 个寄存器表示，寄存器的命名方式有 p 命名法和 v 命名法。p 命名法通常用于表示函数参数，比如 p0、p1 等，v 命名法用于表示函数内部的变量，比如 v0、v1 等。

数据类型有两种：基本数据类型和引用类型（包括对象和数组）。其中，基本数据类型的表示及其在原始 Java 文件中的表示方式对照如表 5-1 所示。

表 5-1 基本数据类型与 Java 数据表示对照表

数据类型	Java 文件中的数据表示方式
V	void
Z	boolean
B	byte
S	short
C	char
I	int
J	long
F	float
D	double

引用类型中的对象类型通常以"Lpackage/name/ObjectName;"的形式表示。其中，L 表示这是一个对象类型，";"标识对象名称的结束，中间的 package/name 表示对象的包名，ObjectName 表示对象名。最终这样的形式相当于 Java 源代码中 package.name.ObjectName 类的完整表示，比如 com.roysue.demo02.MainActivity 类，最终表示为"Lcom/roysue/demo02/MainActivity;"。

数组类型通常只需要在类型的前面加上"["即可。比如，整型数组 int[]用 Smali 语言的形式就表示为[I，对象数组也是类似的，[Ljava/lang/String 表示一个 String 字符串的数组类型。

另外，在 Smali 文件中，"#"用于注释，类似于编写 Java 代码时的"//"符号。

有了这些基础之后，我们来看一下 MainActivity.smali。

打开 Smali 文件，它的头三行描述了当前类的一些信息，具体格式如下：

```
.class <访问权限> [关键修饰字] <类名>;
.super <父类名>;
.source <源文件名>
```

在 MainActivity.smali 与 MainActivity.java 文件的对比中会发现，代码清单 5-3 中.class 关键字后跟着的是类名，其中 public 表示 MainActivity 这个类的属性。经过上面的介绍，"Lcom/roysue/demo02/ MainActivity;"的表示方式符合字节码的相关约定，即表示 MainActivity 类。.super 后跟着的是类的父类，与 Java 中的 extends 关键词后跟着的 AppCompatActivity 类是一致的。第三行.source 关键词后跟着的是当前类的源文件名。需要注意的是，第三行的.source 关键词后的文件名可以通过 ProGuard 优化器去除掉。

代码清单 5-3 MainActivity.java VS MainActivity.smali

```
// MainActivity.java
package com.roysue.demo02;
```

```
public class MainActivity extends AppCompatActivity {
...
}

// MainActivity.smali
.class public Lcom/roysue/demo02/MainActivity;
.super Landroidx/Appcompat/App/AppCompatActivity;
.source "MainActivity.java"
```

我们知道，一个 Java 类主要由变量和函数构成，其中变量使用.field 关键词声明，而变量分为静态变量和实例变量。在代码清单 5-4 中，MainActivity.java 文件中的唯一成员变量是 String 类型的 total 字段。其 Smali 文件中对应的声明也如下，.field 关键词后跟着成员变量的访问权限，与 Java 语言中相同，这个访问权限的值可能是 private、public、protected 三种；在访问权限后实际上还可能会存在一些修饰的关键词，包括 static、final 等。如果变量存在 static 修饰词，那么变量就成为静态变量；在修饰关键词后，就剩下字段的名称与对应的字段类型了，最终以<字段名>:<字段类型>的格式存在。比如在 MainActivity.smali 文件中，最终就声明了一个"Ljava/lang/String;"类型的 total 变量。

代码清单 5-4　MainActivity.java VS MainActivity.smali

```
// MainActivity.java
private String total = "hello";

// MainActivity.smali
# instance fields
.field private total:Ljava/lang/String;
```

最后还需要介绍的就是函数。在 Smali 文件中，函数的声明以.method 关键词开始，以.end method 关键词结束，具体格式如代码清单 5-5 所示。

代码清单 5-5　.method 定义

```
.method <访问权限> [修饰关键字] <方法原型>
  <.locals/.registers>
  [.param]
  [.line]
   <代码>
.end method
```

观察代码清单 5-5 会发现，在.method 关键词之后声明了访问权限与修饰关键字，其中访问权限与修饰关键词与变量相同，在这些关键字后跟着函数完整的签名，函数的签名主要由函数名、参数签名以及返回值类型唯一确定，比如代码清单 5-6 Smali 部分 onCreate()函数的签名为 onCreate(Landroid/os/Bundle;)V，根据上面的介绍可以唯一确定 onCreate()函数原型为 void onCreate(Bundle)，这也称为函数的签名。

除此之外，在函数声明的内容中还存在.locals、.param 与.line 等关键词。其中，.locals 关键词用于表示函数中非参数的变量的多少，比如 OnCreate()函数只使用了 v0 和 v1 两个非参数变量。这里有些反编译器可能会使用.registers 关键词，如果是.registers 关键词则表示函数中使用寄存器的数量，包括所有的 p 寄存器和 v 寄存器的数量，比如 Jadx 就是使用.registers 关键词，有关的具体内容，读者可自行参考 Jadx 反编译结果。另外，.param 关键词用于声明方法中的参数名，比如.param p1, "savedInstanceState" 表明 onCreate() 函数的参数名为 "savedInstanceState"；.line 参数则保存着相应代码在 Java 源文件中的行号信息，而这个信息也是可以通过 ProGuard 优化器去除掉。

代码清单 5-6　onCreate()函数对比

```
// MainActivity.smali
.method protected onCreate(Landroid/os/Bundle;)V
    .locals 2
    .param p1, "savedInstanceState"    # Landroid/os/Bundle;

    # invoke 指令举例 1
    .line 13
    invoke-super {p0, p1}, Landroidx/Appcompat/App/AppCompatActivity;->onCreate(Landroid/os/Bundle;)V

    .line 14
    const v0, 0x7f0b001c

    invoke-virtual {p0, v0}, Lcom/roysue/demo02/MainActivity;->setContentView(I)V

    .line 18
    :goto_0
    const-wide/16 v0, 0x3e8

    :try_start_0
    invoke-static {v0, v1}, Ljava/lang/Thread;->sleep(J)V
    :try_end_0
    .catch Ljava/lang/InterruptedException; {:try_start_0 .. :try_end_0} :catch_0

    .line 21
    goto :goto_1
```

```
    .line 19
    :catch_0
    move-exception v0

    .line 20
    .local v0, "e":Ljava/lang/InterruptedException;
    invoke-virtual {v0},
Ljava/lang/InterruptedException;->printStackTrace()V

    .line 23
    .end local v0    # "e":Ljava/lang/InterruptedException;
    :goto_1
    const/16 v0, 0x32

    # const 举例 2
    const/16 v1, 0x1e

    invoke-virtual {p0, v0, v1}, Lcom/roysue/demo02/MainActivity;->fun(II)V

    .line 24
    const-string v0, "LoWeRcAsE Me!!!!!!!!!"


    invoke-virtual {p0, v0},
Lcom/roysue/demo02/MainActivity;->fun(Ljava/lang/ String;)Ljava/lang/String;

    # move 指令举例
    move-result-object v0

    # const 举例 1
    const-string v1, "r0ysue.string"

    # invoke 指令举例 2
    invoke-static {v1, v0}, Landroid/util/Log;->d(Ljava/lang/String;
Ljava/lang/String;)I

    goto :goto_0
.end method

// MainActivity.java
@Override
protected void onCreate(Bundle savedInstanceState) {
    super.onCreate(savedInstanceState);
    setContentView(R.layout.activity_main);
    while (true){
        try {
            Thread.sleep(1000);
        } catch (InterruptedException e) {
```

```
            e.printStackTrace();
        }
        fun(50,30);
        Log.d("r0ysue.string" , fun("LoWeRcAsE Me!!!!!!!!!"));
    }
}
```

在函数的声明中，除了关键词剩下的就是函数的真实机器指令了。由于 Smali 指令过多，因此这里仅挑选几种重要的指令进行介绍。

Smali 指令可大致分为常量操作指令、方法调用指令、移位指令和分支判断指令等。

（1）常量操作指令主要是 const 相关指令，通常用于声明一个常量，const 关键词后可能会存在常量类型相关的关键词，比如代码清单 5-6 中 "const-string v1, "r0ysue.string""" 指令定义了 string 字符串类型的"r0ysue.string"并保存在 v1 寄存器中，而 "const/16 v1, 0x1e" 则定义了一个数据宽度为 16 位的数据常量 0x1e 并保存在 v1 寄存器中。

（2）方法调用指令是以 invoke 关键词开头的一类指令，通常用于调用外部函数，其基本格式为 invoke-kind {vA,vB,vC},mehtod@DDDD。其中，mehtod@DDDD 表示函数的引用；vA,vB,vC 则表示函数的参数，其定义顺序与调用函数的参数一一对应；kind 则代表被调用的类型，主要有 static、virtual、super（被调用的函数是静态函数、正常的函数和父类函数等）。比如在代码清单 5-6 中，invoke-super {p0, p1}, Landroidx/Appcompat/App/AppCompatActivity;->onCreate (Landroid/os/Bundle;)V 指令对应 Java 文件中的 super.onCreate(savedInstanceState);，代表调用 MainActivity 父类的 onCreate(savedInstanceState)函数，第一个参数 p0 代表 this 指针，第二个参数 p1 代表 savedInstanceState 参数；而 invoke-static {v1, v0}, Landroid/util/Log;->d(Ljava/lang/String;Ljava/lang/String;)I 指令对应 Java 中调用 Log.d()函数之处，这里静态函数的第一个参数是 v1。与其他类型函数不同的是，第一个参数不再是代表 this 指针的 p0 寄存器，这和 Java 是一致的。

（3）移位指令是关于 move 的相关指令，通常用于赋值。当然，move 关键词后也可能会存在寄存器类型的关键词，比如代码清单 5-6 中 move-result-object v0 指令就表示将上一步的函数返回值保存到 v0 寄存器中。

（4）分支判断指令以 if 关键词为标志，用于比较一个寄存器中的值与目标寄存器中的值，与 Java 中的 if 语句对应，指令格式为 if-[test] v1,v2, [condition]。

由于 demo02 工程中没有 if 判断语句，因此我们手动给 demo02 项目添加一个 testIf(int b)函数，并重新完成上述编译的运行，以及通过 apktool 反编译的过程得到相应的 Smali，最终得到的 Java 代码和对应的 Smali 内容如代码清单 5-7 所示。

在代码清单 5-7 中，部分的 smali if-ge p1, v0, :cond_0 指令用于判断 p1 寄存器与 v0 寄存器中值的大小，而 if 关键词后的 ge 则可以认为是 greater than 的缩写，表示如果 p1 寄存器中的值大于 v0 寄存器中的值，则跳转到:cond_0 标记的地方。若仔细观察我们可以发现，p1 寄存器中存储的是参数 b，v0 寄存器中存储着 1 这个常量，最终的实际意义就是：如果 p1 寄存器中的值大于 1，则跳转到:cond_0 所指示的位置，并调用 Log.d() 函数。其中，Log.d() 函数第二个参数的内容为"a is less than or equal b"，对应 Java 部分的 else 分支。

代码清单 5-7　　testIf() 函数对比

```
// Java
void testIf(int b){
    int a = 1;
    if(b< a){
        Log.d("r0ysue666" , "a is greater than b");
    }else{
        Log.d("r0ysue666" , "a is less than or equal b");
    }
}

// smali
.method testIf(I)V
    .locals 3
    .param p1, "b"    # I

    .line 34
    const/4 v0, 0x1

    .line 35
    .local v0, "a":I
    const-string v1, "r0ysue666"

    # if 举例
    if-ge p1, v0, :cond_0

    .line 36
    const-string v2, "a is greater than b"

    invoke-static {v1, v2}, Landroid/util/Log;->d(Ljava/lang/String;Ljava/lang/String;)I

    goto :goto_0

    .line 38
    :cond_0
    const-string v2, "a is less than or equal b"

    invoke-static {v1, v2}, Landroid/util/Log;->d(Ljava/lang/String;Ljava/lang/String;)I
```

```
        .line 40
        :goto_0
        return-void
.end method
```

Smali 指令中还有一些其他类型，比如数据运算指令、对象操作指令等，这里并没有介绍，本节涉及的一些指令也只是粗略地介绍了一下，这是因为 Smali 指令的指令类型虽然很多但基础语法是类似的，同时在实际的逆向过程中并不会直接编写 Smali 代码，而是直接看 Java 代码。如果读者对 Smali 指令感兴趣，可自行查询资料继续深入学习，这里就不再详细介绍了。

5.3 对 App 进行分析和破解的实战

在本章的最后一节中，我们将以去除两个 App 的升级提示弹窗作为案例来对这一章前面的一些技术进行实践。事先声明，这里介绍的内容仅作为技术讨论，做应用安全方面的工作要以遵守法律为前提，这是一个应用安全人士的基本职业操守，因此请勿将本例涉及的方法用于非法的目的。

5.3.1 对未加固 App 进行分析和破解的实战

本小节要介绍的是去除一个未加固 App 的升级提示弹窗，该 App 样本放置于本书附件的 Chap05/zhibo.apk 中。

在保证测试手机开启 USB 调试模式并通过 USB 线连接到计算机之后，使用如下命令将 zhibo.apk 样本安装到手机上。

```
# adb install zhibo.apk
```

在安装完毕后，手动打开 App，在进入主页面后会出现一个如图 5-11 所示的提示应用要升级的弹窗。

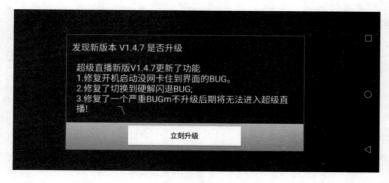

图 5-11 提示应用要升级的弹窗

本次分析和破解的目的就是永久消除这个 App 的升级提示弹窗，使得 App 能够实现永不升级并且正常使用的效果。

按照之前的方式，我们应该使用 Jadx/Jeb 打开 App，并搜索关键词"升级"，使用 Jadx 搜索关键词的最终搜索结果如图 5-12 所示。这里在搜索关键词中只得到一个结果，十分低效，一旦 App 进行了加固处理或者关键词在 App 中出现结果过多，那么搜索关键词的这个方法将使得分析者消耗大量的时间在无关的代码上，正确的方法应该是从开发者的角度思考。

观察图 5-11，可以发现这个 App 的升级提示是以一个弹窗来实现的。在 Android 中常用的实现弹窗的类主要有三种：android.App.Dialog、android.App.AlertDialog 和 android.widget.PopupWindow。

在了解了相应的实现类后，如何验证 App 具体使用了哪个类呢？

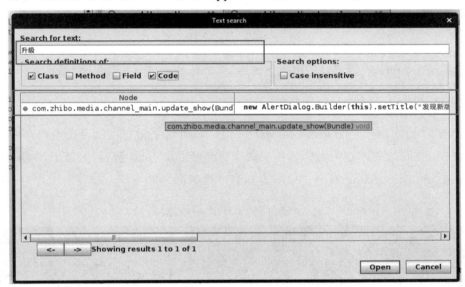

图 5-12　搜索结果

我们在前面两章中介绍了 Frida 以及基于 Frida 开发的 Objection 工具。在介绍 Objection 时笔者强调了 Objection 在快速逆向中的高效与快捷，因此这里使用 Objection 对调用弹窗类的函数进行快速定位。

要使用 Objection 进行测试，首先需要获取 App 的包名。这里选择使用 Jadx 反编译 App 并打开 AndroidManifest.xml 文件查看 App 包名，如图 5-13 所示。在<manifest>根标签的 package 属性对应的值中找到样本 App 的包名为 com.hd.zhibo。

在获取包名后，还需要依次执行以下命令在手机上启动 frida-server。

```
root@VXIDr0ysue:~/Chap05# adb shell
bullhead:/ $ su
bullhead:/ # cd /data/local/tmp
bullhead:/data/local/tmp # ./frida-server-12.8.0-android-arm64
```

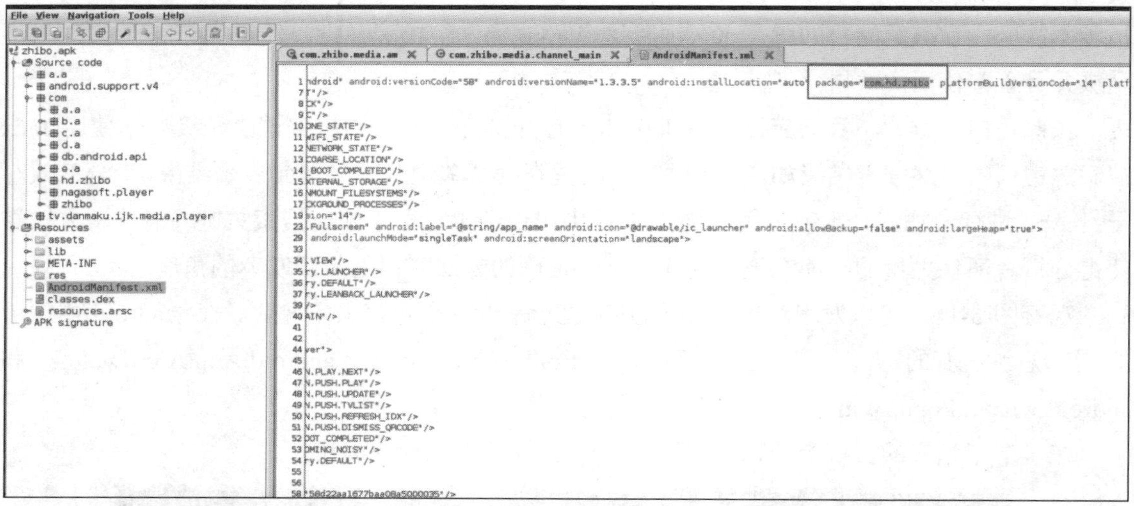

图 5-13 App 包名

在启动 frida-server 后便可以使用以下命令将 Objection 注入应用并对 App 进行测试。

```
# objection -g com.hd.zhibo explore
```

在注入成功后，由于弹窗是肉眼可见的（可以肯定这个类有实例存在于内存中），因此可以使用 Objection 搜索内存中实例的相关命令对怀疑的类进行搜索，搜索出该类的实例，这里以 android.App.AlertDialog 为例（见图 5-14），搜索命令如下：

```
# android heap search instances android.App.AlertDialog
```

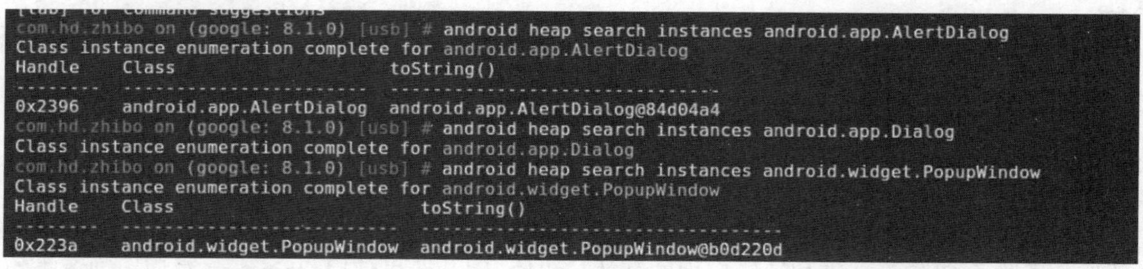

图 5-14 在内存中搜索类的实例

在搜索完成后，我们会发现存在 android.App.AlertDialog 相关的实例。如何进一步确定弹窗类的类型呢？这里推荐一个 Objection 的插件——WallBreaker（代码仓库地址为 https://github.com/hluwa/Wallbreaker）。Wallbreaker 不仅实现了 Objection 内存搜索实例的功能，还能通过类实例打印出相应类的具体内容，包括静态成员和实例成员的值以及类中所有的函数，这对逆向过程快速定位的作用是巨大的。要使用 Wallbreaker，仅需将 Wallbreaker 下载到本地，再使用 Objection 加载插件的命令将其加载即可，具体命令如下：

```
// 下载
# git clone https://github.com/hluwa/Wallbreaker ~/.objection/plugins/Wallbreaker
// 通过'-P'命令在注入应用时加载插件
# objection -g com.hd.zhibo explore -P ~/.objection/plugins/
```

之后便可以通过 plugin 执行 Wallbreaker 相关命令了。

在这一节中，主要使用 Wallbreaker 的 objectsearch 和 objectdump 这两个命令。其中，objectsearch 命令和 Objection 的 heap search 命令的作用是相同的；objectdump 命令则是用于将特定实例中的具体内容打印出来。

以 android.App.AlertDialog 为例，先用 objectsearch 命令搜索相关的实例；在搜索到实例后，再使用打印出来的十六进制值执行 objectdump 命令。在第一步执行完 objectsearch 命令后就可以发现内存中存在一个 android.App.AlertDialog 实例，在搜索到实例后再使用这一步得到的十六进制的 handle：0x2582 去执行 objectdump 命令，便可将 0x2582 所代表实例的内容打印出来，如图 5-15 所示。在打印结果中，注意在 "=>" 符号后的都是相应变量对应的值。

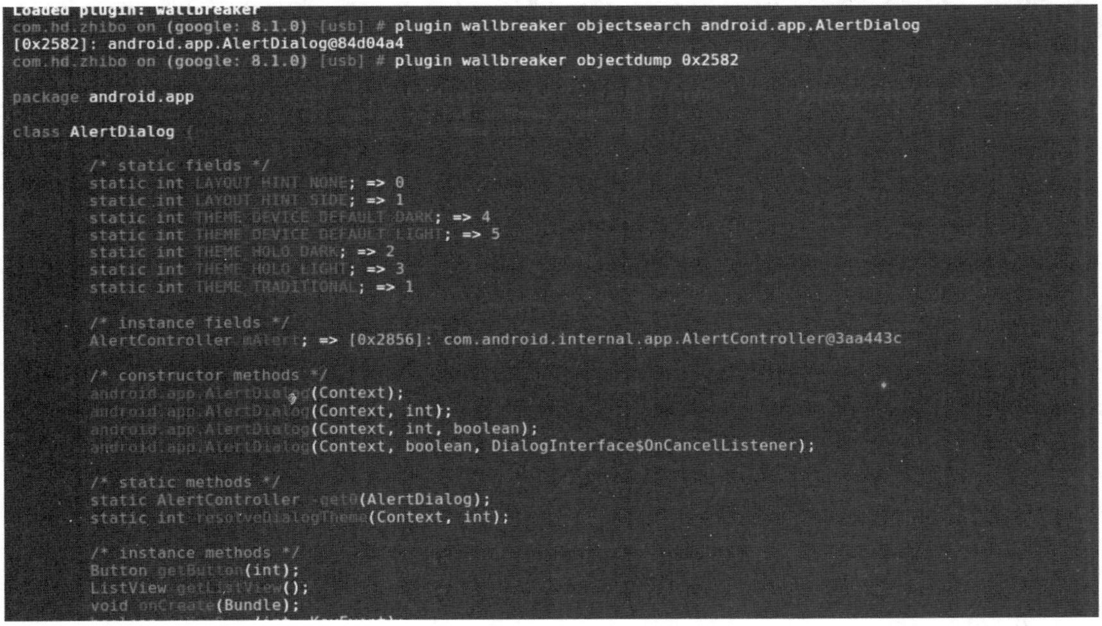

图 5-15　Wallbreaker 搜索出内存中的实例

此时，使用 objectdump 命令打印出图 5-15 中 mAlert 的实例对象，就会出现升级提示弹窗中所显示的文字内容（见图 5-16），因此就可以判定样本 App 的升级提示弹窗是使用 AlertDialog 类实现的。

在确定样本 App 升级提示弹窗使用的系统类之后，为了实现永久不弹窗的效果，还需要找到在样本中调用升级提示弹窗的函数所处的位置。因此，需要对 AlertDialog 类进行 Hook，并最终确定调用这个弹窗的函数。

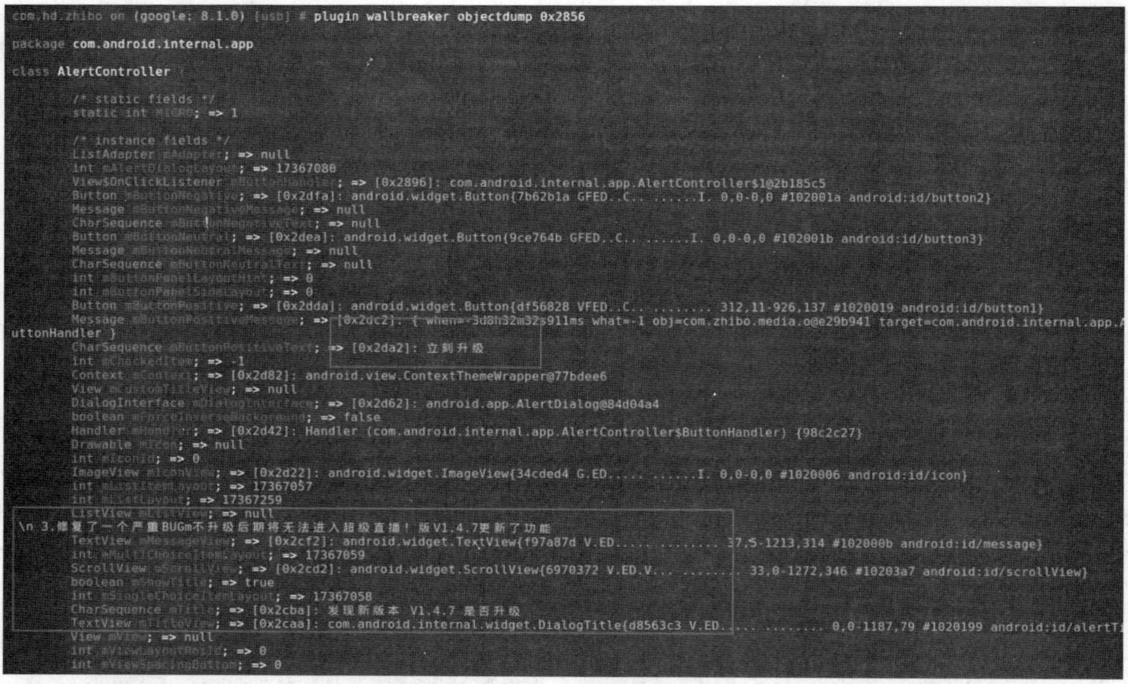

图 5-16 打印出实例

首先，使用如下命令对 AlertDialog 类中的所有函数进行 Hook。

```
# android hooking watch class android.App.AlertDialog
```

由于 Hook 在函数被调用后再触发就没有任何作用了，而样本 App 的升级提示弹窗在 App 刚进入主页面就弹出了，因此必须保证样本刚启动函数便被 Hook 上了。Objection 作为一个成熟的工具也提供了这样的功能，只需在 Objection 注入 App 时加上参数--startup-command 或者 -s，并在参数后加上要执行的命令即可，Objection 的注入命令如下：

```
# objection -g com.hd.zhibo explore -s "android hooking watch class android.App.AlertDialog"
```

此时，关闭样本 App 并使用 Objection 执行以上命令重新对 App 进行注入和启动，结果如图 5-17 所示。

在 App 启动后，升级提示弹窗出现时会发现有以下几个函数被调用。

```
(agent) [igl9rr6nyj] Called android.App.AlertDialog.resolveDialogTheme
(android.conte nt.Context, int)
    (agent) [igl9rr6nyj] Called android.App.AlertDialog.resolveDialogTheme
(android.content.Context, int)
    (agent) [igl9rr6nyj] Called android.App.AlertDialog.onCreate
(android.os.Bundle)
    com.hd.zhibo on (google: 8.1.0) [usb] #
```

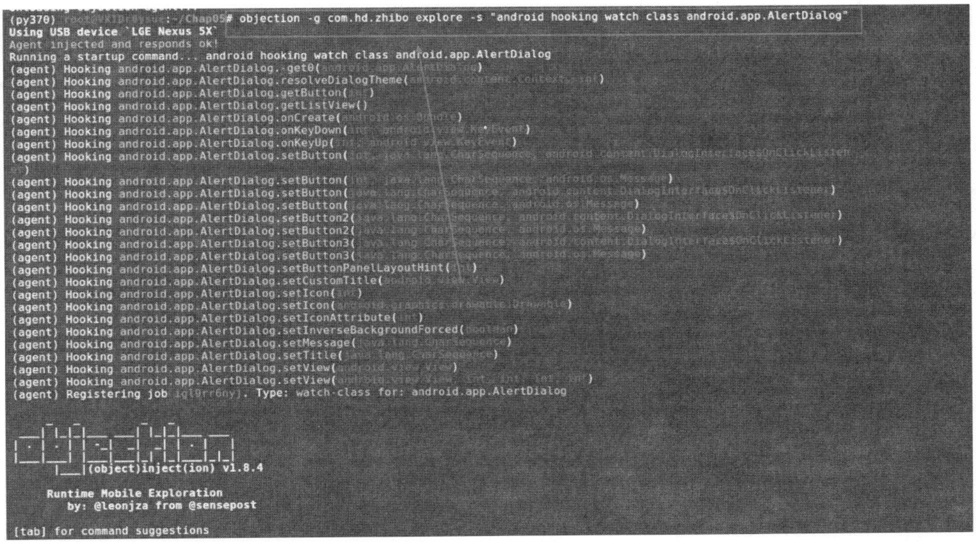

图 5-17　Hook 类

在确定被调用的函数后，选取其中一个函数进行下一步的 Hook，以确定最终弹出升级提示弹窗的、属于 App 级别的函数，为此这里选定 onCreate() 函数进行 Hook 并打印调用栈。具体操作时就是重新手动关闭 App 并使用 Objection 对样本进行注入并执行启动命令。与上面不同的是，这里执行的起始命令换成了如下命令：

```
android hooking watch class_method android.App.AlertDialog.onCreate
--dump-args --dump-backtrace --dump-return
```

最终的 Hook 结果如图 5-18 所示。

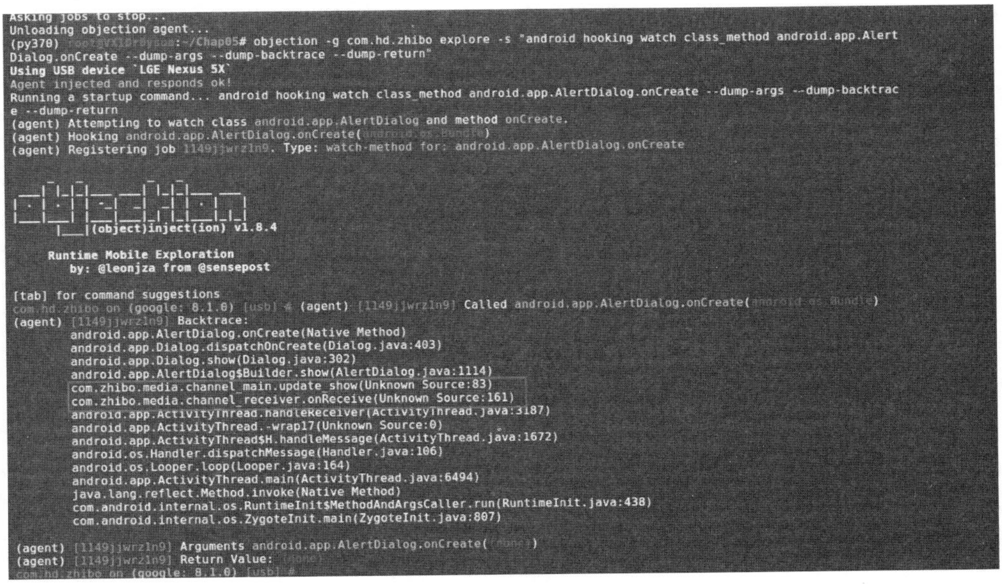

图 5-18　Hook 结果

根据图 5-18 中的调用栈得到样本 App 为了弹窗所创建的函数为 com.zhibo.media. channel_main.update_show()。使用 Jadx 观察相应的函数内容，其内容如代码清单 5-8 所示。

代码清单 5-8　update_show()函数

```java
public void update_show(Bundle bundle) {
    if (bundle != null && bundle.containsKey("ver") && bundle.containsKey("info") && bundle.containsKey("path")) {
        new AlertDialog.Builder(this).setTitle("发现新版本 " + bundle.getString("ver") + " 是否升级")
            .setMessage(bundle.getString("info"))
            .setPositiveButton("立刻升级", new o(this, bundle))
            .show();
    }
}
```

在代码清单 5-8 中，升级提示弹窗是否弹出取决于外层的 if 判断条件是否全部满足。因此，如果想让升级提示弹窗不再弹出，就需要修改对应的判断语句并重新打包该 App。

为了重打包，我们需要使用在上一小节中介绍的 apktool 将样本 App 进行反编译，具体命令如下：

```
# apktool d zhibo.apk
```

在反编译完成后，需要找到 channel_main 类对应的 Smali 文件以及 update_show()函数在文件中的位置，update_show()的 Smali 内容如代码清单 5-9 所示。

代码清单 5-9　update_show()的 smali 内容

```
.method public update_show(Landroid/os/Bundle;)V
    .locals 3

    # patch 这
    if-eqz p1, :cond_0

    const-string v0, "ver"

    invoke-virtual {p1, v0}, Landroid/os/Bundle;->containsKey(Ljava/lang/String;)Z

    move-result v0

    if-eqz v0, :cond_0

    const-string v0, "info"

    invoke-virtual {p1, v0}, Landroid/os/Bundle;->containsKey(Ljava/lang/String;)Z
```

```
    move-result v0
    if-eqz v0, :cond_0
    const-string v0, "path"
    invoke-virtual {p1, v0}, Landroid/os/Bundle;->containsKey(Ljava/lang/
String;)Z
    move-result v0
    ...
    invoke-virtual {v0, v1, v2}, Landroid/App/AlertDialog$Builder;
->setPositiveButton(Ljava/lang/CharSequence;Landroid/content/DialogInterface$O
nClickListener;)Landroid/App/AlertDialog$Builder;
    move-result-object v0
    invoke-virtual {v0}, Landroid/App/AlertDialog$Builder;
->show()Landroid/App/AlertDialog;
    :cond_0
    return-void
.end method
```

结合代码清单 5-8 和 5-9 中的程序逻辑，我们会发现只需要将 if 判断语句中的任意一个逻辑置反即可阻止最终升级提示窗口的弹出。笔者选择修改 if-eqz p1, :cond_0（如果 p1 寄存器中的内容为 0 就跳转到:cond_0 处）。这里将 if-eqz 改为 if-nez（如果 p1 寄存器中的内容不为 0 就跳转到:cond_0 处），并使用如下命令将 App 重新打包：

```
# apktool b zhibo
```

重打包的结果如图 5-19 所示。

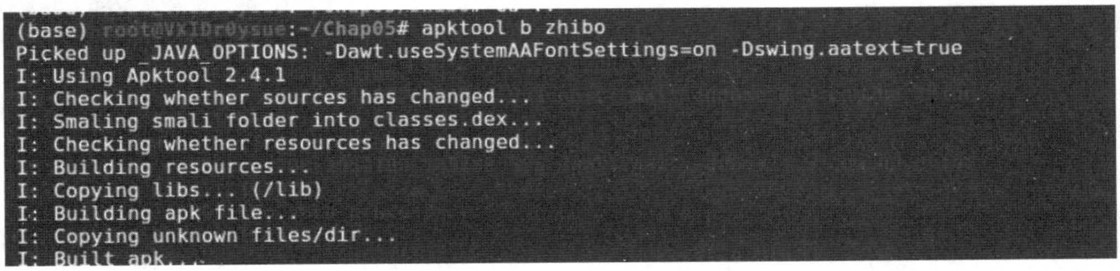

图 5-19　重打包

重打包后的 App 会保存在 dist 目录下。此时二次打包的应用并不能直接安装到手机上，这是因为在 Android 上运行的 App 都是需要签名的。

为此需要使用 jarsigner 或者其他 Android 认可的签名工具生成一个签名文件，并使用生成的签名文件对打包好的 App 进行签名，具体命令和结果如图 5-20 所示。

```
(base) root@VXIDr0ysue:~/Chap05/zhibo/dist# cd zhibo/dist/
(base) root@VXIDr0ysue:~/Chap05/zhibo/dist# ls
zhibo.apk
(base) root@VXIDr0ysue:~/Chap05/zhibo/dist# keytool -genkey -alias abc.keystore -keyalg RSA -validity 2000 -keystore abc.key
store
Picked up _JAVA_OPTIONS: -Dawt.useSystemAAFontSettings=on -Dswing.aatext=true
Enter keystore password:
Re-enter new password:
What is your first and last name?
  [Unknown]:  zh
What is the name of your organizational unit?
  [Unknown]:  zh
What is the name of your organization?
  [Unknown]:  Zh
What is the name of your City or Locality?
  [Unknown]:
What is the name of your State or Province?
  [Unknown]:
What is the two-letter country code for this unit?
  [Unknown]:
Is CN=zh, OU=zh, O=Zh, L=Unknown, ST=Unknown, C=Unknown correct?
  [no]:
What is your first and last name?
  [zh]:
What is the name of your organizational unit?
  [zh]:
What is the name of your organization?
  [Zh]:
What is the name of your City or Locality?
  [Unknown]:
What is the name of your State or Province?
  [Unknown]:
What is the two-letter country code for this unit?
  [Unknown]:
Is CN=zh, OU=zh, O=Zh, L=Unknown, ST=Unknown, C=Unknown correct?
  [no]:  yes

(base) root@VXIDr0ysue:~/Chap05/zhibo/dist# jarsigner -verbose -keystore abc.keystore -signedjar zhibo_patch.apk zhibo.apk a
bc.keystore
Picked up _JAVA_OPTIONS: -Dawt.useSystemAAFontSettings=on -Dswing.aatext=true
Enter Passphrase for keystore:
   adding: META-INF/MANIFEST.MF
   adding: META-INF/ABC_KEYS.SF
   adding: META-INF/ABC_KEYS.RSA
  signing: lib/armeabi-v7a/libp2pcore.so
```

图 5-20 对 App 签名

在完成 App 的签名后将 App 安装到手机上，并运行该 App，我们会发现升级提示弹窗不再弹出了（见图 5-21）。

5.3.2 对加固 App 进行分析和破解的实战

下面以一个加固的样本 App 为例讲解在加固环境下的 App 去除升级提示弹窗的方法，样本 App 同样保存在随书附件中的 Chap05/目录下，名为 com.hello.qqc.apk。

图 5-21 升级弹窗

与上一小节类似，这里在使用 adb 命令完成 App 的安装后在手机上手动启动 App，我们会发现 App 在手动跳过欢迎页后会弹出升级提示弹窗。与上一小节中的案例不同的是，此案例不管如何点击窗口外部的位置都无法消除弹窗，这是该 App 的重要特征之一。

如何定位弹窗具体使用的类？与上一节讲述的方法类似，可以在弹窗出现后在内存中搜索相关类的实例，结果如图 5-22 所示。

```
com.hello.qqc on (google: 8.1.0) [usb] # plugin wallbreaker objectsearch android.app.AlertDialog
com.hello.qqc on (google: 8.1.0) [usb] # plugin wallbreaker objectsearch android.app.Dialog
[0x2362]: android.app.Dialog@8db975c
com.hello.qqc on (google: 8.1.0) [usb] # plugin wallbreaker objectsearch android.widget.PopupWindow
```

图 5-22 定位弹窗实现类

在这个案例中，采用直接对每一个怀疑的弹窗类进行 Hook 的方式来判断实现弹窗的类，具体操作则是在主页面未进入前分别使用 watch class 的方式 Hook 相应类，然后根据是否有函数被调用的记录来判定是否使用了相应类。比如针对 AlertDialog 这种弹窗方式，先使用如下命令对整个类的所有函数进行 Hook：

```
# android hooking watch class android.App. AlertDialog
```

在 Hook 完成后再点击如图 5-23 所示的欢迎页中的“关闭广告”按钮，会发现在 App 进入主页面并弹出升级提示窗的过程中并未有任何函数被调用，如图 5-24 所示。

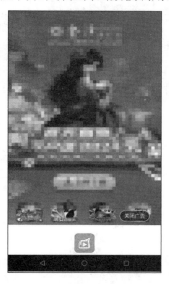

图 5-23 欢迎页中的“关闭广告”按钮

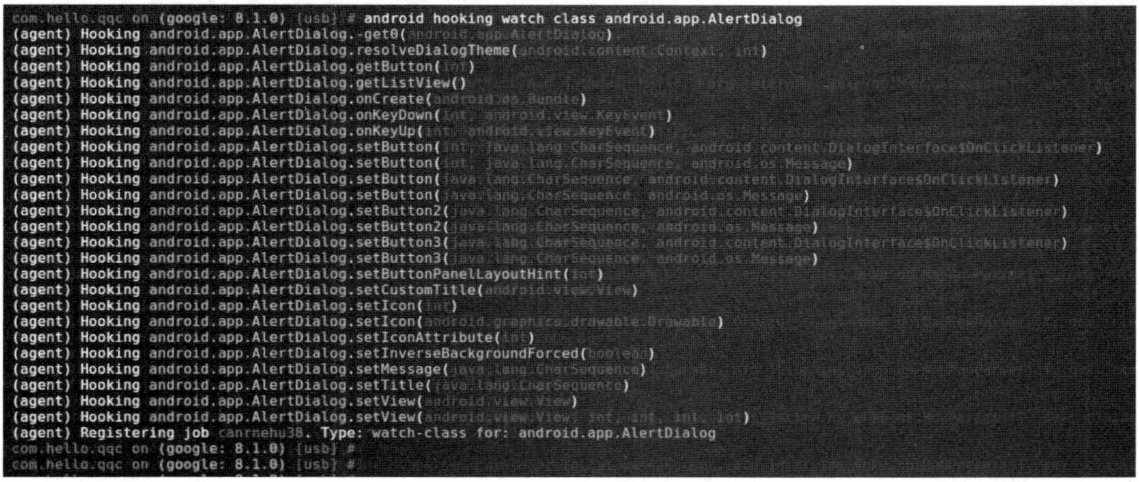

```
com.hello.qqc on (google: 8.1.0) [usb] # android hooking watch class android.app.AlertDialog
(agent) Hooking android.app.AlertDialog.-get0(android.app.AlertDialog)
(agent) Hooking android.app.AlertDialog.resolveDialogTheme(android.content.Context, int)
(agent) Hooking android.app.AlertDialog.getButton(int)
(agent) Hooking android.app.AlertDialog.getListView()
(agent) Hooking android.app.AlertDialog.onCreate(android.os.Bundle)
(agent) Hooking android.app.AlertDialog.onKeyDown(int, android.view.KeyEvent)
(agent) Hooking android.app.AlertDialog.onKeyUp(int, android.view.KeyEvent)
(agent) Hooking android.app.AlertDialog.setButton(int, java.lang.CharSequence, android.content.DialogInterface$OnClickListener)
(agent) Hooking android.app.AlertDialog.setButton(int, java.lang.CharSequence, android.os.Message)
(agent) Hooking android.app.AlertDialog.setButton(java.lang.CharSequence, android.content.DialogInterface$OnClickListener)
(agent) Hooking android.app.AlertDialog.setButton(java.lang.CharSequence, android.os.Message)
(agent) Hooking android.app.AlertDialog.setButton2(java.lang.CharSequence, android.content.DialogInterface$OnClickListener)
(agent) Hooking android.app.AlertDialog.setButton2(java.lang.CharSequence, android.os.Message)
(agent) Hooking android.app.AlertDialog.setButton3(java.lang.CharSequence, android.content.DialogInterface$OnClickListener)
(agent) Hooking android.app.AlertDialog.setButton3(java.lang.CharSequence, android.os.Message)
(agent) Hooking android.app.AlertDialog.setButtonPanelLayoutHint(int)
(agent) Hooking android.app.AlertDialog.setCustomTitle(android.view.View)
(agent) Hooking android.app.AlertDialog.setIcon(int)
(agent) Hooking android.app.AlertDialog.setIcon(android.graphics.drawable.Drawable)
(agent) Hooking android.app.AlertDialog.setIconAttribute(int)
(agent) Hooking android.app.AlertDialog.setInverseBackgroundForced(boolean)
(agent) Hooking android.app.AlertDialog.setMessage(java.lang.CharSequence)
(agent) Hooking android.app.AlertDialog.setTitle(java.lang.CharSequence)
(agent) Hooking android.app.AlertDialog.setView(android.view.View)
(agent) Hooking android.app.AlertDialog.setView(android.view.View, int, int, int, int)
(agent) Registering job canrnehu38. Type: watch-class for: android.app.AlertDialog
com.hello.qqc on (google: 8.1.0) [usb] #
com.hello.qqc on (google: 8.1.0) [usb] #
```

图 5-24 Hook AlertDialog 类

在测试 Dialog 类时发现存在很多函数被调用的情况，并且有一个非常明显的 setCancelable(boolean)函数被调用的记录，如图 5-25 所示。

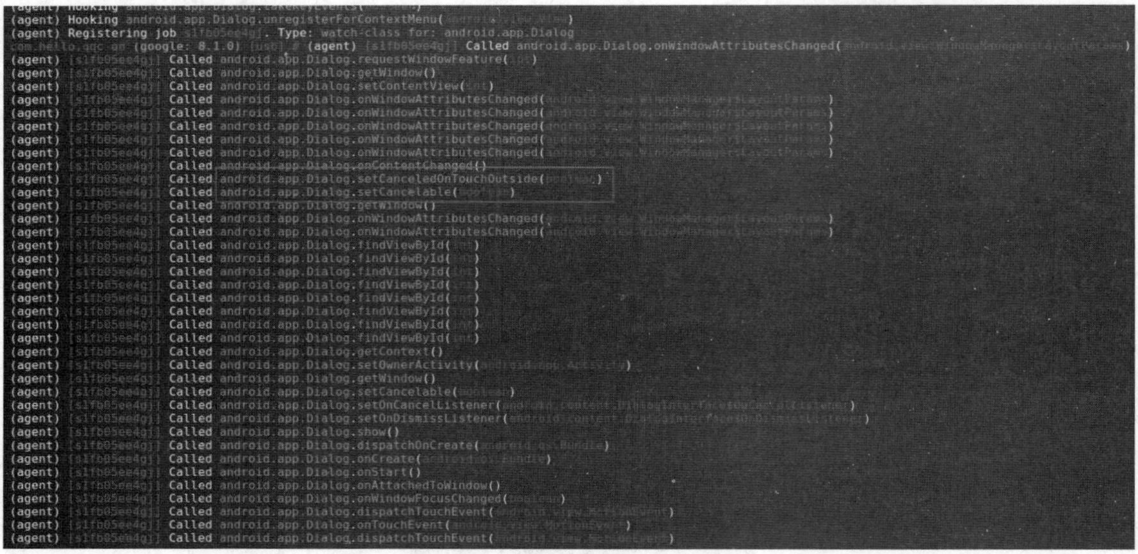

图 5-25　Hook Dialog 类

确定升级提示弹窗的实现类为 Dialog 类时再次使用如下命令对 setCancelable(boolean) 函数进行 Hook，如图 5-26 所示，根据调用栈发现 App 中发起弹窗的函数为 cn.net.tokyo.ccg.ui.fragment.dialog.UpdateDialogFragment.onCreateDialog()。

```
# android hooking watch class_method android.App.Dialog.setCancelable
--dump-args --dump-backtrace --dump-return
```

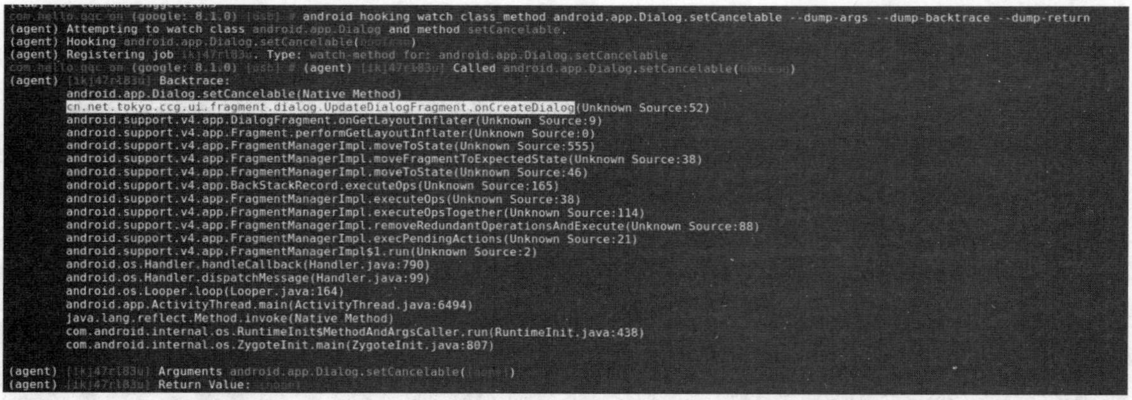

图 5-26　Hook setCancelable 函数

为了永久消除升级提示弹窗，这里和上一小节一样采取重打包的方式完成。与非加固 App 不同的是，如果使用 Jadx 直接打开 APK 文件，那么最终只能看到外部壳的一些类信息，如图 5-27 所示。

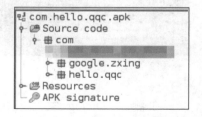

图 5-27　Jadx 打开加固 App

如何得到真实 App 的 dex 呢？脱壳是唯一的选择。这里介绍一个脱壳工具 Dexdump（仓库地址：https://github.com/hluwa/FRIDA-DEXDump）。dexdump 是 Wallbreaker 作者的另一力作，主要用于应用的脱壳工作，其脱壳的基本原理是暴力搜索内存中符合 dex 格式的数据完成 dump 工作。Dexdump 有三种使用方式，但是笔者通常是将 Dexdump 作为 Objection 插件来使用，这里也仅介绍这种使用方式，读者可以通过 readme 学习其他使用方式。Dexdump 的使用方式和 Wallbreaker 相同，但并非将下载下来的仓库内容直接复制到~/.objection/plugins 目录下，而是使用如下方式进行复制：

```
# git clone https://github.com/hluwa/FRIDA-DEXDump
# mv FRIDA-DEXDump/frida_dexdump ~/.objection/plugins/dexdump
```

这里不使用在注入时加上-P 参数和插件路径的方式加载插件，而是采用在 Objection 注入后在 Objection REPL 界面中使用 plugin 命令加载插件的方式，具体命令如下：

```
# plugin load /root/.objection/plugins/dexdump
```

/root/.objection/plugins/dexdump 为插件 dexdump 的完整路径。

在加载完 Dexdump 插件后只需执行以下命令再等待几秒便可以完成脱壳工作：

```
# plugin dexdump dump
```

加载 Dexdump 插件和脱壳的结果如图 5-28 所示。

图 5-28　使用 Dexdump 插件进行脱壳

在完成脱壳后，所有脱壳的文件都保存在如图 5-28 所提示的 SavedPath 中，这里保存的路径为/root/Chap05/com.hello.qqc/。在切换到 SavedPath 目录下后，使用 grep 命令确定存储 App 关键类 UpdateDialogFragment 所在的 dex 名称，如图 5-29 所示。

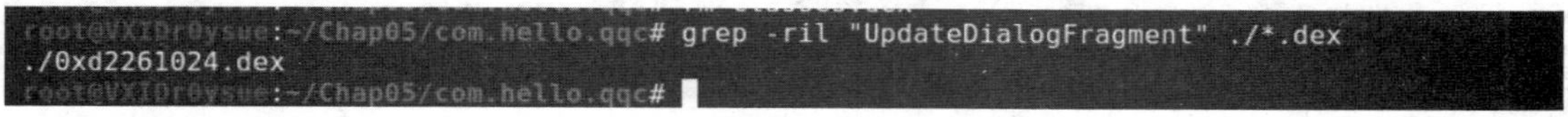

图 5-29　定位关键类所在 dex

确定具体的 dex 后，使用 Jadx 打开目标 dex 并找到对应的 UpdateDialogFragment 类，我们会发现 UpdateDialogFragment 类继承了 DialogFragment 类，如图 5-30 所示。查阅资料后发现这个类是一个具有生命周期的系统框架类，其中 Fragment 的存在最终都是为了构建 Dialog。关于 Dialog 显示的函数并不在这个类中，因此还需要进一步去测试这个类是被哪个外部函数调用。

图 5-30 关键函数

为了进一步确定这个类是被哪个外部函数调用，这里选择使用如下命令对 UpdateDialogFragment 类中的所有函数进行 Hook：

android hooking watch class cn.net.tokyo.ccg.ui.fragment.dialog.UpdateDialogFragment

在重新弹出升级提示窗时，我们会发现如图 5-31 所示的几个函数被调用，其中最先被调用的函数为 cn.net.tokyo.ccg.ui.fragment.dialog.UpdateDialogFragment.b()。

图 5-31 Hook UpdateDialogFragment 类

在确定目标函数后，针对 UpdateDialogFragment.b() 函数重新进行 Hook，并观察在升级提示窗弹出过程中调用栈的情况，我们最终会发现这个函数的调用方为 MainActivity.a 函数，如图 5-32 所示。

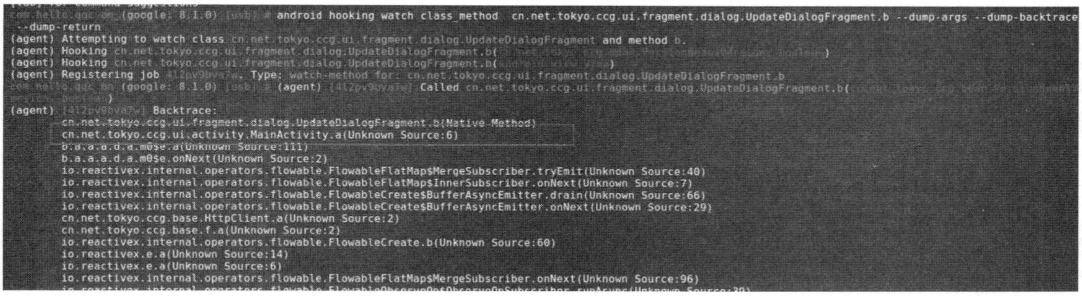

图 5-32　Hook UpdateDialogFragment.b()函数

使用 Jadx 定位这个函数，其内容如代码清单 5-10 所示。

代码清单 5-10　a()函数

```
public void a(VersionBean.Version version, boolean z) {
    this.f1696a = version.url;
    if (version != null) {
        UpdateDialogFragment.b(version, z).show(getSupportFragmentManager(), UpdateDialogFragment.class.getSimpleName());
    }
}
```

在代码清单 5-10 中，version 变量决定了弹窗的出现与否，可以像 5.3.1 小节中那样修改这个 if 判定语句的条件。

由于这个 App 是加固的，因此在重打包的过程中还有一些需要注意的地方。

第一，重打包时应该使用脱壳后原始 App 的 dex 替换掉原来的壳 dex。

第二，App 在加固后的入口点变成了壳的入口点，因此在重打包之后还需要修改 AndroidManifest.xml 的入口类。

为了解决第一个问题，需要在使用 apktool 反编译 APK 时选择不反编译 dex 文件并删除壳的 dex，而 apktool 的 -s 参数就提供了不反编译 APK 中 dex 文件的功能，apktool 反编译的最终结果如图 5-33 所示。

图 5-33　apktool 反编译的结果

在反编译完成后，删除原始 classes.dex 并将脱壳后的 dex 文件按照文件大小依次命名为 classes.dex、classes2.dex、classes3.dex、classes4.dex，并存储到壳的 dex 所在的目录。复制完所有脱壳后 dex 的反编译目录和文件如图 5-34 所示。

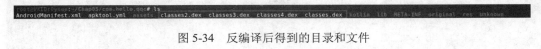

图 5-34　反编译后得到的目录和文件

在完成上述操作后，第一个问题就解决了。此时还需要解决第二个问题——修改 App 入口类。为此，我们在 Jadx 中重新打开包含关键类的 dex 文件，并搜索 extends Application 的代码，并从如图 5-35 所示的搜索结果中排除第三方库和系统相关的代码，最终定位到 cn.net.tokyo.ccg.base.App 类。

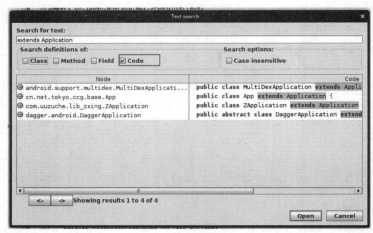

图 5-35　extends Application 的代码

在定位到包含 extends Application 代码的类后，将反编译结果目录下 AndroidManifest.xml 清单文件内 <Application> 节点中 android:name 对应的值修改为找到的完整类名。AndroidManifest.xml 文件的部分内容如图 5-36 所示。

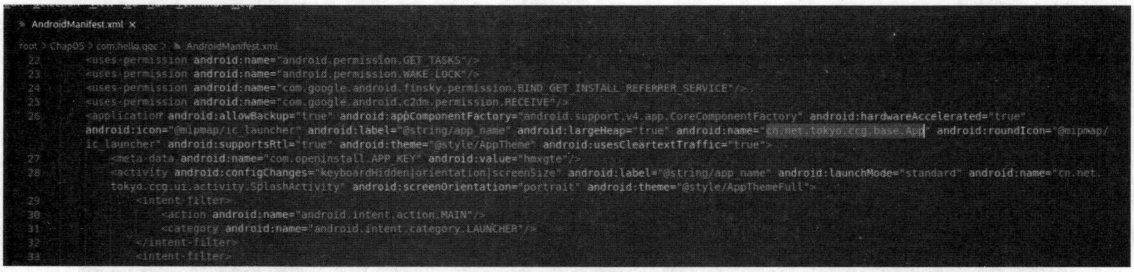

图 5-36　AndroidManifest.xml 文件

修改完毕后，可以使用如下命令对 apktool 反编译的结果目录重新进行编译：

```
# apktool b com.hello.qqc
```

重新编译的 APK 文件会存放在 com.hello.qqc/dist 目录下，如图 5-37 所示。

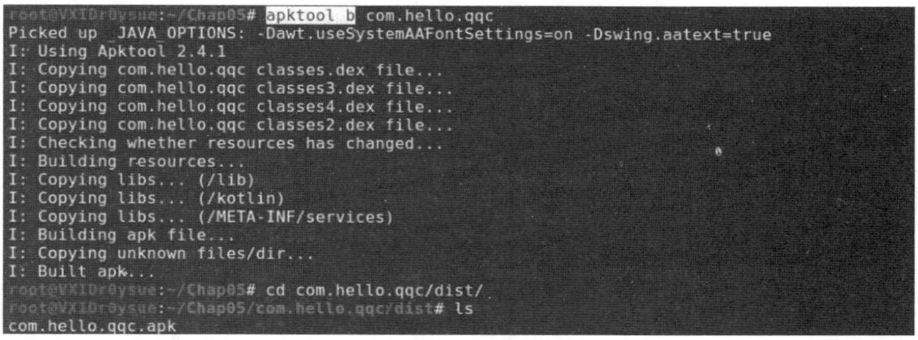

图 5-37　重新编译生成 APK

在重新签名、安装并运行成功后，可以发现得到的这个 App 和加固的 App 没有任何区别。再次使用 apktool 工具以 5.3.1 小节中反编译的方式对这个新 APK 重新反编译并修改相应函数的逻辑，然后再次打包该 App，并对它进行签名和安装，再次运行时就会发现强制升级的提示弹窗已成功消失。

通过本节的测试，我们会发现对加固 App 进行二次打包（破解）的难度比对未加固 App 进行破解的难度大得多，而本小节中所介绍的案例是对加固 App 进行分析和破解最简单的一类：dex 中函数未被抽取保护并且没有任何签名校验等反二次打包的措施等。在加固 App 技术发展到今天的这种程度，几乎没有多少本节所介绍的这类分析和破解技术的用武之地了，因此请读者了解这种分析和破解的技术即可。

5.4　本章小结

本章介绍了 Android 应用安全主要研究的核心内容，并粗略总结了 Android 应用安全在攻防对抗中的发展脉络，分别从静态反编译对抗、动态分析对抗以及加固 App 对抗等方面展示了攻击破解方和防守方互相博弈发展的态势。当然，Android 安全方面的内容并不是简简单单的一章内容就能够囊括的，本章这里仅仅是做了一个简要介绍。

本章还介绍了一些简单的 Smali 语法和指令，并通过去除两个应用案例中的升级提示弹窗的实践使读者对 Smali 语法更加熟悉，同时以这两个应用案例展示了重打包的作用以及 App 加固对重打包技术造成的困难。

更为重要的是，通过这两个案例读者会进一步发现 Objection 在快速逆向工作中的重要地位，可以说 Frida 和 Objection 的出现改变了 App 的 Java 层逆向过程的生态环境。当然，最重要的一点是，做应用安全一定要以合法为前提条件。

第 6 章

Xposed 框架介绍

作为比 Frida 框架更早的 Hook 框架，Xposed 在 Android 安全领域颇负盛名，在 Frida 未出现之前更是在 App 安全测试过程中必不可少的工具。基于 Xposed 框架开发的微信/QQ 抢红包、运动记录作弊、消息防撤回等插件现在仍旧备受欢迎，本章将对这款框架进行介绍。

6.1 Xposed 框架简介

Xposed 框架（Xposed Framework）是一套开源的、在 Android root 模式下运行的框架，它可以在不修改 App 源码的情况下通过 Hook 方式去影响程序的运行。与 Frida 一样，Xposed 广泛用于 Android 安全测试中，不管是针对特定 API 的监控、恶意代码的分析还是对系统功能的自定义，Xposed 框架都能够以对 Java 代码 Hook 的方式游刃有余地完成。可惜的是，Xposed 最后的发行版是 v89，发行时间是 2017 年 12 月 18 日，如图 6-1 所示。

查看相应的代码提交记录，这个版本适配的是 Nougat 代号的 Android，通过 Android 官网提供的"代号、标记和 Build 号"对照表可知这个代号对应的 Android 版本为 Android 7.1 和 7.0，如图 6-2 所示，也就是 Xposed 在 7 之后再也没有发行过正式的版本（release 版本）。

到 2020 年，从 Xposed 官方 Framework 的网址可以得知 sdk26 以及 27 版本（Android 8.0 和 8.1）的 Xposed 还是处于 beta 版本的状态，如图 6-3 所示。

图 6-1 Xposed 的发行记录

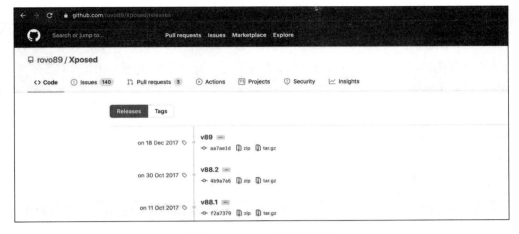

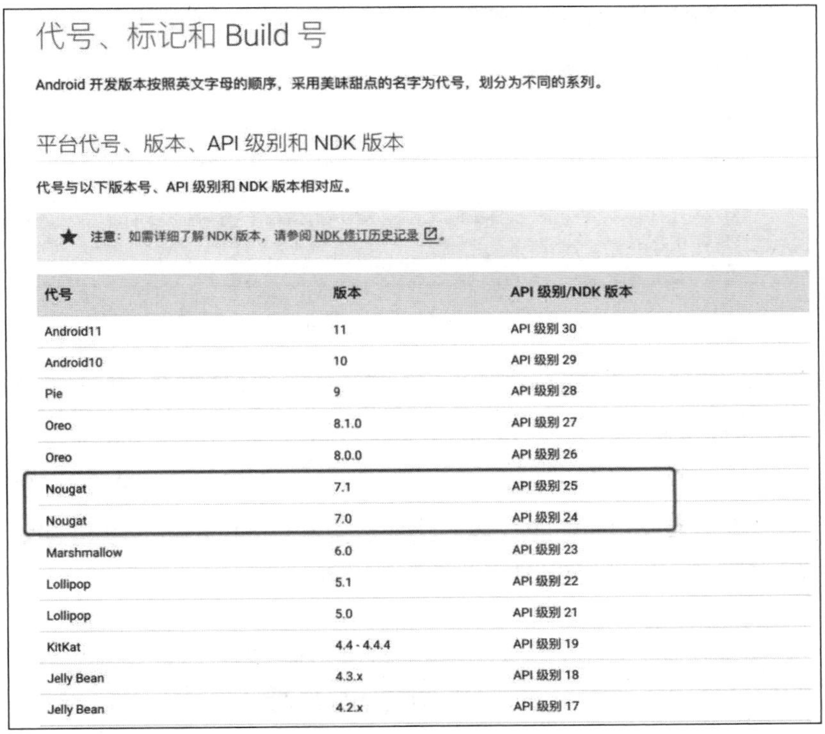

代号、标记和 Build 号

Android 开发版本按照英文字母的顺序，采用美味甜点的名字为代号，划分为不同的系列。

平台代号、版本、API 级别和 NDK 版本

代号与以下版本号、API 级别和 NDK 版本相对应。

★ 注意：如需详细了解 NDK 版本，请参阅 NDK 修订历史记录。

代号	版本	API 级别/NDK 版本
Android11	11	API 级别 30
Android10	10	API 级别 29
Pie	9	API 级别 28
Oreo	8.1.0	API 级别 27
Oreo	8.0.0	API 级别 26
Nougat	7.1	API 级别 25
Nougat	7.0	API 级别 24
Marshmallow	6.0	API 级别 23
Lollipop	5.1	API 级别 22
Lollipop	5.0	API 级别 21
KitKat	4.4 - 4.4.4	API 级别 19
Jelly Bean	4.3.x	API 级别 18
Jelly Bean	4.2.x	API 级别 17

图 6-2 “代号、标记和 Build 号”对照表

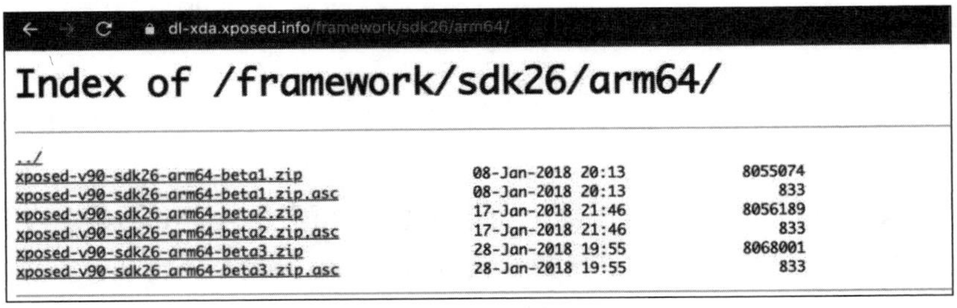

dl-xda.xposed.info/framework/sdk26/arm64/

Index of /framework/sdk26/arm64/

```
../
xposed-v90-sdk26-arm64-beta1.zip          08-Jan-2018 20:13      8055074
xposed-v90-sdk26-arm64-beta1.zip.asc      08-Jan-2018 20:13          833
xposed-v90-sdk26-arm64-beta2.zip          17-Jan-2018 21:46      8056189
xposed-v90-sdk26-arm64-beta2.zip.asc      17-Jan-2018 21:46          833
xposed-v90-sdk26-arm64-beta3.zip          28-Jan-2018 19:55      8068001
xposed-v90-sdk26-arm64-beta3.zip.asc      28-Jan-2018 19:55          833
```

图 6-3 sdk26 版本的 Xposed 框架

另外，每次编写 Xposed 模块代码都需要重启手机以使新加入的功能生效，这是非常低效的，再加上 Frida 的横空出世，Xposed 框架的应用场景渐渐地就少了。Xposed 框架目前主要被用于一些持久化的场景，比如自动抢红包、去掉其他 App 中的广告等，此外，虽然在 Android 8 之后 Xposed 不再更新，但是出现了很多基于 Xposed 框架的衍生品，比如最出名的号称 Xposed 继承者的 EdXposed 等，这也是本节讲解 Xposed 的原因。

EdXposed 框架延续了 Xposed 的寿命，原先在 Xposed 基础上的 Xposed 模块不用修改任何 API 就可以直接在高版本上基于 EdXposed 框架执行。现在，EdXposed 已经支持 Android 8.0 至 Android 11，如图 6-4 所示。

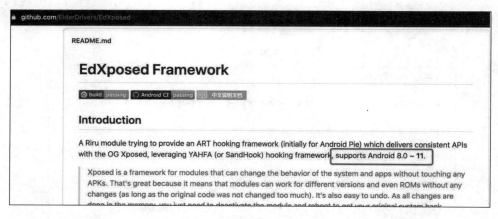

图 6-4　EdXposed 支持版本

虽然 EdXposed 这一框架在 Android 8 之后延续了 Xposed 的寿命，但是 EdXposed 的稳定性和安全性仍旧有待商榷。

除此之外，还出现过一些其他的衍生品，比如太极框架（https://taichi.cool/zh/）、VirtualApp（https://github.com/asLody/VirtualApp）以及 Ratel（https://github.com/mcdevjin/ratel）等，这里不再一一介绍，读者可根据相关网址进行了解和研究。

6.2　Xposed 框架安装与插件开发

6.2.1　Xposed 框架安装

Xposed 官网提供的适配版本为 Android 7.1。在本小节中，将使用 Android 7.1.2_r8 版本进行演示。

在手机中刷入 Xposed 之前，需要刷入与手机型号匹配的 Android 7.1 的版本，并使用 SuperSU 为新刷的手机刷入 root，这个过程可以参见 1.3 节。需要注意的是，使用 Pixel 手机刷入 TWRP 时，是无法使用 1.3 节中介绍的方法，即通过将 TWRP 刷入 recovery 分区后进入

recovery 的方式，再进入 TWRP 从而刷入 root。在 Pixel 手机中，如果要刷入 root，需要使用以下命令刷入临时的 TWRP 进入 recovery 模式（见图 6-5）。

```
# fastboot boot twrp-3.3.0-0-sailfish.img
```

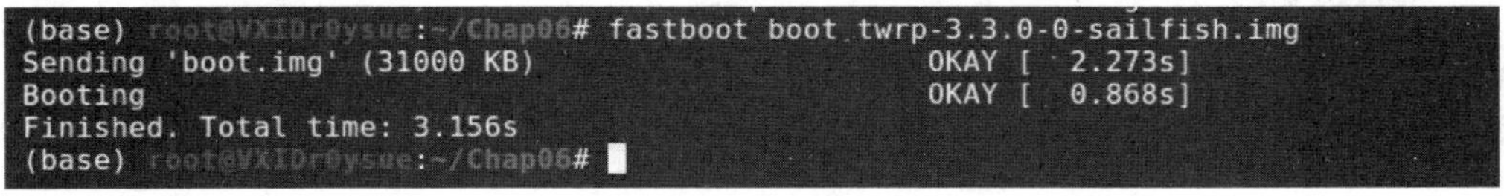

图 6-5　临时的 TWRP 刷入

执行完以上命令后，就进入了 TWRP 页面，之后按照 1.3 节的方式刷入 SuperSU。

在 Android 7.1 和 root 环境准备完毕后，配置手机网络，然后从官方网站下载最新的 XposedInstaller 3.1.5 版本，并且使用 adb 命令安装到手机上。打开 XposedInstaller 的界面时会出现"小心"提示，在勾选"不要再显示这个"选项并单击"确定"按钮后，页面会显示"Xposed 框架未安装"以及其他一些有关设备的信息。

点击"安装/更新"下的 Version 89 后，弹窗中会出现 Install 以及 Install via recovery 两个选项（见图 6-6），点击 Install 选项后便会开始下载 Xposed 框架。

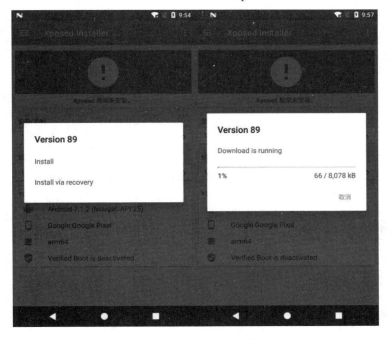

图 6-6　下载 Xposed 框架

下载完毕后会出现 root 申请页面，如图 6-7 所示，同意权限后便会开始安装 Xposed 框架，在提示完成后选择重启设备就会顺利完成 Xposed 框架的安装。

在重启成功后，重新进入 XposedInstaller 的页面查看 Xposed 框架的状态，如果和图 6-8 一样显示"Xposed 框架 XX 版已激活"，便可以使用 Xposed Installer 仓库中的 Xposed 插件了。

图 6-7　Xposed 框架的安装　　　　　　图 6-8　Xposed 框架的状态

6.2.2　Xposed 插件开发

Xposed 框架和 Frida 一样只是提供了一个方便使用的接口，具体如何去更改系统或者 App 的功能还需要使用各种各样的插件。本小节中将带领大家学习如何开发一个简单的 Xposed 插件。

从本质上讲，Xposed 模块也是一个 Android 程序，因此编写 Xposed 模块也可以像编写 Android 程序一样使用 Android Studio 进行开发。要成功地使 Xposed 将 Android Studio 开发的程序识别为 Xposed 模块，还需要特别配置一些文件。

这里选定要 Hook 的目标程序为在第 2 章中所使用的 demo02，MainActivity.java 内容如代码清单 6-1 所示，主要功能是新建一个循环然后打印两条日志信息（log）。

代码清单 6-1　demo02 中的 MainActivity.java

```java
public class MainActivity extends AppCompatActivity {
    private String total = "hello";
    @Override
    protected void onCreate(Bundle savedInstanceState) {
        super.onCreate(savedInstanceState);
        setContentView(R.layout.activity_main);
        while (true){
            try {
                Thread.sleep(1000);
            } catch (InterruptedException e) {
```

```java
            e.printStackTrace();
        }

        fun(50,30);
        Log.d("r0ysue.string" , fun("LoWeRcAsE Me!!!!!!!!!"));
    }
}
void fun(int x , int y ){
    Log.d("r0ysue.sum" , String.valueOf(x+y));
}
String fun(String x){
    return x.toLowerCase();
}

void secret(){
    total += " secretFunc";
    Log.d("r0ysue.secret" , "this is secret func");
}
static void staticSecret(){
    Log.d("r0ysue.secret" , "this is static secret func");
}
}
```

这里选定要 Hook 的目标函数为 String fun(String x)。

第一步，新建一个 Android 项目，选择 Empty Activity 作为模板（见图 6-9），并配置包名为 com.roysue.xposeddemo、工程名为 XposedDemo。

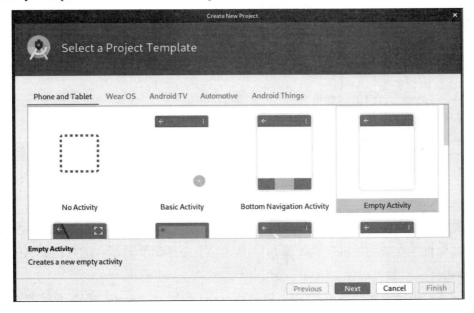

图 6-9　新建工程

在成功创建工程并且切换到工程视图后,修改 app/src/main 目录下的 AndroidManifest.xml 文件并在<activity android:name=".MainActivity">标签前添加如代码清单 6-2 所示的代码。

代码清单 6-2　AndroidManifest.xml

```xml
<meta-data
    android:name="xposedmodule"
    android:value="true" />
<meta-data
    android:name="xposeddescription"
    android:value="这是一个 Xposed 插件" />
<meta-data
    android:name="xposedminversion"
    android:value="53" />
```

AndroidManifest.xml 的最终内容如图 6-10 所示。其中,name 为 xposedmodule 的 meta-data 标签所对应的 value 为 true,即会将应用标记为 Xposed 模块;name 为 xposeddescription 的 meta-data 标签所对应的 value 为 Xposed 模块的描述。xposedminversion 所对应的是 Xposed 模块支持的最低版本。

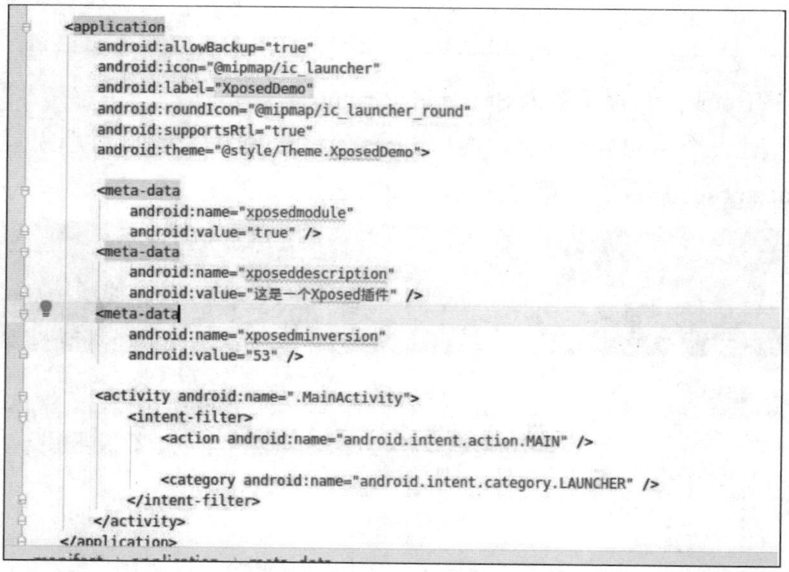

图 6-10　AndroidManifest.xml 的内容

在修改完清单文件后不再做任何修改。用 USB 连接上手机,并点击 Android Studio 的运行按钮将这个程序安装到手机上,如图 6-11 所示。此时手机会显示并运行这个 App,在打开 XposedInstaller 应用后,选择"模块"即可看到这个 Xposed 模块。

至此,我们编译安装的 App 已经可以被 Xposed 识别为 Xposed 模块。此时这个 Xposed 模块仍旧是一个空壳子,并没有发挥实际的 Hook 作用,实际的内容还需要我们来填充。

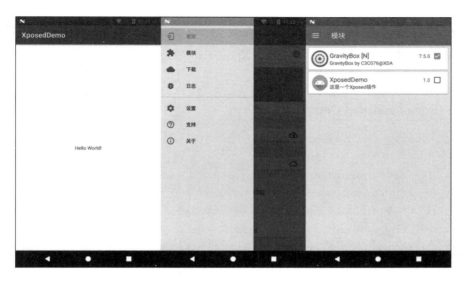

图 6-11　运行结果

第二步，在 Android Studio 中引入第三方包含有 Xposed 的 API 的 jar 包 XposedBridge.jar，使得我们编写的 XposedDemo 能够实现下一步的 Hook 操作。为了实现这一点，需要编辑 app/src/main/目录下的 build.gradle 文件，添加如下代码：

```
repositories {
  jcenter()
}
```

然后在 dependencies 节点中添加如下代码，最终的 build.gradle 文件如图 6-12 所示。此时点击 Sync Now 便会将 XposedBridge.jar 添加到项目中。

```
compileOnly 'de.robv.android.xposed:api:82'
compileOnly 'de.robv.android.xposed:api:82:sources'
```

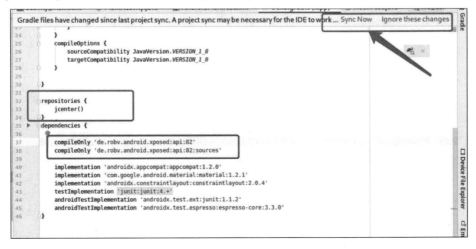

图 6-12　build.gradle

第三步，创建真正的 Hook 代码。在 XposedDemo 工程 MainActivity.java 的同级创建一个类名为 XposedHookDemo 的 Java 类文件。XposedHookDemo.java 的文件内容如代码清单 6-3 所示。

代码清单 6-3　XposedHookDemo.java

```java
package com.roysue.xposeddemo;

import de.robv.android.xposed.IXposedHookLoadPackage;
import de.robv.android.xposed.XC_MethodHook;
import de.robv.android.xposed.XposedBridge;
import de.robv.android.xposed.XposedHelpers;
import de.robv.android.xposed.callbacks.XC_LoadPackage;

public class HookTest implements IXposedHookLoadPackage {


    public void handleLoadPackage(XC_LoadPackage.LoadPackageParam loadPackageParam) throws Throwable {

        if (loadPackageParam.packageName.equals("com.roysue.demo02")) {
            XposedBridge.log(loadPackageParam.packageName + " has Hooked!");
            Class clazz = loadPackageParam.classLoader.loadClass(
                    "com.roysue.demo02.MainActivity");
            XposedHelpers.findAndHookMethod(clazz, "fun",
                    String.class,
                    new XC_MethodHook() {
                      protected void beforeHookedMethod(MethodHookParam param) throws Throwable {
                            super.beforeHookedMethod(param);
                            XposedBridge.log("input : " + param.args[0]);
                        }
                       protected void afterHookedMethod(MethodHookParam param) throws Throwable {
                            param.setResult("You has been hijacked");
                        }
                    });
        }
    }
}
```

在这段代码中，Xposed 是通过 IXposedHookLoadPackage 接口中的 handleLoadPackage 方法来实现 Hook 并篡改程序输出结果的。在 handleLoadPackage 函数中，由于 Xposed 的 Hook

默认是针对整个系统的，因此需要先通过 loadPackageParam.packageName 去过滤目标包名（目标 App 为第 2 章中的 demo02 程序，包名为"com.roysue.demo02"）。

XposedBridge.log()是 Xposed 自己实现的打印日志 log 的函数。

接下来通过 loadPackageParam.classLoader.loadClass()函数实现对目标类对象的获取，等价于 Frida 脚本中所使用的 Java.use()函数。在获取到类对象后，通过 XposedHelpers.findAndHookMethod()函数寻找并对指定函数进行 Hook。其中，第一个参数为之前所获取到的 clazz 类对象，第二个参数为目标函数名，第二个参数之后的参数则是目标函数的参数列表。由于 Hook 的目标函数只有一个 String 类型的参数，因此这里写的是 String.class。这个函数的最后一个参数是对目标函数的一个 Hook 回调（callback），这个回调固定为 XC_MethodHook。

在这个 XC_MethodHook 回调中，需要实现 beforeHookedMethod()和 afterHookedMethod()两个回调函数，其中 beforeHookedMethod()函数可以通过参数 param 获取被 Hook 函数的参数值，通常被用于在目标函数执行前获取和更改被 Hook 函数的参数。在代码清单 6-13 中，只是演示获取了被 Hook 函数的参数值并使用 XposedBridge.log()把参数值打印出来。afterHookedMethod()函数通常被用于获取和更改被 Hook 函数的返回值，这里直接将函数的返回值修改为"You has been hijacked"。

最后一步，在 XposedDemo 中添加 Xposed 模块的入口点，使得 Xposed 框架能够知道从哪个函数执行 Hook。如图 6-13 和图 6-14 所示，为了实现这一点，需要先右击 main 文件夹，再依次选择 New→Folder→Assets Folder，在弹出的窗口中直接单击 Finish 按钮完成 assets 文件夹的创建。

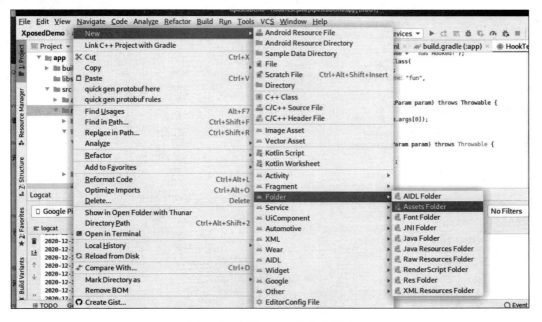

图 6-13　创建 assets 文件夹图 1

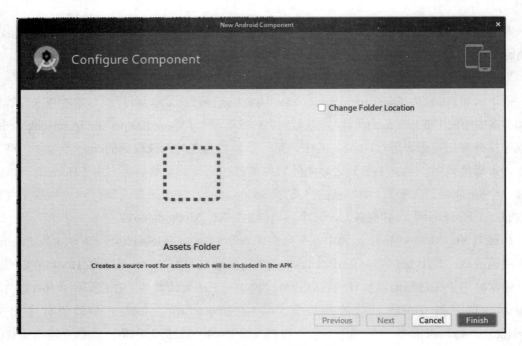

图 6-14　创建 assets 文件夹图 2

右击新建的 assets 文件夹并创建一个名为 xposed_init 的文件，如图 6-15 所示。

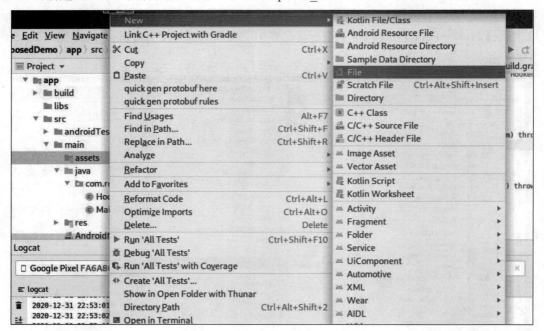

图 6-15　创建 xposed_init 文件

在创建入口文件后，将刚才创建的 Hook 类的完整类名（路径为 com.roysue.xposeddemo.HookTest）写进 xposed_init 文件中。最终 xposed_init 文件中的内容如图 6-16 所示。

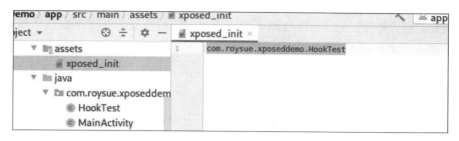

图 6-16　xposed_init 文件的内容

至此，一个简单的 Xposed 模块便完成了。单击 Android Studio 的 Run 按钮将程序安装到手机上，在生效之前运行 Demo02 程序，打印的日志如图 6-17 所示。

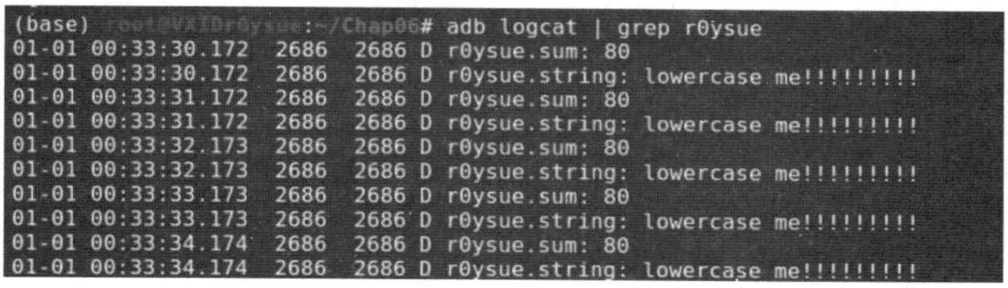

图 6-17　XposedDemo 生效前的日志

为了使 Xposed 模块生效，首先需要在 XposedInstaller 中管理模块的页面上勾选我们编写的 XposedDemo。此时 XposedDemo 并没有生效，还需要重启手机使 Xposed 模块真正生效。在重启手机后，重新运行 Demo02 会发现打印的日志内容变成了在之前设置的 "You has been hijacked"，如图 6-18 所示。

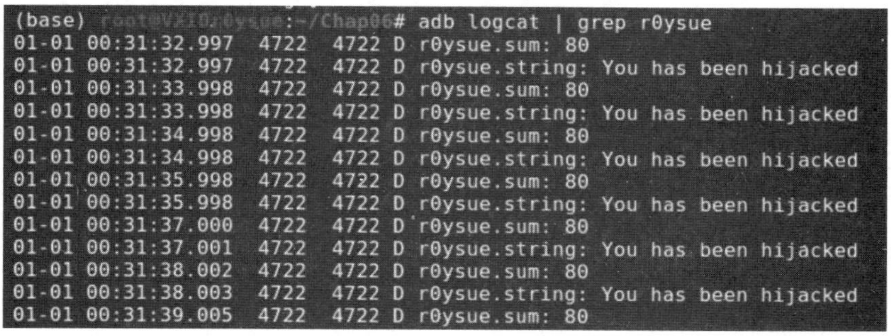

图 6-18　XposedDemo 生效后的日志

6.3　本章小结

在本章中，主要介绍了一款非常经典的 Hook 工具——Xposed，以及它不再更新后的一些替代品，同时带领大家一起编写了一个简单的 Xposed 模块，体验了 Xposed 在修改程序功能上的强大之处。相比第 3 章的 Hook 工具 Frida，Xposed 在每次修改模块内容后都需要重新启动手机，热更新能力较差，而 Frida 在测试过程中可以即时更新，甚至不需要重新运行脚本即可实现即时更新；同时 Xposed 框架并不支持 Native 函数的 Hook，需要配合一些其他的 Hook 框架来实现。相比而言，虽然暂未介绍 Frida 在 Native 层的 Hook 功能，但是实际上 Frida 本身确实支持 Native 层的 Hook。

Xposed 也存在着一些优点，比如 Xposed 本身使用 Java 语法开发，开发的体验十分流畅，而 Frida 却打破了 Java 和 JavaScript 的壁垒，需要编写脚本将 Java 转化为 JavaScript，实际操作过程中存在翻译的一个过程。另外，经过 6.2.2 小节的 Xposed 模块开发，细心的读者会发现 Xposed 的模块对目标程序的 Hook 是持久化的，只要不手动关闭 Xposed 模块，对目标程序的 Hook 机制就不会失效，这样的特性使得 Xposed 更加适合持久化应用的一些场景，比如自动抢红包、摇骰子指定点数等。相较而言，Frida 则需要在每次目标程序启动前或者启动时将脚本注入进程中才能生效。

当然，Xposed 和 Frida 还有一些其他的差别，比如实现 Hook 的原理不同等，这些都留待读者自行研究，在本书中就不再介绍了。

第 7 章 抓包详解

在前面的章节中,主要介绍了 Android 开发和逆向开发及分析的一些基础知识,这些基础知识在安卓逆向开发和分析的过程中是非常必要的。从本章开始,将介绍另一个在 App 的安全分析、协议接口分析以及 App 渗透测试等工作中很重要的环节——抓包。

7.1 抓包介绍

在安卓 App 的逆向分析中,抓包通常是指通过一些手段获取 App 与服务器之间传输的明文网络数据信息,这些网络数据信息往往是逆向分析的切入点,通过抓包得到的信息可以快速定位关键接口函数的位置,为从浩如烟海的代码中找到关键的算法逻辑提供了便利。可以说,如果连"包"都抓不到,那么后续的逆向分析就无法开始了。

抓包是每一位安全工程师必须掌握的技能,一般分为以下两种情形:

1. Hook抓包

Hook 抓包实际上是指通过对发包函数的 Hook 来达到抓包的作用。

2. 中间人抓包

所谓中间人抓包方式,是指将原来一段完整的客户端-服务器的通信方式割裂成两段客户端-服务器的通信。中间人的抓包在 OSI 七层网络模型的结构中通常又会被分成以下两种情形:

- 应用层:Http(s)协议抓包。
- 会话层:Socket通信抓包。

中间人抓包方式通常会通过抓包工具完成数据的截取，常用的工具有 Wireshark、BurpSuite、Charles、Fiddler 等。通常如果是抓应用层的 Http(s)协议数据，推荐的专业工具是 BurpSuite；如果只是想简单地抓包，用得舒服轻松，也可以选择 Charles。不建议使用 Fiddler（一个可以将网络传输发送与接受的数据包进截获、重发、编辑、转存等操作的抓包工具，该工具也可以用来检测网络安全），因为 Fiddler 无法导入客户端证书（p12、Client SSL Certificates），在服务器校验客户端证书时无法通过。如果是会话层抓包，可选择 Charles 或者 tcpdump 和 WireShark 组合的方式。

接下来，将使用 Charles 和 BurpSuite 分别搭建 App 的抓包环境并介绍其对应的原理。

7.2 HTTP(S)协议抓包配置

本节将使用 Charles 和 BurpSuite 作为抓包工具对 App 进行抓包环境的配置，并通过浏览器访问 HTTP 网站来进行验证。

7.2.1 HTTP 抓包配置

为了达到抓包的目的，首先要将计算机和测试手机连接在同一个局域网中并且要确保手机和计算机能够互相访问。

由于测试主机是虚拟机设备，因此首先要将虚拟机关掉，然后选中对应虚拟机后右击，并选择"设置"命令，在出现的设置页面中把网络适配器的网络连接方式设置为桥接模式，如图 7-1 所示。需要注意的是，桥接模式选择的网卡设备必须是主机正在连接的网卡，如果主机同时连接了两个网络，分别为局域网 A 和局域网 B，而手机连接的是局域网 A，那么桥接模式选择的网卡必须是连接局域网 A 的网卡而不能选择局域网 B 的网卡，只有这样才能做到主机和测试手机在同一个局域网内。

图 7-1 桥接模式

在更改完桥接模式后，重新打开虚拟机并确认虚拟机被分配了对应局域网内的 IP 地址，比如笔者路由器的网络处于 192.168.50.x 网段，对应虚拟机的 IP 地址为 192.168.50.48，如图 7-2 所示。

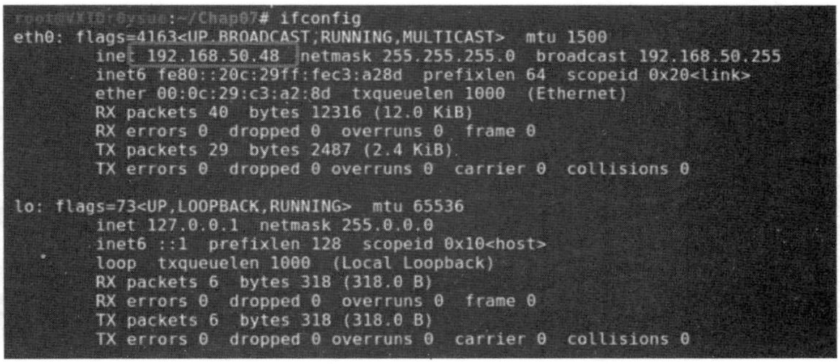

图 7-2 主机 IP 地址

在测试手机中连接上同一个局域网后，同样要确认一下 IP 地址。这里可以先将手机刷上 Kali NetHunter，并通过 NetHunter 终端 App 运行 Kali 的 shell，使用 ifconfig 命令确认 IP 地址。第 1 章介绍过如何刷入 Kali NetHunter，如果读者测试机未刷入 Kali NetHunter，可以使用其他方式查看手机 IP 地址或者返回第 1 章重新刷入 Kali NetHunter，这里不再赘述。最终结果如图 7-3 所示，测试手机的 IP 为 192.168.50.130。

图 7-3 手机 IP 地址

在确认测试手机和主机处于同一网络环境后，就可以分别在主机和手机上运行 ping 命令并通过结果确认双方是否成功连通，这里虚拟机和测试手机的 ping 结果分别如图 7-4 和图 7-5 所示。

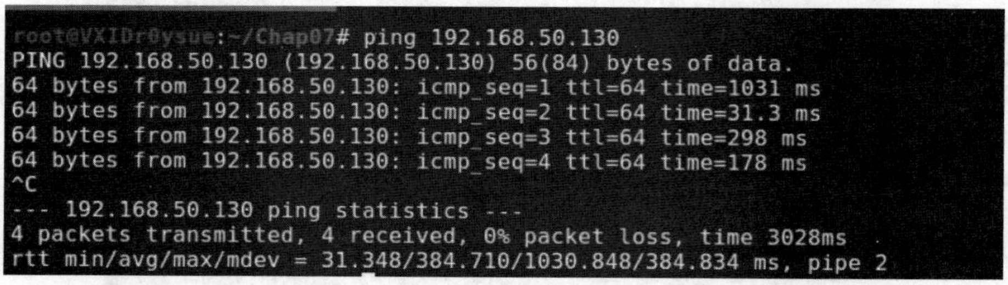

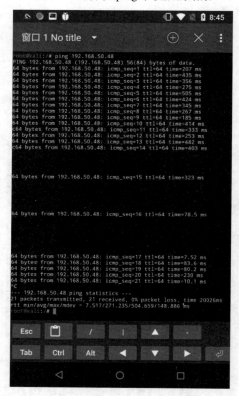

图 7-4　计算机 ping 手机后的结果

图 7-5　手机 ping 计算机后的结果

 注意　如果主机和手机无法互相 ping 通并且设备重启之后仍旧无法 ping 通，那么大概率是路由器的问题，这里建议直接换一个路由器。

确保手机和计算机能够 ping 通后，便可以正式开始配置抓包环境了。

在手机设置代理时，可以选择"设置"应用中的 WLAN 设置，长按选择"修改网络"选项，并在弹出的对话框中选择手动代理，设置代理服务器地址为主机的地址以及端口，这里端口为 8080，如图 7-6 所示。

第 7 章 抓包详解 | 147

图 7-6　手机 ping 计算机的结果

不过图 7-6 这种配置代理的方式经常性地被 App 代码检测或绕过，比如代码清单 7-1 中这样的 API 会直接检测代理设置而导致最终抓不到数据包，因此推荐使用 VPN 代理方式。

相对于直接从应用层设置 WLAN 代理的方式，VPN 代理则是通过虚拟出一个新的网卡，从网络层加上该层代理，不仅可以绕过代码清单 7-1 这种方式的检测，而且检测 VPN 代理的 API 相对较少，也比较容易绕过。这也是推荐使用 VPN 代理方式进行手机端代理配置的原因。

代码清单 7-1　对抗抓包

```
System.getProperty("http.proxyHost");
System.getProperty("http.proxyPort");
```

为了配置 VPN 代理，首先需要下载一个 VPN 软件，这里推荐 Postern 这个 App。在通过 adb 安装 App 后，打开 Postern，首先在弹出的"网络连接请求"选择框中单击"确定"按钮后进入 App 主页面，然后单击 App 左上方将菜单调出，再单击"配置代理"选项，如图 7-7 所示。

在进入"配置代理"页面后单击"代理 1:proxy"，配置服务器 IP 地址为主机 IP、端口为 8080。再选择代理类型为 HTTPS/HTTP CONNECT，在配置完毕后单击"保存"按钮并退出页面，如图 7-8 所示。

配置完代理后，重新单击 App 左上角，待弹出菜单后选择"配置规则"，清空原来的所有规则并创建一个新的规则，分别设置"动作"选项为"通过代理连接"、"代理/代理组"为刚才设置的代理（这里为 192.168.50.48:8080），并设置"目标地址"为"*"或者直接清空以指定手机所有流量从代理经过，如图 7-9 所示。注意，"开启抓包"选项要关闭。

图 7-7　配置代理

图 7-8　代理配置

在主机上，使用 BurpSuite 进行测试。

在代理和规则都设置完毕后，重新打开菜单项单击"关闭 VPN"并开启 VPN。这样测试机的配置就完成了。

首先打开 Kali 自带的 Burp 并进入主页面后，然后单击 Proxy→Intercept，再单击 Intercept is On 按钮关闭拦截模式，如图 7-10 所示。

图 7-9　规则配置

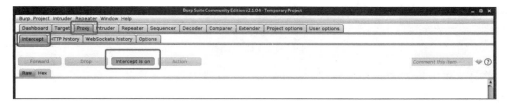

图 7-10　关闭拦截模式

在关闭拦截模式后，单击 Options 按钮并把代理地址修改为此时的 IP 地址和端口 8080。在设置好代理地址后，单击 OK 按钮完成抓包的全部配置，如图 7-11 所示。

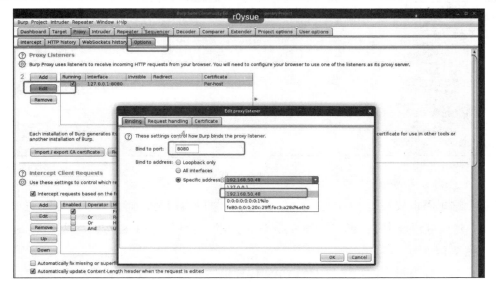

图 7-11　设置代理地址

手机和计算机端抓包设置完毕后,在手机浏览器上测试访问任意 HTTP 网址,就可以在"HTTP history"页面中看到抓到的 HTTP 明文数据了,如图 7-12 所示。

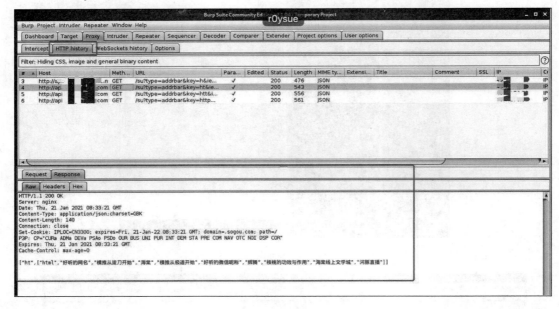

图 7-12 抓包结果

在逆向工作中,笔者还经常使用 Charles(一款收费工具),这里也演示一下 Charles 抓包的相关配置。

在打开 Charles 软件并注册完毕后,依次单击 Proxy→Proxy Settings,在弹出的窗口中对端口进行配置,如图 7-13 所示。

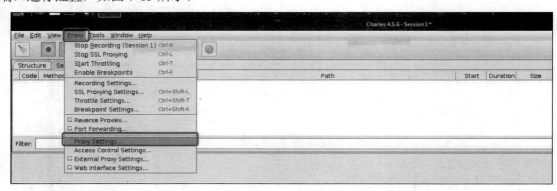

图 7-13 Charles 代理配置

注意,这里不但要设置 Port 为刚才在手机中设置的端口号,而且为了只抓取 HTTP 类型的数据包,建议取消选中 Enable SOCKS proxy 复选框,然后单击 OK 按钮完成 Charles 的抓包配置,如图 7-14 所示。

在确认抓包配置后,如果手机上的 VPN 代理仍旧开启着,就会弹出一个对话框向用户确认是否允许来自手机 IP 的连接,如图 7-15 所示。

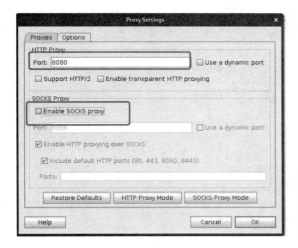

图 7-14　Charles 代理配置

图 7-15　Charles 代理允许

单击 Allow 按钮，再次使用手机的浏览器访问 HTTP 网站时，观察任意 HTTP 数据包信息，都会在 OverView 界面中报 "SSL: Unsupported or unrecognized SSL message" 错误，并且明明是 HTTP 的协议却被识别为 HTTPS 协议，如图 7-16 所示。出现这种情况的原因是 Charles 默认开启了 SSL Proxying 模式（在图 7-16 中，有一个锁一样的图标是被锁上的，这就是 SSL 代理模式开启的标志）。此时可以通过快捷键 Ctrl+L 取消 SSL Proxying，或者如图 7-17 所示依次单击 Proxy→Stop SSL Proxying 关闭 SSL Proxying。在完成这一步配置后，重新去抓 HTTP 流量就可以正常抓取了。

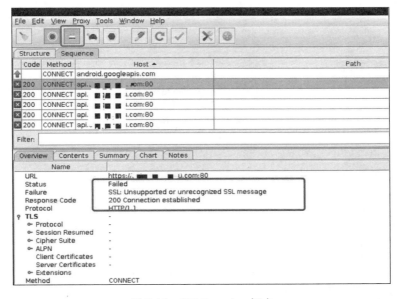

图 7-16　SSL Proxying 标志

至此，我们的 HTTP 抓包配置就完成了。当然，此时抓的 HTTPS 数据依旧是乱码，具体原因将在下一小节进行讲解。

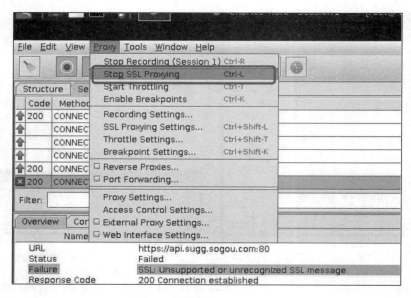

图 7-17　关闭 SSL Proxying

7.2.2　HTTPS/Socket 协议抓包配置

在这一节中，仍然以 Charles 抓包工具为例。为了能够成功抓取 HTTPS 的数据，首先需要通过 Ctrl+L 快捷键开启 Charles 的 SSL Proxying 模式，否则 Charles 会提示"SSL Proxying not enabled for this host: enable in Proxy Settings, SSL locations"错误，如图 7-18 所示。

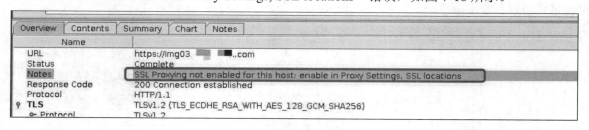

图 7-18　SSL Proxying 错误

在开启 SSL Proxying 模式后，按照 7.2 节中所配置的 VPN 代理模式使用手机浏览器访问任意 HTTPS 站点时，浏览器中会显示提示信息"您的连接不是私密连接"，如图 7-19 所示。

图 7-19 中的错误代码为"NET::ERR_CERT_AUTHORITY_INVALID"，说明 HTTPS 传输过程中发出的证书不受信任。查看证书的情况，会发现服务器使用的是 Charles 证书（见图 7-20），而 Charles 证书不受 Android 系统信任，这就是浏览器会提示"您的连接不是私密连接"的原因。

为了解决这个问题，我们需要将 Charles 证书加入 Android 系统信任的证书列表中，具体步骤如下：

步骤 01　将 VPN 代理关闭，并将代理切换为 7.2.1 小节中的 HTTP 代理模式。使用手机浏览器访问网址 chls.pro/ssl，最终会出现证书下载提示，如图 7-21 所示。

图 7-19　不是私密连接　　　图 7-20　服务器证书　　　图 7-21　下载证书

步骤 02　在证书下载完毕后，打开 Google 浏览器的"下载内容"界面并点击刚下载的文件对证书进行安装，在为证书进行命名后点击"确定"按钮完成证书的安装（会提示"要先设置锁屏 PIN 码或密码，才能进行凭据存储"，点击"确定"按钮进行设置即可），如图 7-22 所示。

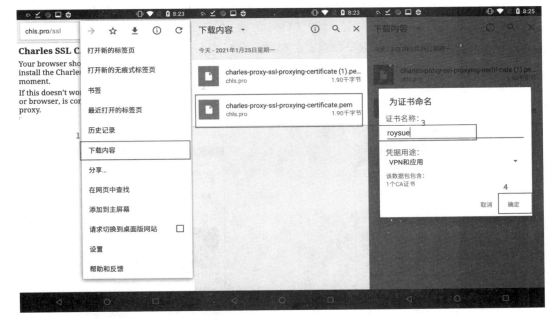

图 7-22　为证书命名

步骤 03　进入"设置"应用，依次单击"安全性和位置信息"→"加密与凭据"→"信任的凭据"→"用户"，即可在用户凭据中查看到刚才安装的证书文件，如图 7-23 所示。

步骤 04　仅仅是将证书安装为用户信任的证书还不够，还需要通过 shell 将 Charles 的证书变成系统自带的证书以适用于更加通用的抓包，具体命令与过程如下：

图 7-23　查看证书

```
root@VXIDr0ysue:~/Chap07# adb shell
bullhead:/ $ su
bullhead:/ # cd /data/misc/user/0/cacerts-added/
bullhead:/data/misc/user/0/cacerts-added # mount -o remount,rw /system
bullhead:/data/misc/user/0/cacerts-added # cp * /etc/security/cacerts/
bullhead:/data/misc/user/0/cacerts-added # chmod 777 /etc/security/cacerts/*
bullhead:/data/misc/user/0/cacerts-added # mount -o remount,ro /system
bullhead:/data/misc/user/0/cacerts-added # reboot
```

完成上述命令后，手机会开始重启。在重启完成后，重新进入"设置"应用的"信任的凭据"页面，如图 7-24 所示。翻查系统信任的凭据，如果发现 Charles 证书就表明 Charles 证书已成功放置于系统证书中被系统信任。

步骤 05　重新使用手机浏览器访问任意 HTTPS 站点，浏览器访问正常且 Charles 能够正常抓到数据，如图 7-25 和图 7-26 所示。

图 7-24　查看系统证书

图 7-25　访问 HTTPS 站点

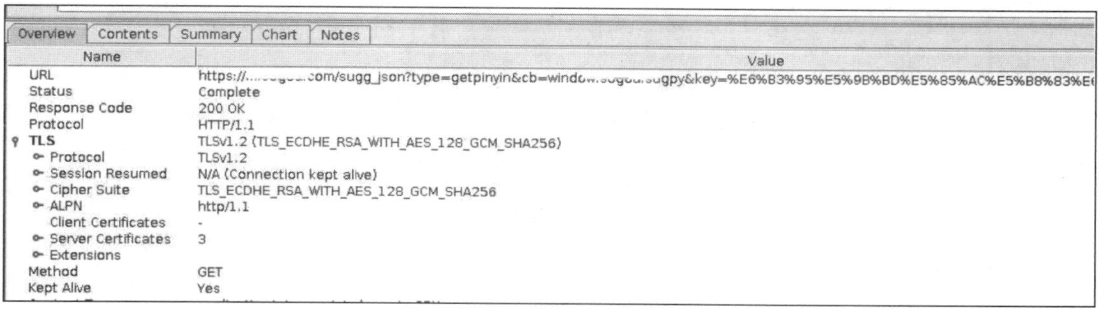

图 7-26　Charles 抓 HTTPS 数据包

在 VPN 代理方式中，此前在配置代理的设置中选择的"代理类型"为 HTTPS/HTTP CONNECT，这种代理类型虽然可以对所有使用标准端口的 HTTP/HTTPS 连接进行代理转发，但是如果 App 不使用 HTTP/HTTPS 连接方式，那么主机的抓包软件就无法正常抓到数据包。为了绕过对协议的限制，我们选择将 VPN 代理中的"代理类型"设置为 SOCKS5 模式，为了区分于 HTTPS/HTTP CONNECT 代理类型要将服务器端口修改为 8888，从而从应用层的下层对所有的网络连接进行抓取，完成降维打击的目标，如图 7-27 所示。

图 7-27　把"代理类型"修改为 SOCKS5 模式

为了配合手机上的代理设置，我们还需要在 Charles 上进行代理设置。在依次单击 Proxy→Proxy Settings→Enable SOCKS proxy 后单击 OK 按钮，就完成了 SOCKS5 模式的代理配置。此时重新启动 Charles 的抓包，会发现比原先 HTTP 模式抓的包更多了，如图 7-28 所示。

由于是使用的 SOCKS 代理模式，因此哪怕 App 使用 Socket 进行网络连接 Charles 也可以正常抓取。至此，对 HTTP/HTTPS 以及 Socket 的抓包配置已经讲解完毕。如果使用 BurpSuite 作为抓包软件，其配置过程也类似，留待读者自行研究，此处不再赘述。

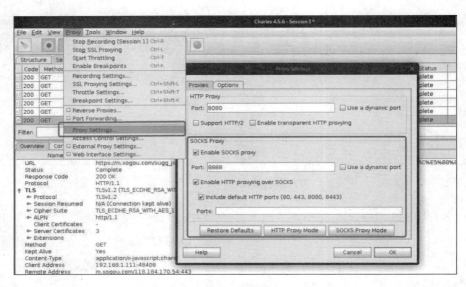

图 7-28 把"代理类型"修改为 SOCKS5 模式

7.3 应用层抓包核心原理

在 HTTP 时代,整个应用层通信过程都处于明文状态并且通信的双方也不对传输过程加以验证,在安全上十分不可靠,中间人攻击(Man-in-the-Middle Attack,MITM 攻击)正是基于此发展而来的。中间人攻击(见图 7-29 摘自《图解 HTTP》),实际上是指客户端在传输数据到服务器的中间过程中,被在链路上的一个设备进行抓取过滤甚至篡改,将完整的客户端-服务器通信在客户端和服务器无感知的状态下分割成客户端-攻击者和攻击者-服务器两个通信阶段。逆向开发和分析人员在对 App 进行应用层抓包时,也是基于 MITM 攻击的原理进行的。

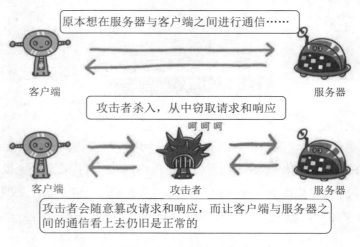

图 7-29 中间人攻击(摘自《图解 HTTP》)

为了解决 HTTP 对通信双方不加以验证以及无法验证传输的报文等缺点，研究者在 HTTP 上加入了加密处理和认证等机制。我们把添加了加密及认证机制的 HTTP 称为 HTTPS（HTTP Secure）。HTTPS 协议的整个通信过程主要分成发起请求、验证身份、协商密钥、加密通信阶段，如图 7-30 所示。

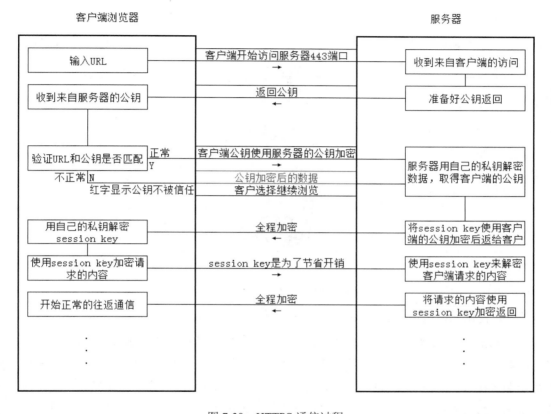

图 7-30　HTTPS 通信过程

具体来说，在 HTTPS 通信的过程中，首先由客户端向服务器发起访问请求以便后续的通信，这就是发起请求的阶段。之后便是验证身份阶段：服务器接收到客户端的请求后，便将服务器使用的证书公钥发送给客户端以便客户端验证，客户端通过本地预置的一些信任证书文件与服务器端传输的公钥进行对比，其中证书文件由第三方可信任机构颁发，此时如果客户端校验失败则会提示公钥不被信任，也就是会出现图 7-19 中"您的连接不是私密连接"的提示；如果客户端校验成功则会将客户端使用的证书公钥使用服务器传输的公钥进行加密后传输给服务器。服务器在接收到加密的客户端公钥后，会使用自己的私钥解密数据获取到客户端的公钥，并生成一个确定不会被第三方窃听到的 session key 并使用客户端的公钥进行加密后传输给客户端作为一段会话的标志，这就是 HTTPS 通信中协商密钥的过程。在完成以上步骤后，通信过程中客户端与服务器之间的通信将全程使用协商的 session key 对通信的数据进行加密。

HTTPS 的出现完美地解决了 HTTP 在传输过程中存在的安全性问题。读者可以简单地认为"HTTP + 加密 + 认证 + 完整性保护"就是 HTTPS。

我们在 HTTPS 上的应用层抓包原理也是基于中间人攻击的方式。HTTPS 上的应用层抓包原理主要"攻破"的是 HTTPS 传输过程中验证身份的步骤，我们在配置抓包环境时是将 Charles 证书加入到系统本身信任的证书中，当应用进行通信时，如果没有进一步的安全保护措施，那么客户端接收到的服务器证书即使是 Charles 证书也会继续通信，整个过程可以简单地理解为如图 7-31 所示。

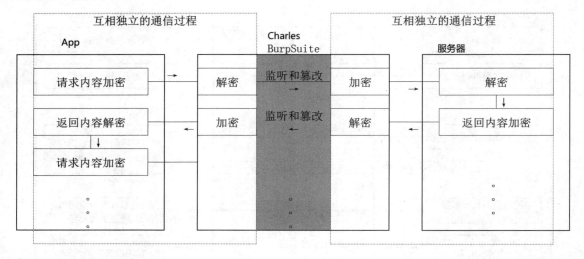

图 7-31　HTTPS 中间人抓包

当今，收包和发包可以说是 App 的一个命门，企业为用户服务过程中最为关键的步骤（注册、流量商品、游戏数据、点赞评论、下单抢票等）均通过收包和发包来完成。如果对收包、发包的数据没有校验，黑灰产业可以直接制作相应的协议刷工具，从而脱离 App 本身进行实质性的业务操作，给企业和用户带来巨大的损失。为了应对这一通过手动给系统安装证书从而导致中间人攻击继续生效的风险，App 也对这类攻击推出了对抗手段，主要有以下两种方式：

- SSL Pinning，又称证书绑定，可以说是客户端校验服务器的进阶版：该种方式不仅校验服务器证书是否是系统中的可信凭证，在通信过程中甚至连系统内置的证书都不信任而只信任App指定的证书。一旦发现服务器证书为非指定证书即停止通信，最终导致即使将Charles证书安装到系统信任凭据中也无法生效。
- 服务器校验客户端。这种方式发生在HTTPS验证身份阶段，服务器在接收到客户端的公钥后，在发送session key之前先对客户端的公钥进行验证，如果不是信任的证书公钥，服务器就中止和客户端的通信。

随着 App 安全的发展，逆向开发和分析人员对这些 App 对抗抓包的手段也有了一些绕过的方式，比如在应对客户端校验服务器的情况时，考虑到对证书校验的代码是写于 App 内部的，自然而然地就可以通过 Hook 修改校验服务器的代码，从而使得判断的机制失效。在这方面 Objection 本身可以通过以下命令完成 SSL Pinning Bypass 的功能：

```
# android sslpinning disable
```

另外，在前人开源的项目 DroidSSLUnpinning（项目地址：https://github.com/WooyunDota/DroidSSLUnpinning/blob/master/ObjectionUnpinningPlus/hooks.js）中，更是添加了一部分 Objection 框架中所没有的 Bypass 证书校验的方式。

由于 SSL Pinning 的功能是由开发者自定义的，因此并不存在一个通用的解决方案，Objection 和 DroidSSLUnpinning 也只是对常见的 App 所使用的网络框架中对证书进行校验的代码逻辑进行了 Hook 修改。一旦 App 中的代码被混淆或者使用了未知的框架，这些 App 的客户端校验服务器的逻辑就需要安全人员自行分析，不过上述两种方案已几乎可以覆盖目前已知的所有种类的证书绑定。

在应对服务器校验客户端的对抗手段中，服务器并不掌握在分析人员手中，因此在中间人的状态下与服务器进行通信的实际上已经变成抓包软件，比如 Charles。通常来说，我们所能做的对抗手段就是将 App 中内置的证书导入 Charles 中，使得服务端认为自己仍旧是在与其信任的客户端进行通信，最终达到欺骗服务器的作用。

具体在操作过程中需要完成两项工作：第一，找到证书文件和相应的证书密码（这个过程是需要逆向分析的，后续会以案例进行详细的介绍）；第二，在找到证书和密码后将其导入抓包软件中，比如导入 Charles。打开 Charles，依次单击 Proxy→SSL Proxy Settings→Client Certificates→Add（见图 7-32）添加新的证书，然后按照图 7-33 所示输入指定的域名 IP 以及端口并导入 p12 格式或者 pem 格式的证书，之后即可将 Charles 伪装成使用特定证书的客户端，最终达到正常抓包的目的。

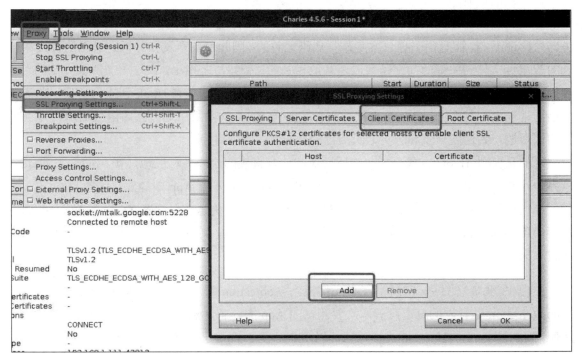

图 7-32　Charles 导入客户端证书

图 7-33　Charles 导入客户端证书

7.4　Hook 模拟抓包

在本章的前几节中重点介绍了基于中间人原理的抓包方式，这种使用抓包软件抓取数据包的方式虽然能够得到全面且可视化程度高的结果，但是会面临各种各样的对抗手段，比如服务器校验证书等，而且由于抓包本身是与代码无关的，因此逆向开发和分析人员无法直接从抓到的数据包定位到关键的加密函数以及其他相关的信息。与之相比，在这一节所要介绍的"抓包"方法虽然不如抓包软件抓到的数据包全面，但是如果能够顺利 Hook 到抓包函数，它就能直接无视证书，甚至通过 Hook 直接得到参数并在 Hook 的函数中通过打印函数调用栈得到函数的调用链，为逆向开发和分析人员后续的分析工作带来便利。

既然是使用 Hook 方式来抓包，所面对的就是直接的代码。相应地，在 Android 的 Java 世界中，其实就是面对类及其函数。那么如何快速定位到一个 App 中的发包函数呢？

经过前面几章的学习，第一时间能够想到的应该就是快速逆向神器 Objection。本小节将介绍使用 Objection 对一个发生网络通信的 App 进行 Hook 抓包分析的流程，这里以移动 TV（版本为 12.2）这个 App 为例。

（1）在准备好 Hook 环境后，首先切换到~/.objection 目录下，删除旧的 objection.log 以保证 Objection 运行时的日志只有本次要测试的 App 的内容，然后按照图 7-34 所示启动 App，并使用 Objection 附加到 App 进程，运行以下命令获取 App 已经加载的所有类。

```
# android hooking list classes
```

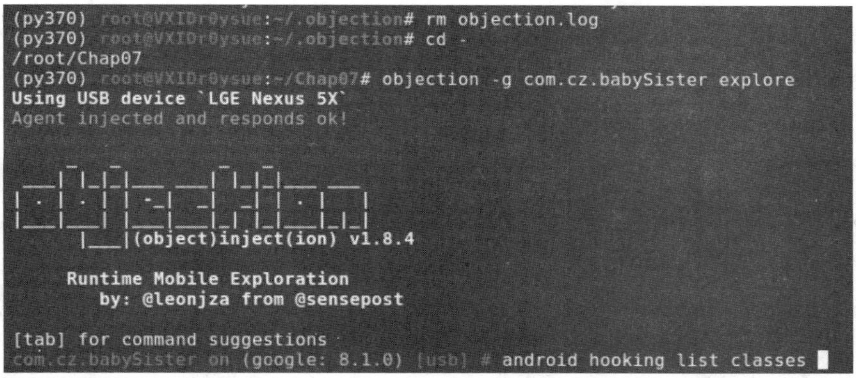

图 7-34　Objection 附加到 App

（2）在遍历完加载的所有类后，通过 Ctrl+C 组合键或者输入 exit 命令退出 Objection，以保证本次 Objection 运行的日志刷新并保存到了~/.objection/objection.log 文件中，如图 7-35 所示。为了之后运行所产生的日志不再继续影响本次生成的日志文件，这里将 objection.log 重命名为 objectionChap07-1.log 并保存到其他目录。

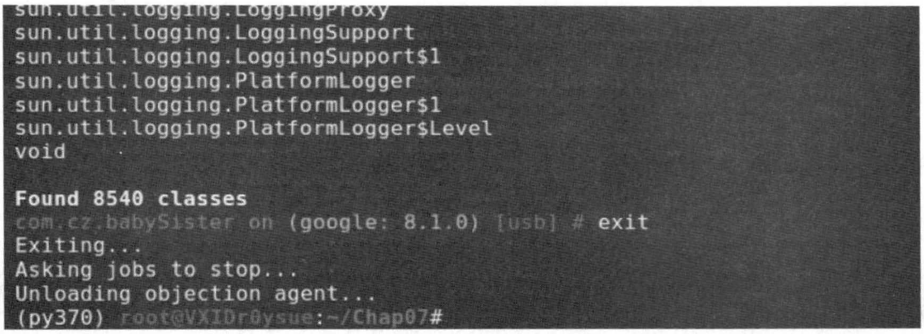

图 7-35　退出 Objection

（3）日志刷新后，使用笔者之前调研的所有网络通信框架相关的关键词来过滤相关类。这里结合 cat 命令和 grep 管道命令来过滤 HTTPURLConnection 和 okhttp(3)相关类，如图 7-36 所示。

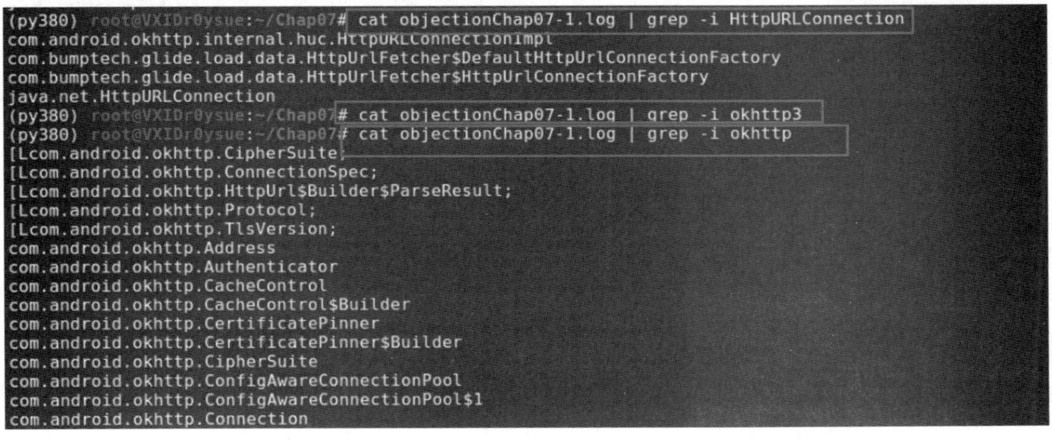

图 7-36　过滤关键类

（4）最后一步，也是最关键的一步。利用 Objection 中的 -c 参数执行指定文件中所有的 Objection 命令，通过这种近乎是 trace 的功能对第三步过滤的所有关键类进行 Hook，进而顺利定位关键通信函数，如图 7-37 所示。

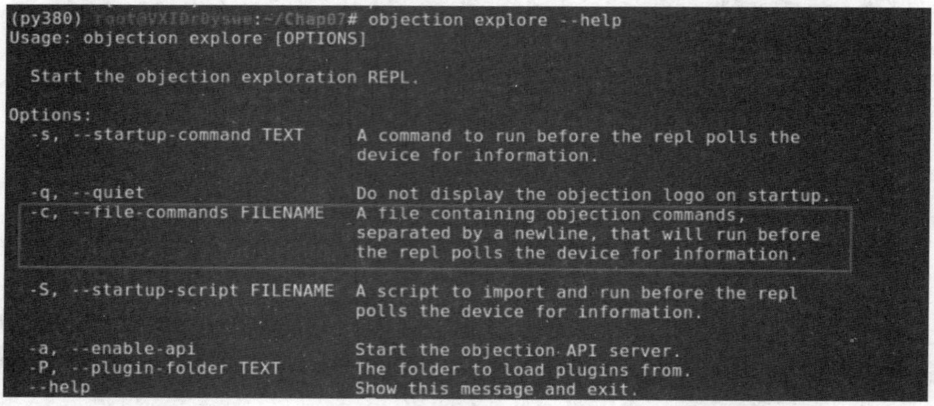

图 7-37　Objection -c 参数

具体来说就是先将第三步每次过滤出的关键类保存到文件中（见图 7-38，将 okhttp 相关的类使用 ">" 符号重定向到 2.txt 中），然后通过一些文本编辑器快速输入多行相同的数据来补全每一行中类的 Objection 命令。这里在 VSCode 中通过 Alt + Shift + 鼠标的方式对每一行行首进行全选并输入以下命令：

```
android hooking list watch class
```

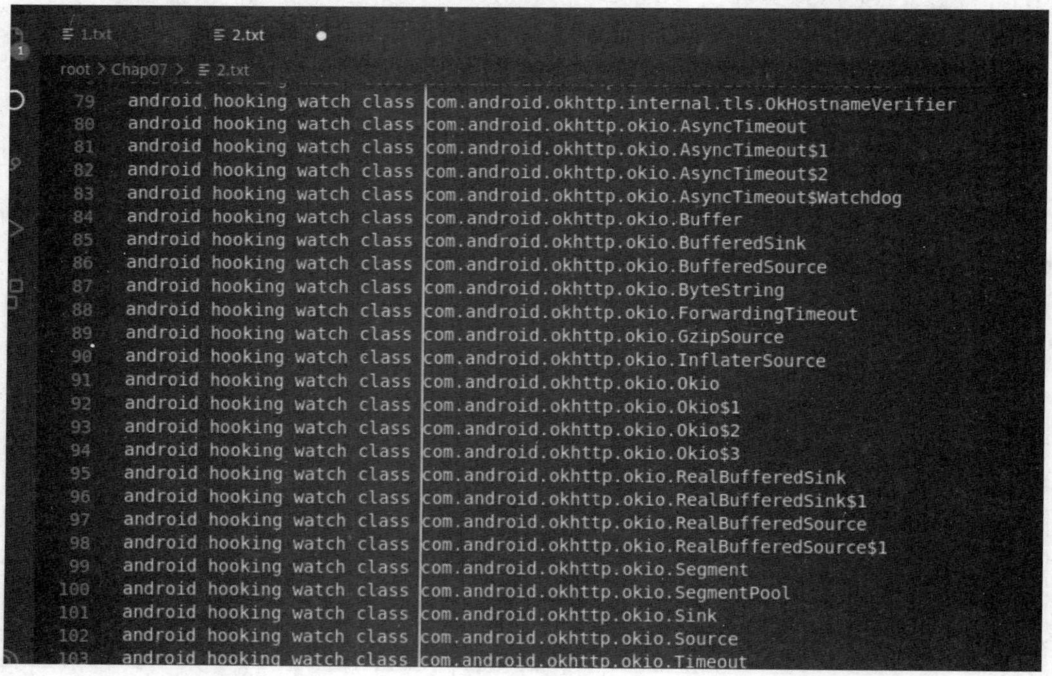

图 7-38　将关键类保存到文件 2.txt 中

在文件中输入的命令完成后，输入以下 Objection 命令重新将 Objection 附加到 App 上，在附加成功后会自动执行文件中的所有命令。

```
# objection -g com.cz.babySister explore -c "/root/Chap07/2.txt"
```

此时可能会由于同时 Hook 过多的类而导致整个 App 崩溃，这时可以将文本中 Hook 的类分成两个文件或者更多，然后在测试完一个文件后再测试其他文件，最终的结果如图 7-39 所示。

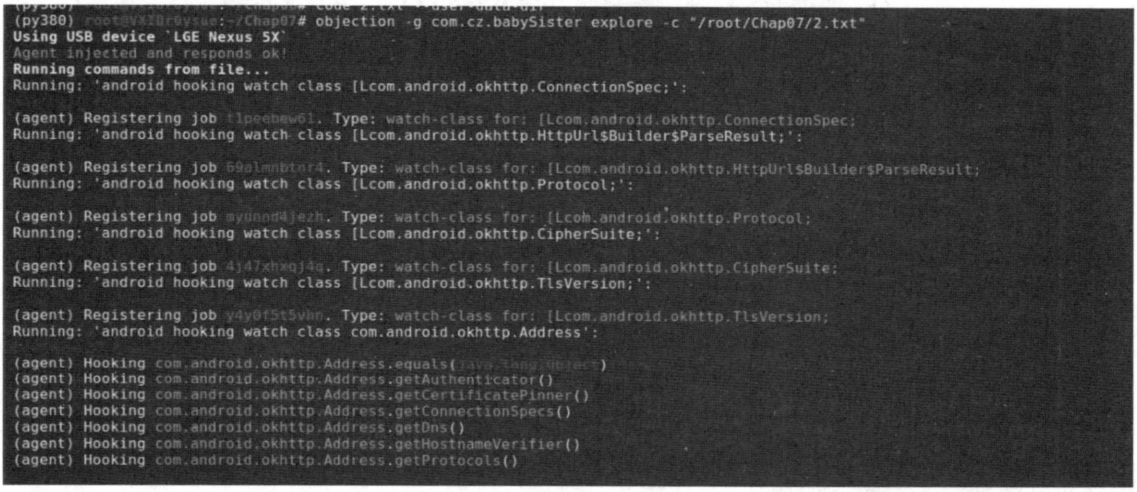

图 7-39　使用 Objection 执行文件中的所有命令

在将所有类都 Hook 上后，便可以在手机上对 App 进行操作，如图 7-40 所示，这里主要想抓到登录时的网络通信数据，所以在登录框中输入用户名和密码后单击"确定"按钮。如果 Objection 的界面中没有任何函数被调用到，就说明实际发包函数并没有使用对应的框架，这时应当更换包含 Hook 命令的文本文件重新回到第三步继续通过-c 参数执行文件中所有 Hook 命令进行 trace；如果在 Objection 的界面上看到一堆函数被调用，则说明框架类型确认成功。注意，这里虽有一堆 okhttp 相关字眼，但并不是使用 okhttp3 网络框架完成的，而是因为 HttpURLConnection 这个原生库底层使用的是 okhttp（与 okhttp3 第三方网络框架并不是一个概念）。在确定了收发包框架的同时，可以确定的是 Objection 中这些被调用的函数在 App 进行登录的过程中一定是会被调用的。

任意选择图 7-40 中被调用的函数，比如选择 com.android.okhttp.internal.http.RealResponseBody.source()函数。此时再次退出 Objection，在重新附加上 App 后使用以下命令对这个函数进行单一的 Hook 工作。

```
# android hooking watch class_method com.android.okhttp.internal.http.RealResponseBody.source --dump-args --dump-backtrace --dump-return
```

在 Hook 命令执行完成后，重新对 App 执行登录操作。最终定位到 App 中关键的网络数据包发送的函数为 com.cz.babySister.c.a.a 函数，如图 7-41 所示。

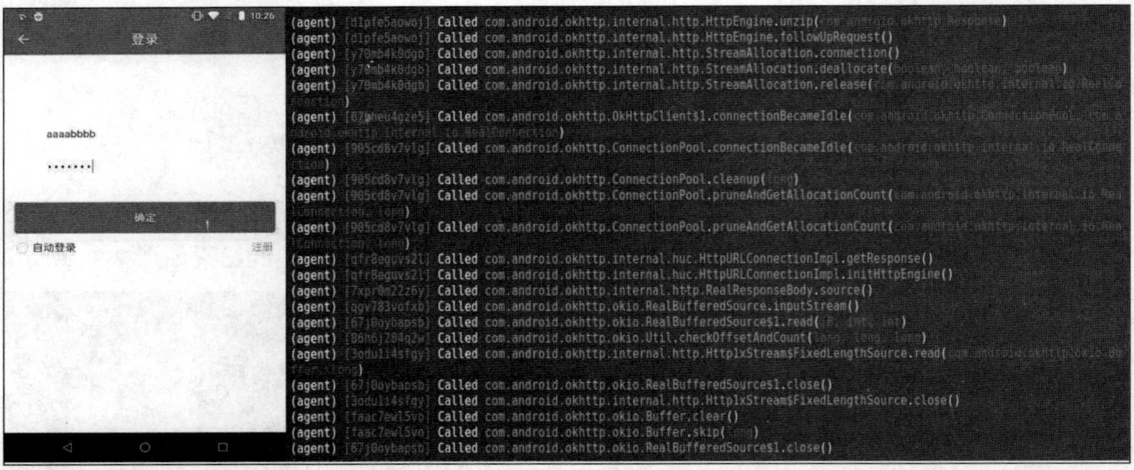

图 7-40　Hook 的结果 1

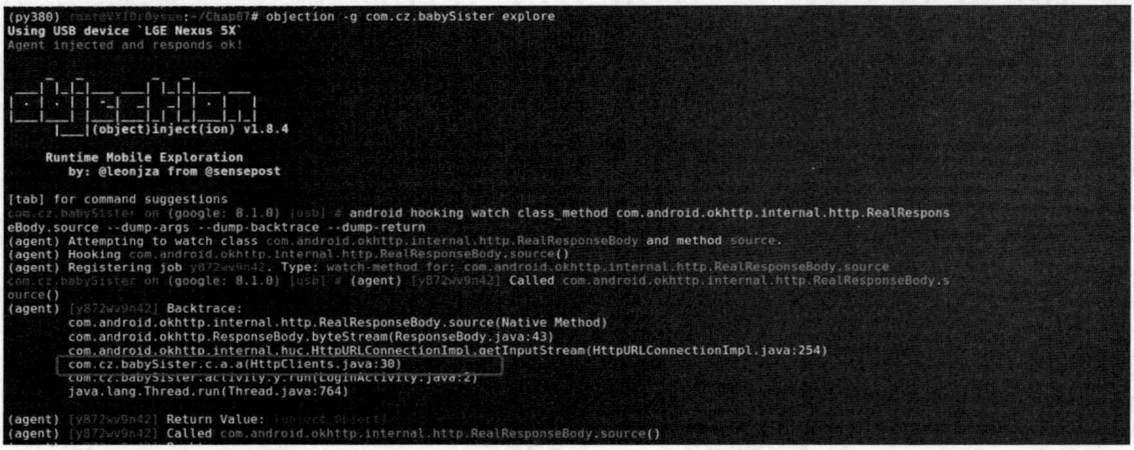

图 7-41　Hook 的结果 2

最后，为了印证 App 数据包发送的接口定位正确与否，再次对定位到的函数进行 Hook。最终在 Hook 得到的结果中不管是网络请求地址还是用户名和密码都清晰可见，如图 7-42 所示。

至此，介绍完了关于使用 Hook 抓包的通用流程。从这个案例的分析中可以发现，通过过滤网络框架的关键字的批量 Hook 对快速定位 App 中收发数据包函数的帮助是非常巨大的，而这也正是不使用抓包工具而使用 Hook 方式的最大原因。

这样的方法同样存在一个非常明显的弊端：如果 App 通信是使用第三方网络框架而 App 本身又存在着强度非常大的混淆，将 App 中一些可以用来快速定位关键网络框架的关键字混淆成了无意义的字符，那么 Hook 抓包定位的方式就失效了。

以 "春水堂"（版本：2.1.0.0）这个实际上使用了 okhttp3 框架的 App 为例，在过滤关键类的步骤中，没有任何 okhttp3 相关的类出现（见图 7-43）。虽然有 okhttp 相关类出现，但是通过批量 Hook 后发现并没有使用这个系统本身的框架去完成视频的播放等相关操作。

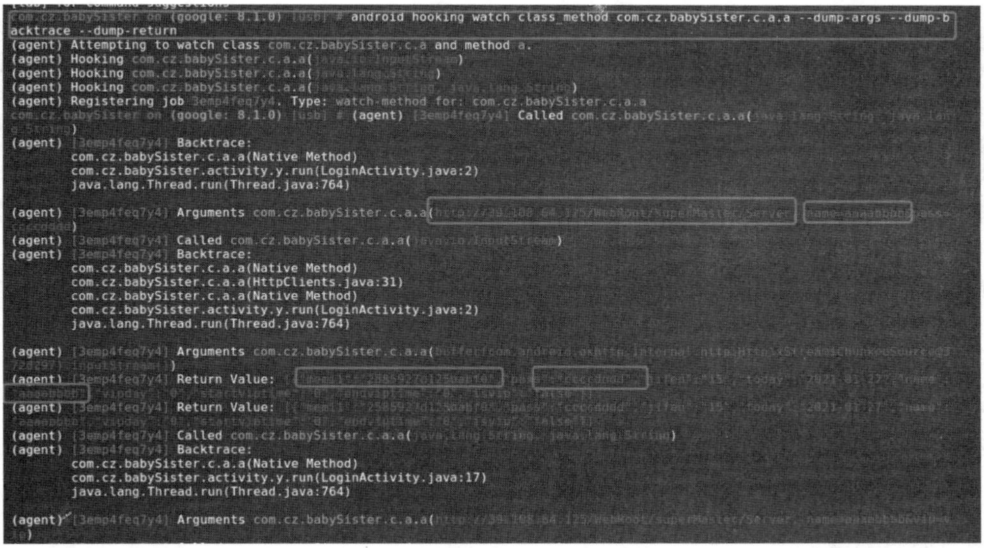

图 7-42　Hook 的结果 3

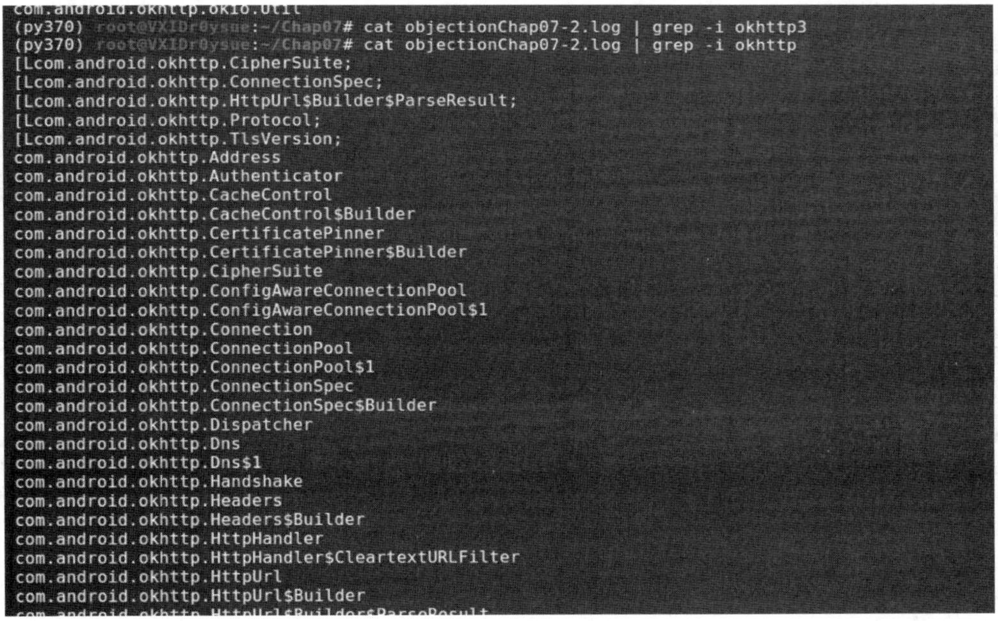

图 7-43　过滤关键类

这里介绍一个能够完成混淆后的 okhttp Hook 的项目：okhttpLogger-Frida（项目地址：https://github.com/siyujie/okhttpLogger-Frida）。在这个项目中，Hook 的方法脱离了直接经过字符串匹配的方式，反而通过反射去获取所有类并利用 okhttp3 框架的一些特征去验证 App 中是否使用了 okhttp3 这个网络通信框架。其具体使用方式主要分成以下几步：

（1）在将项目下载到本地后，首先将项目中的 okhttpfind.dex 文件使用 adb 命令 push 推送到手机的/data/local/tmp 目录下并为之提升权限，如图 7-44 所示。

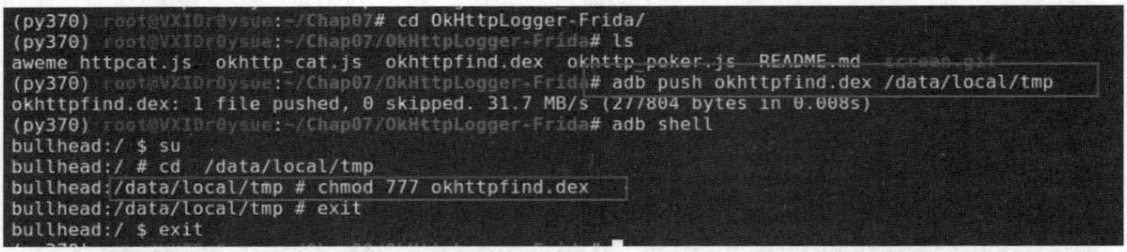

图 7-44 推送 okhttpfind.dex

（2）启动 App 并使用如下命令将 okhttp_poker.js 注入 App 中：

```
# frida -U -l okhttp_poker.js
```

项目的使用说明中是使用-f 参数以 spwan 模式对 App 进行启动和注入的，实际上也可以使用 attach 模式进行注入。相比 spwan 模式，以 attach 模式对网络连接如此频繁的操作进行 Hook 更具有针对性。

（3）在注入后，按照提示输入 find()命令以执行寻找 okhttp 框架的功能，如图 7-45 所示。在执行完 find()函数后，如果寻找到相应的 okhttp 类便会将结果打印出来。

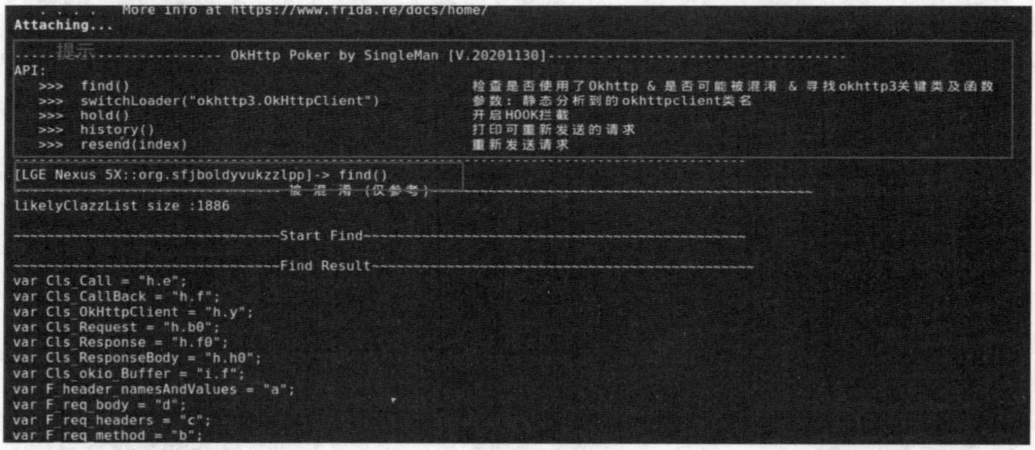

图 7-45 寻找 OKHttp 框架

（4）将找到的结果全部复制并覆盖原本 okhttp_poker.js 脚本中关于 okhttp 类的一些定义，最终修改后的 okhttp_poker.js 内容如代码清单 7-2 所示。

代码清单 7-2 okhttp_poker.js

```
...
//----------------------------
// 修改开始的地方
var Cls_Call = "h.e";
var Cls_CallBack = "h.f";
var Cls_OkHttpClient = "h.y";
var Cls_Request = "h.b0";
```

```javascript
var Cls_Response = "h.f0";
var Cls_ResponseBody = "h.h0";
var Cls_okio_Buffer = "i.f";
var F_header_namesAndValues = "a";
var F_req_body = "d";
var F_req_headers = "c";
var F_req_method = "b";
var F_req_url = "a";
var F_rsp$builder_body = "g";
var F_rsp_body = "g";
var F_rsp_code = "c";
var F_rsp_headers = "f";
var F_rsp_message = "d";
var F_rsp_request = "a";
var M_CallBack_onFailure = "a";
var M_CallBack_onResponse = "a";
var M_Call_enqueue = "a";
var M_Call_execute = "b";
var M_Call_request = "";
var M_Client_newCall = "a";
var M_buffer_readByteArray = "f";
var M_contentType_charset = "a";
var M_reqbody_contentLength = "a";
var M_reqbody_contentType = "b";
var M_reqbody_writeTo = "a";
var M_rsp$builder_build = "a";
var M_rspBody_contentLength = "d";
var M_rspBody_contentType = "n";
var M_rspBody_create = "a";
var M_rspBody_source = "o";
var M_rsp_newBuilder = "n";
// 修改结束的地方
//--------------------------------
var JavaStringWApper = null;
var JavaIntegerWApper = null;
var JavaStringBufferWApper = null;
var GsonWApper = null;
var ListWApper = null;
var ArrayListWApper = null;
var ArraysWApper = null;
var CharsetWApper = null;
var CharacterWApper = null;
...
```

在修改完 okhttp_poker.js 后重新将脚本注入 App 中。在执行 hold()函数后，再次任意单击 App 中的按钮，便会发现一堆网络连接的内容，如图 7-46 所示（由于屏幕限制只有部分网络连接的截图）。另外，如果希望抓到想要的包后能够保存，建议在使用 Frida 执行注入命令时加上-o 参数并指定保存文件的路径，这样可以将 Frida 一次注入后的所有输出保存到文件中，以供后续分析研究。

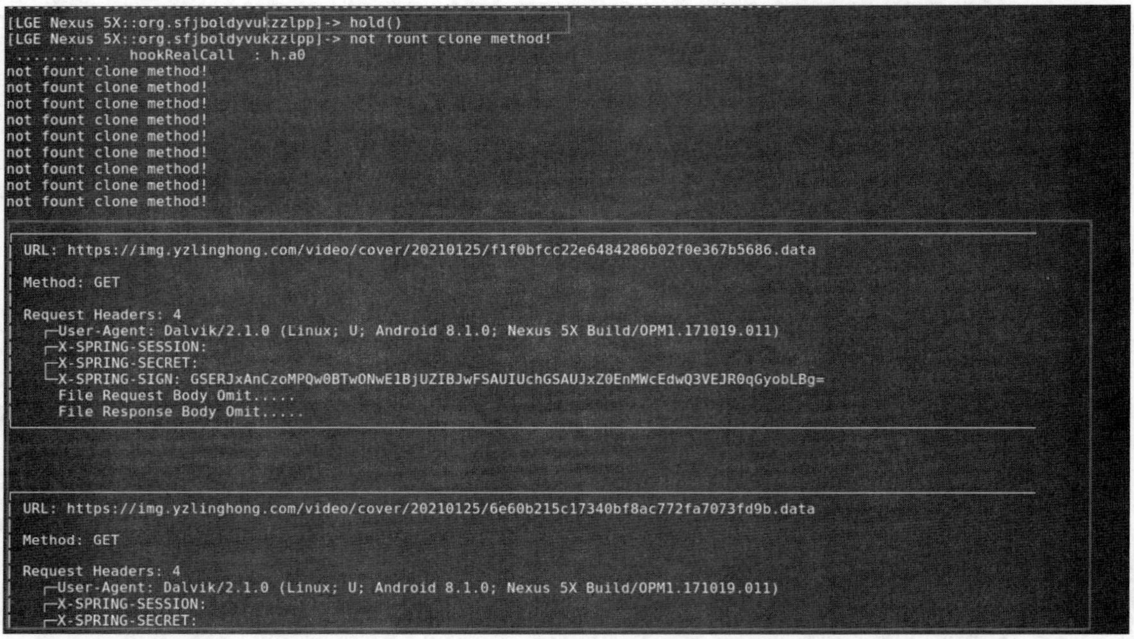

图 7-46　执行 hold()函数后的抓包结果

值得一提的是，这个 App 并没有进行加固，在 App 静态分析的过程中会发现这个 App 原本的类名信息是以调试信息的形式存在于 dex 中的，比如 h.e 类，如图 7-47 所示。当我们使用 Jadx 查看 Smali 代码时会发现这个类实际上是 Call.java，在查阅 okhttp 的 API 文档（地址为 https://square.github.io/okhttp/ 4.x/okhttp/okhttp3/-call/）后发现实际上就是 okhttp3.Call 类。

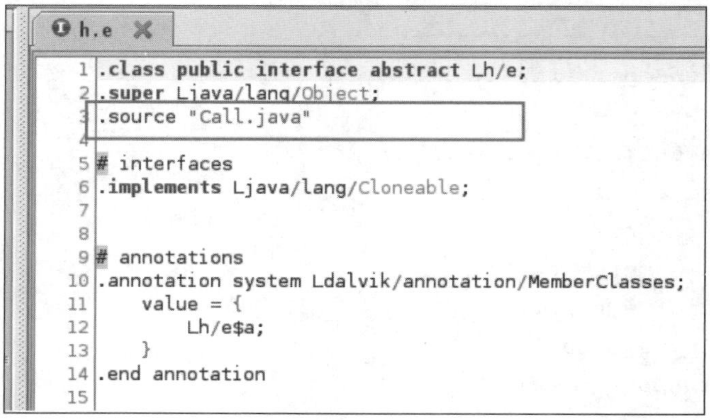

图 7-47　h.e 类的 smali

这个 App 既存在调试信息，又因为有 okhttpLogger-Frida 这样优秀的项目，所以我们能够应对混淆的 okhttp，但是如果 App 安全措施进一步加强，比如在编译时去除所有调试信息或者为了对抗 okhttpLogger-Frida 换用其他第三方网络通信框架，那么应该如何去应对呢？这里留一点悬念，具体将在下一章中进行详细介绍。

7.5 本章小结

在本章中，主要介绍了安卓逆向过程中非常重要的抓包部分，并详细介绍了如何使用 Charles 和 BurpSuite 对 App 进行 HTTP 和 HTTPS 协议的抓包。在 7.3 节中详细介绍了 App 应用层抓包的核心原理，讲解了 HTTPS（相对于 HTTP）在安全机制上的加强点，并粗略介绍了 HTTPS 的通信过程。最后，以服务器校验客户端和 SSL Pinning 等加强 HTTPS 的安全性手段以小见大地介绍了由于 HTTPS 的出现所带来的攻防对抗发展的情况。这里仅仅是简明扼要地介绍了一些绕过手段，在后续的章节中将会以案例更加具体地介绍这些绕过的方法。

除了通用的抓包手段，在 7.4 节中还介绍了 Hook 方式并通过案例详细介绍了使用 Hook 抓包的通用方法。通过这一节的学习，读者更能体会到 Objection 在日常逆向工作中的重要作用。由于 Hook 方式还是应对代码，因此还会面临不同网络框架以及各种对抗手段所带来的挑战，而这正是在接下来的章节中所要重点攻破的难关。

第 8 章

Hook 抓包实战之 HTTP(S)网络框架分析

虽然在上一章中展示了如何使用 Hook 方式进行模拟抓包并且提供了一个通用的 Hook 方法来快速确定收发包函数，但是这个过程还是相对烦琐了。那么有没有一种方案能简化这个步骤呢？答案是肯定的，由于在用 Android 开发 App 时，主要是完成 App 的功能而不是编写一个网络数据收发的框架，因此大都会采取已有的网络通信框架。在本章中，将会介绍一些在 Android 中典型的网络通信框架并对这些通信框架的收发包函数进行整理，最后根据这些整理的函数完成一个相应框架的"自吐"Hook 脚本。

8.1 常见网络通信框架介绍

根据计算机网络中七层网络 OSI 模型和 TCP/IP 四层模型，会发现 Android 应用大部分是工作于应用层，而应用层经常使用的协议主要有 HTTP(S)、WebSocket 和 XMPP 等。

HTTP 协议的网络通信框架主要分成两类。

第一类是原生的 Android 网络 HTTP 通信库。原生的网络通信库主要通过 HttpURLConnection 以及 HttpClient 两个类完成数据包的发送和接收。从 Android 5（2014 年）开始，Android 官方不再推荐使用 HttpClient。Android 6.0 的 SDK 中去掉了 HttpClient 的支持。在 Android 9 之后，Android 更是彻底取消了对 HTTPClient 的支持，因此可以说原生的网络通信库就只剩下了 HttpURLConnection。

因为网络通信的操作涉及异步、多线程和效率等问题，在 HttpURLConnection 中并未对这些操作进行完整的封装，而是交给了开发者去完成，因此就出现了第二类网络通信框架——第三方 HTTP(S)网络请求框架。

第三方的 HTTP(S)网络通信框架比较多：首先是 okhttp，okhttp 是大名鼎鼎的 Square 公司的开源网络请求框架，有 2、3、4 几个大版本，目前主流使用的是 okhttp3。okhttp 本想做面向整个 Java 世界的网络框架，但从 okhttp3 开始专注于 Android 领域，其较新的版本都是用 Kotlin 编写和构建的；相比 HttpUrlConnection，okhttp3 更加优雅和高效，大部分 Android 第三方网络框架（比如 Retrofit2 网络通信框架）也都是基于 okhttp3 的再封装。余下的其他的 HTTP(S)网络框架都是基于原生网络通信框架的封装，比如 Android-Async-Http，它是基于 HttpClient 封装的异步网络请求处理库，现在几乎退出了历史舞台，第一个原因是已经被 Android 弃用，第二个原因是框架作者已停止维护；另外，还有 Volley 网络通信框架，它是在 2013 年的 Google I/O 大会上被推出的基于 HttpUrlConnection 的一款异步网络请求框架和图片加载框架，Volley 特别适合数据量小、通信频繁的网络操作。

WebSocket 是 HTML5 规范中的一部分，与 HTTP 协议只能从客户端访问服务器不同，它借鉴了 Socket 全双工端对端通信的思想，为应用程序客户端和服务端之间（注意是客户端-服务端）提供了一种全双工通信机制。同时，它又是一种新的应用层协议，是为了提供应用程序和服务端全双工通信而专门制定的一种应用层协议，通常表示为 ws://echo.websocket.org/?encoding=text HTTP/1.1。其实除了前面的协议名和 HTTP 不同之外，它就是一个传统的 URL。WebSocket 通常也会使用 okhttp3 这个第三方网络框架来完成。

XMPP（Extensible Messageing and Presence Protocol，可扩展消息与存在协议）是目前主流的四种即时消息协议之一。它的前身是 Jabber，一个开源形式组织产生的网络即时通信协议。XMPP 在 Android 的应用通常会使用 Smack 框架（一个开源的 XMPP 客户端库）。

8.2　系统自带 HTTP 网络通信库 HttpURLConnection

8.2.1　HttpURLConnection 基础开发流程

HttpURLConnection 是系统自带的 HTTP 网络通信库，在正式对 HttpURLConnection 进行逆向分析之前，先介绍一下关于 HttpURLConnection 的开发基础。

HttpURLConnection 的基本使用方法如下：

首先通过传入目标网络地址来新建一个 URL 对象，然后通过 openConnection()函数获取一个 HttpURLConnection 实例。这里以百度为例，具体如代码清单 8-1 所示。

代码清单 8-1　HttpURLConnection 代码片段

```
URL url = new URL("http://www.baidu.com");
HttpURLConnection connection = (HttpURLConnection) url.openConnection();
```

在获取到 HttpURLConnection 实例后，按照 HTTP 建立连接的流程设置 HTTP 请求头和参数信息，如代码清单 8-2 所示：通过 setRequestMethod()函数设置 HTTP 请求方法（一般有 GET 与 POST 两种）；通过 setRequestProperty()设置请求参数；通过 setConnectionTimeout()函数设置连接超时时间；通过 setReadTimeout()函数设置接收超时时间。

代码清单 8-2　HttpURLConnection 代码片段

```
connection.setRequestMethod("GET");
connection.setRequestProperty("token","r0ysue666");
connection.setConnectTimeout(8000);
connection.setReadTimeout(8000);
```

在设置完请求头和请求参数后，通过调用 getInputStream()函数与服务器连接并获取到服务器返回的输入流，对输入流完成读取，如代码清单 8-3 所示。在一个连接完成后，通过调用 disconnection()方法将 HTTP 连接关闭掉。

代码清单 8-3　HttpURLConnection 代码片段

```
InputStream in = connection.getInputStream();
connection.disconnection();
```

这里建立了一个 HttpUrlConnectionDemo 样例工程，用于演示 HttpUrlConnection 的关键步骤，最终工程的关键内容如代码清单 8-4 所示。

代码清单 8-4　HttpUrlConnectionDemo 关键代码

```
new Thread(
 new Runnable() {
    @Override
    public void run() {
       while (true){

          try {
             URL url = new URL("http://www.baidu.com");
             HttpURLConnection connection = (HttpURLConnection) url.openConnection();
             connection.setRequestMethod("GET");
             connection.setRequestProperty("token","r0ysue666");
```

```
                connection.setConnectTimeout(8000);
                connection.setReadTimeout(8000);
                InputStream in = connection.getInputStream();

                // 每次写入1024字节
                int bufferSize = 1024;
                byte[] buffer = new byte[bufferSize];
                StringBuffer sb = new StringBuffer();
                while ((in.read(buffer)) != -1) {
                    sb.append(new String(buffer));
                }
                Log.d("r0ysue666", sb.toString());
                connection.disconnect();
            } catch (IOException e) {
                e.printStackTrace();
            }
            try {
                Thread.sleep(3*1000);
            } catch (InterruptedException e) {
                e.printStackTrace();
            }
        }
    }
}).start();
```

最后，通过在 AndroidManifest.xml 文件的<application>标签前使用如下代码赋予 App 网络权限后，对 App 进行测试，成功获取到百度的页面数据，具体的日志如图 8-1 所示。

```
<uses-permission android:name="android.permission.INTERNET"/>
```

图 8-1 HttpURLConnectionDemo 结果

8.2.2 HttpURLConnection "自吐"脚本开发

经过 8.2.1 小节的简单开发，我们发现几个关键的收发包函数。

- URL类的构造函数，其包含了目标网址的字符串。
- setRequestMethod()和setRequestProperty()函数设置请求头和请求参数等信息。
- getInputStream()函数获取response。

"玩 Android 的 Java 层就是玩 Java、玩 Java 就是玩类"，其实其中最关键的类就是 URL 类和 HttpURLConnection 类。在目标确定后，下面开始开发 HttpURLConnection 的"自吐"脚本，这里可以使用上面开发的 Demo 进行测试。

（1）在启动好 frida-server 后，先使用 Objection 来 Hook 整个 URL 类。Objection 本身的 watch class 命令虽然能够 Hook 一个类的全部函数，但是无法 Hook 一个类的构造函数，因此这里手动使用如下命令 Hook URL 类的构造函数：

```
# android hooking watch class_method java.net.URL.$init --dump-args --dump-backtrace --dump-return
```

最终的结果如图 8-2 所示，网址在 URL 的构造函数中出现了，而且出现了很多次。

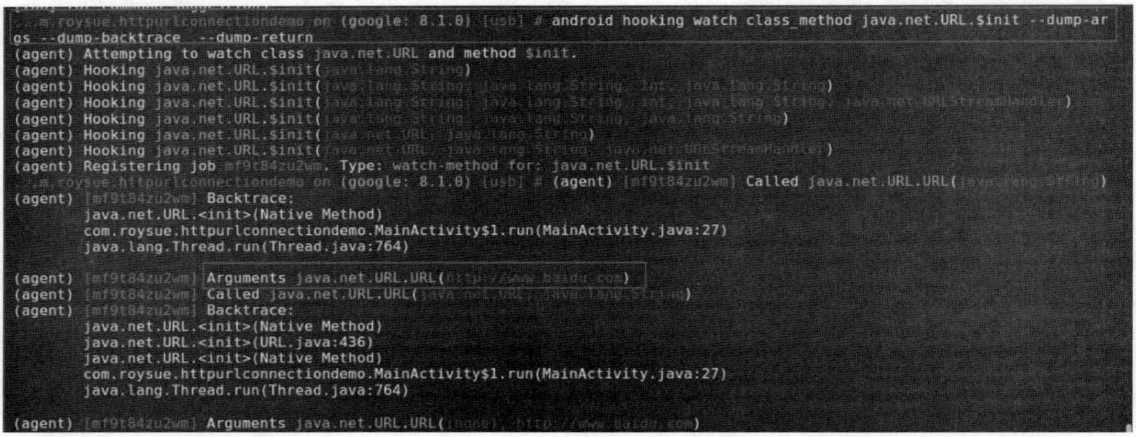

图 8-2　URL.$init 的结果

在诸多结果中，我们选择调用栈最浅的（也就是图 8-2 中第一个出现的被调用的 java.net.URL.$int (java.lang.String)）函数完成"自吐"脚本。最终脚本如代码清单 8-5 所示。编写完脚本后还需要进行测试，这里就不赘述了。

代码清单 8-5　HttpURLConnectionHook.js

```
function main(){
   Java.perform(function(){
      var URL = Java.use('java.net.URL')
      URL.$init.overload('java.lang.String').implementation = function(urlstr){
         console.log('url => ',urlstr)
         var result = this.$init(urlstr)
```

```
            return result
        }
    })
}
setImmediate(main)
```

（2）根据我们在上一步整理的关键收发包函数会发现剩下的都是 HttpURLConnection 类中的函数，因此只要使用如下命令去 watch 整个 HttpURLConnection 类的所有函数即可，当然不能忘了构造函数。

```
# android hooking watch class java.net.HttpURLConnection # android hooking watch class_method java.net.HttpURLConnection.$init --dump-args --dump-backtrace --dump-return
```

最终的结果如图 8-3 所示。

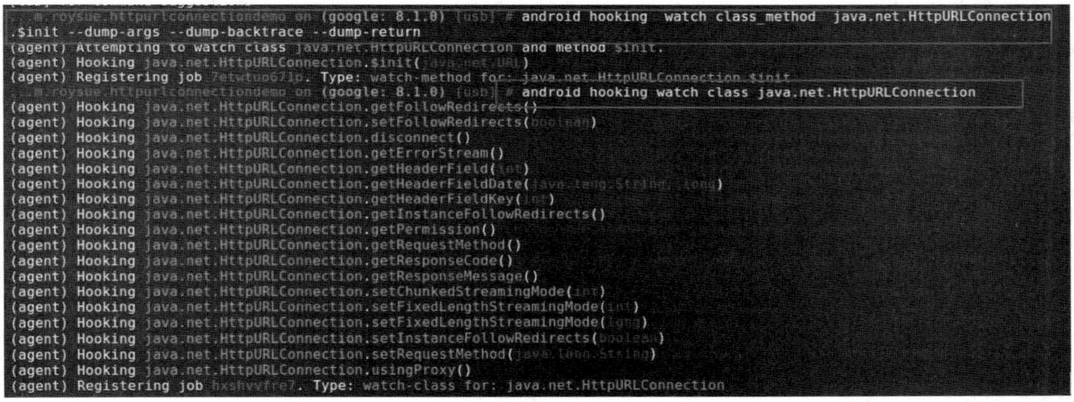

图 8-3　watch HttpURLConnection 的结果

当 Hook 上这个类的所有函数后会发现只有构造函数和一个 java.net.HttpURLConnection.getFollowRedirects()函数被调用了，其结果如图 8-4 所示。

图 8-4　watch HttpURLConnection 的结果

使用以下 Objection 命令获取 HttpURLConnection 的实例时，发现不存在任何实例。

```
# android heap search instances java.net.HttpURLConnection
```

为了验证这一结果，再次使用在第 5 章中提到的 WallBreaker 插件搜索这个类实例，依旧无法找到，最终的查询结果如图 8-5 所示。

图 8-5　搜索 HttpURLConnection 实例

经过一番搜索，在 Google 官方 API 网站上发现，这个 HttpURLConnection 类实际上是一个抽象类，在开发中虽然可以直接使用抽象类去表示，但是在运行过程中是抽象类的具体实现类在工作。那么如何确定具体实现类是什么呢？可以采用以下两种方法。

（1）纯逆向方法。观察代码清单 8-5，会发现第一次出现 HttpURLConnection 的定义是通过 URL 类的 openConnection() 函数完成的，这个函数的返回值的类名是 HttpURLConnection 的具体实现类，详细地说就是 Hook openConnection() 函数打印出 openConnection() 函数的返回值的类名，而在 Frida 中可以通过 $className 完成获取类的类名工作。最终的脚本内容如代码清单 8-6 所示。

代码清单 8-6　HttpURLConnection.js

```
function main(){
  Java.perform(function(){
    var URL = Java.use('java.net.URL')
    URL.openConnection.overload().implementation = function(){
        var result = this.openConnection()
        console.log('openConnection() returnType =>',result.$className)
        return result
    }
  })
}
setImmediate(main)
```

最终得到 HttpURLConnection 抽象类的具体实现类为 com.android.okhttp.internal.huc.HttpURLConnectionImpl。其实在 Objection 中 Hook openConnection() 函数同样能完成这个工作（结果如图 8-6 所示），只是在这个类名的后面出现了本次连接的网址字符串。

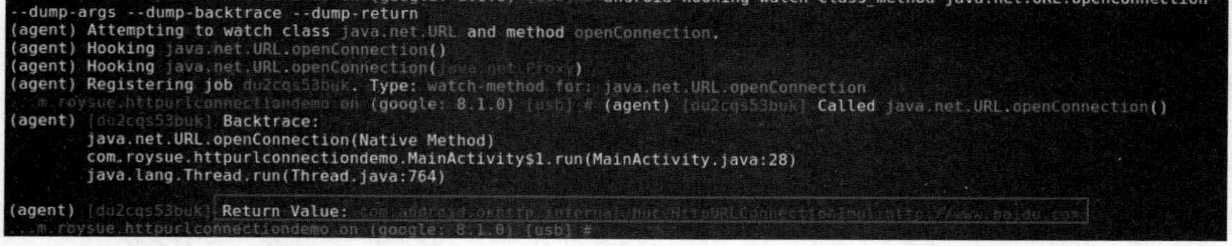

图 8-6　Hook openConnection()

（2）由于我们手中有源码，因此可以直接使用 Android Studio 进行源码调试，具体操作如图 8-7 所示。首先在已经定义了 HttpURLConnection 的行号后用鼠标左键单击之以对当前行设置断点，或者将光标停留在对应行上后使用 Ctrl+F8 组合键设置断点，如果对应行上出现如图 8-7 所示的红点则表示断点已经成功设置。然后找到 Debug 标志开始对程序进行调试。

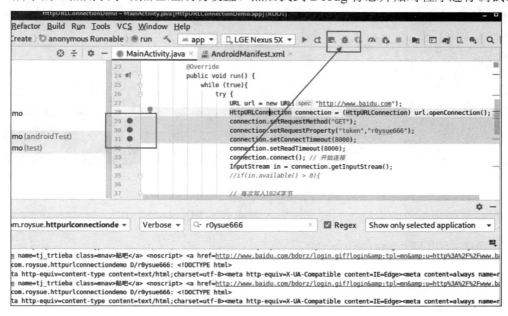

图 8-7　进行源码调试

待 App 成功运行后便会命中断点，如图 8-8 所示。观察 Debug 窗口的 Variables 一栏，便会发现 connection 变量的类型也是 com.android.okhttp.internal.huc.HttpURLConnectionImpl。

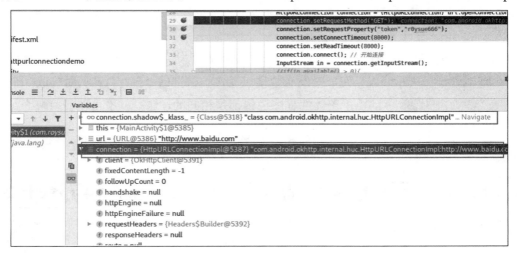

图 8-8　调试 Demo

经过使用以上两种方法确认具体实现类后，我们重新使用 Objection 的 watch class 相关命令对这个实现类进行 Hook，具体命令如下：

```
# android hooking watch class com.android.okhttp.internal.huc.
HttpURLConnectionImpl
```

最终会发现 Demo 使用的每个函数都被调用到了，Hook 结果如图 8-9 所示。

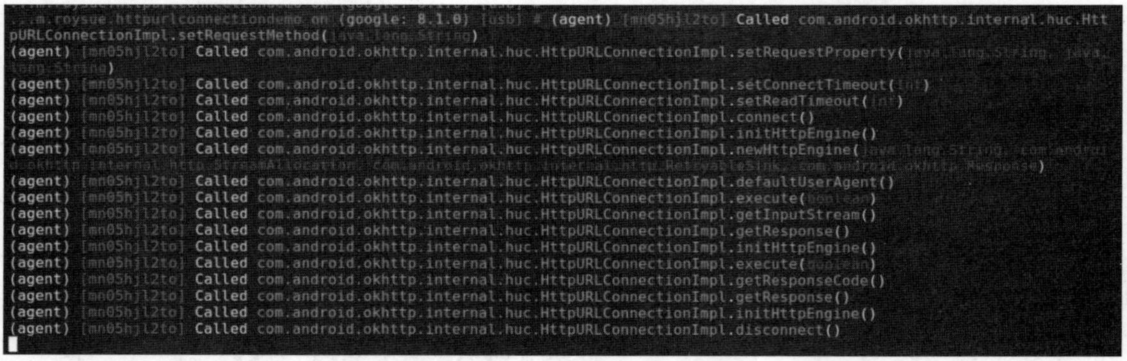

图 8-9　继续调试 Demo

最终获取请求参数的"自吐"脚本，如代码清单 8-7 所示。

代码清单 8-7　HttpURLConnection.js

```
    var HttpURLConnectionImpl = Java.use('com.android.okhttp.internal.huc.HttpURLConnectionImpl')
    HttpURLConnectionImpl.setRequestProperty.implementation = function(key,value){
        var result = this.setRequestProperty(key,value)
        console.log('setRequestProperty => ',key,': ',value)
        return result
    }
```

到这里，HttpURLConnection 的"自吐"脚本就暂时开发完毕了。读者也可以根据这里的"自吐"脚本进一步进行开发，完成对发送数据以及接收数据的"自吐"，从而构成一个完整的网络通信库"自吐"脚本。由于整体的程序逻辑都是相同的，这里就不再花费篇幅介绍，留待读者自行完成。

8.3　HTTP 第三方网络通信库——okhttp3 与 Retrofit

8.3.1　okhttp3 开发初步

在介绍完 HttpURLConnection 的"自吐"后，本小节使用 okhttp3 创建一个 Demo 工程，以使读者了解 okhttp3 在开发中的应用。

（1）使用 Android Studio 创建一个 okhttp3 的 Demo 工程。在创建成功后，将 activity_main.xml 这个 MainActivity 类的布局文件修改为代码清单 8-8 所示的布局，并在 MainActivity 类中添加 Button 按钮的相应代码，最终 MainActivity 类如代码清单 8-9 所示。完成后，单击运行按钮，并测试运行结果。

代码清单 8-8　activity_main.xml

```xml
<?xml version="1.0" encoding="utf-8"?>
<LinearLayout
    xmlns:android="http://schemas.android.com/apk/res/android"
    xmlns:tools="http://schemas.android.com/tools"
    android:layout_width="match_parent"
    android:layout_height="match_parent"
    android:orientation="vertical"
    android:gravity="center|center_horizontal|center_vertical"
tools:context=".MainActivity">

    <Button
        android:layout_width="wrap_content"
        android:layout_height="wrap_content"
        android:gravity="center|center_horizontal|center_vertical"
        android:id="@+id/mybtn"
        android:text="发送请求"
        android:textSize="45sp">
    </Button>

</LinearLayout>
```

代码清单 8-9　MainActivity.java

```java
package com.r0ysue.okhttp3demo;

import android.os.Bundle;
import android.util.Log;
import android.view.View;
import android.widget.Button;

import androidx.appcompat.app.AppCompatActivity;

public class MainActivity extends AppCompatActivity {

    private static String TAG = "r0ysue666";
```

```java
@Override
protected void onCreate(Bundle savedInstanceState) {
    super.onCreate(savedInstanceState);
    setContentView(R.layout.activity_main);

    // 定位发送请求按钮
    Button btn = findViewById(R.id.mybtn);

    btn.setOnClickListener(new View.OnClickListener() {
        @Override
        public void onClick(View v) {
            Log.e(TAG, "点击");
        }
    });
}
```

（2）在测试成功后，将工程切换为 Project 视图，在 app/build.gradle 文件的 dependencies 节点中（见代码清单 8-10）增加对 okhttp3 第三方库的引用，并在修改后点击右上角的 Sync Now 按钮进行同步，如图 8-10 所示。

代码清单 8-10　build.gradle

```
dependencies {

    implementation 'androidx.appcompat:appcompat:1.2.0'
    implementation 'com.google.android.material:material:1.2.1'
    implementation 'androidx.constraintlayout:constraintlayout:2.0.4'
    testImplementation 'junit:junit:4.+'
    androidTestImplementation 'androidx.test.ext:junit:1.1.2'
    androidTestImplementation 'androidx.test.espresso:espresso-core:3.3.0'

    // 增加对 okhttp3 的依赖
    implementation("com.squareup.okhttp3:okhttp:3.12.0")
}
```

（3）在添加完对 okhttp3 的依赖后，新建一个 example 类用于存放 okhttp3 请求的相关代码，如代码清单 8-11 所示。另外，还需要修改 MainActivity 中的代码为单击一次按钮发送一次网络请求。MainActivity 中 OnCreate()函数的详细代码如代码清单 8-12 所示。

第 8 章　Hook 抓包实战之 HTTP(S)网络框架分析 | 181

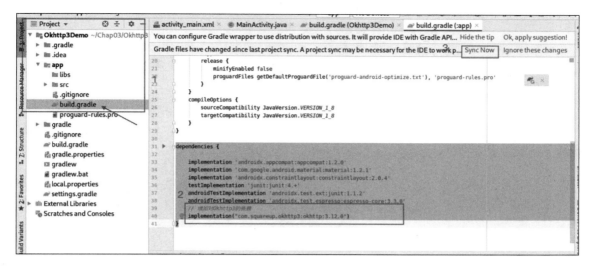

图 8-10　增加对 okhttp3 的依赖

代码清单 8-11　example.java

```java
package com.r0ysue.okhttp3demo;

import android.util.Log;
import java.io.IOException;
import okhttp3.Call;
import okhttp3.Callback;
import okhttp3.OkHttpClient;
import okhttp3.Request;
import okhttp3.Response;

public class example {

    // TAG 为日志打印时的标签
    private static final String TAG = "r0ysue666";

    // 新建一个Okhttp客户端
    OkHttpClient client = new OkHttpClient();

    void run(String url) throws IOException {
        Request request = new Request
                        .Builder()
                        .url(url)
                        .header("token","r0ysue")  // 实际访问时不会使用
                        .build();

        // 发起异步请求
        client.newCall(request).enqueue(
```

```
            new Callback() {
                @Override
                public void onFailure(Call call, IOException e) {
                    call.cancel();
                }
                @Override
                public void onResponse(Call call, Response response) throws IOException {
                    //打印输出
                    Log.d(TAG, response.body().string());
                }
            }
        );
    }
}
```

代码清单 8-12　MainActivity.java

```
    @Override
    protected void onCreate(Bundle savedInstanceState) {
        super.onCreate(savedInstanceState);
        setContentView(R.layout.activity_main);

        // 定位发送请求按钮
        Button btn = findViewById(R.id.mybtn);

        btn.setOnClickListener(new View.OnClickListener() {
            @Override
            public void onClick(View v) {
                // 访问百度首页
                String requestUrl = "https://www.baidu.com/";
                example myexample = new example();
                try {
                    myexample.run(requestUrl);
                } catch (IOException e) {
                    e.printStackTrace();
                }
            }
        });
    }
```

在修改完毕后，按照 8.2.1 小节中介绍的在 AndroidManifest.xml 中声明网络权限，然后将 App 重新编译，之后安装到手机上运行测试，最终测试日志，如图 8-11 所示。

图 8-11　测试日志

此时，回头看一下代码清单 8-11 中的 example 类，会发现 okhttp3 的网络请求流程主要有以下几步。

（1）通过以下代码创建一个 okhttpClient 对象。

```
OkHttpClient client = new OkHttpClient();
```

okhttpClient 这个对象可以认为是 App 中进行请求的客户端，主要用来配置 okhttp 框架的各种设置。这里似乎并没有做什么设置，甚至一个参数都没写，其实在 okhttpClient 的构造函数中存在诸多默认配置，比如超时等待时间、是否设置代理、SSL 验证、协议版本等。我们也可以自定义配置如下，在此处先不详细展开。

```
OkHttpClient mHttpClient = new OkHttpClient.Builder()
    .readTimeout(5, TimeUnit.SECONDS)           //设置读超时
    .writeTimeout(5,TimeUnit.SECONDS)           //设置写超时
    .connectTimeout(15,TimeUnit.SECONDS)        //设置连接超时
    .retryOnConnectionFailure(true)             //是否自动重连
    .build();
```

（2）在创建完 okhttpClient 客户端后，需要使用如下代码创建一个 Request 请求。如果说 okhttpClient 是在搭建生产车间，那么 Request 就是产品线，Request 使用建造者模式构建，在开发过程中如果需要完成自定义请求头，也可以在此环节通过 header()函数添加 headers 参数等。

```
// 构造 request
Request request = new Request.Builder()
    .url(url)
    .header("token","r0ysue") // 这个 header 在实际访问百度时不会使用
    .build();
```

（3）最后一步也是最重要的一步，如代码清单 8-13 所示。使用 okhttpClient 客户端将 Request 请求封装成 Call 对象后，每次通过调用 enqueue()函数产生一次真实的网络请求，用 onResponse()等回调函数处理每次网络请求的结果（网络请求可分为同步和异步两种方式，在 Android 中主要使用异步方式，因此这里直接略过同步请求方式）。

代码清单 8-13　异步请求

```
// 发起异步请求
client.newCall(request).enqueue(new Callback() {
    @Override
    public void onFailure(Call call, IOException e) {
        call.cancel();
    }

    @Override
    public void onResponse(Call call, Response response) throws IOException {
        //打印输出
        Log.d(TAG, response.body().string());
    }
}
```

8.3.2　okhttp3 "自吐" 脚本开发

按照 8.3.1 小节的基本总结，我们将一次请求的关注点罗列一下：

（1）请求的服务器 URL。
（2）使用的协议版本，比如 HTTP/1.0 或者 HTTP/1.1 等。
（3）请求头 Header 以及请求的 Body 数据。
（4）请求的返回数据。

如果通过 Hook 的方式实现另类的 "抓包"，那么我们的需求是保留 URL、请求 Body 和 headers 以及请求的返回数据。观察代码清单 8-11 中 example 类的代码，可以在 okhttpClient.newCall(request) 函数中找到我们关注的请求 Request 对象，而这个对象中会包含我们关注的 1、2、3 项。我们使用 Objection 的如下命令去 Hook 这个函数：

```
# android hooking watch class_method okhttp3.OkHttpClient.newCall --dump-args --dump-backtrace --dump-return
```

最终的 Hook 结果如图 8-12 所示。

可以发现，请求的 URL 已经成功打印出来，借此就得到了 "自吐" 脚本，如代码清单 8-14 所示。

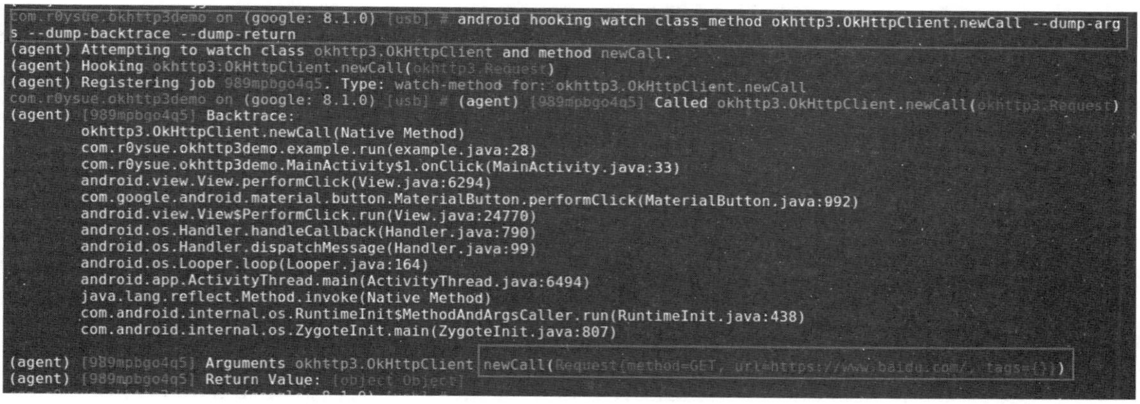

第 8 章　Hook 抓包实战之 HTTP(S)网络框架分析

图 8-12　Hook 的结果

代码清单 8-14　hookNewCall.js

```javascript
Java.perform(function () {
    var OkHttpClient = Java.use("okhttp3.OkHttpClient")

    OkHttpClient.newCall.implementation = function (request) {
        var result = this.newCall(request)
        console.log(request.toString())
        return result
    };

});
```

图 8-13 是在 Frida 注入目标 App 后的执行结果。观察结果，发现 request 的"自吐"脚本基本开发完毕。

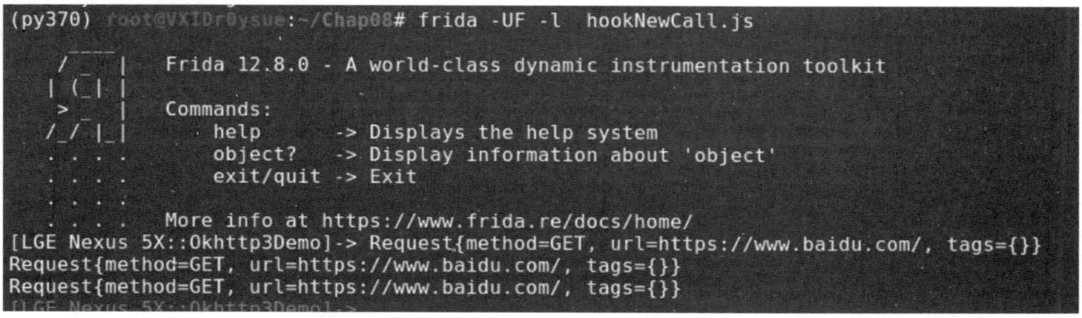

图 8-13　脚本注入的结果

实际上，Hook request 的问题远没有完美解决，此 Hook 点同样可能遗漏或多出部分请求，因为存在"Call"后没有发出实际请求的情况。我们继续回头看 newCall()函数的实现，会发现 newCall()函数调用了 RealCall.newRealCall()函数。在代码清单 8-15 中，newRealCall()函数创建了一个新的 RealCall 对象。RealCall 对象是 okhttp3.Call 接口的一个实现，也是 okhttp3 中 Call

的唯一实现，表示一个等待执行的请求且只能被执行一次。实际上，到这一步请求依然可以被取消。因此，只有 Hook 了 execute()和 enqueue(new Callback())才能真正保证每个从 okhttp 出去的请求都能被 Hook 到。

代码清单 8-15　newRealCall 函数

```
static RealCall newRealCall(OkHttpClient client, Request originalRequest,
boolean forWebSocket) {
    // Safely publish the Call instance to the EventListener.
    RealCall call = new RealCall(client, originalRequest, forWebSocket);
    call.eventListener = client.eventListenerFactory().create(call);
    return call;
}
```

即便如此，这个"自吐"脚本割裂开请求和响应分开去找 Hook 点的想法还是有问题的：因为只能看到 request，无法同时看到返回的响应。这样开发的"自吐"脚本是有缺陷的，我们可以采用 okhttp 拦截器 Interceptor 来解决这个问题。

拦截器是 okhttp 中的一个重要概念，okhttp 通过 Interceptor 完成监控管理、重写和重试请求。每个网络请求和接收不管是 GET 还是 PUT/POST 等数据传输方式都必须经过 okhttp 本身存在的五大拦截器，因此 Interceptor 是一个绝佳的 Hook 点，可以同时打印输出请求和响应。

为了帮助大家理解 Interceptor 机制，我们从以下两个方面来窥其一角。

第一，拦截器可以对 request 做出修改。在数据返回时再对 response 做出修改，如图 8-14 所示。

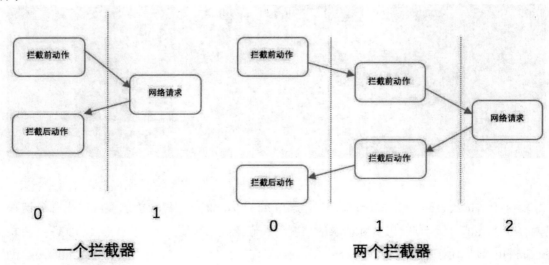

图 8-14　Interceptor 机制

第二，整个拦截器机制实际上是一个链条，在网络请求传输过程中，最上层的拦截器首先向下传递一个 request，并请求下层拦截器返回一个 response，下层的拦截器收到 request 继续向下传递，并请求返回 response，直到传递到最后一个拦截器，它对这个 request 进行处理并返回一个 response，然后这个 response 开始层层向上传递，最后传递到最上层。这样最上层的拦截器就得到了 response，整个过程形成一个拦截器的完整递归调用链。

在 okhttp 源代码中由 getResponseWithInterceptorChain()方法展示这个过程，如代码清单 8-16 所示。

代码清单 8-16　getResponseWithInterceptorChain()方法

```
Response getResponseWithInterceptorChain() throws IOException {
    // 空的拦截器容器
    List<Interceptor> interceptors = new ArrayList<>();
    // 添加用户自定义的应用拦截器集合（可能是 0、1 或多个）
    interceptors.addAll(client.interceptors());
    // 添加 retryAndFollowUpInterceptor 拦截器，用于取消、失败重试、重定向
    interceptors.add(retryAndFollowUpInterceptor);
    // 添加 BridgeInterceptor 拦截器。对于 Request，把用户请求转换为 HTTP 请求；
    // 对于 Response，把 HTTP 响应转换为用户友好的响应
    interceptors.add(new BridgeInterceptor(client.cookieJar()));
    // 添加 CacheInterceptor 拦截器，用于读写缓存、根据策略决定是否使用
    interceptors.add(new CacheInterceptor(client.internalCache()));
    // 该拦截器实现和服务器建立连接
    interceptors.add(new ConnectInterceptor(client));
    // 如果不是 WebSocket 请求，添加用户自定义的网络拦截器集合（可能有 0、1 或多个）
    if (!forWebSocket) {
      interceptors.addAll(client.networkInterceptors());
    }
    // 添加真正发起网络请求的 Interceptor
    interceptors.add(new CallServerInterceptor(forWebSocket));

    Interceptor.Chain chain = new RealInterceptorChain(interceptors, null, null,
        null, 0,originalRequest, this, eventListener,
        client.connectTimeoutMillis(),client.readTimeoutMillis(),
        client.writeTimeoutMillis());

    return chain.proceed(originalRequest);
    }
  }
```

可以结合图 8-15 来理解整个拦截器链的工作流程。

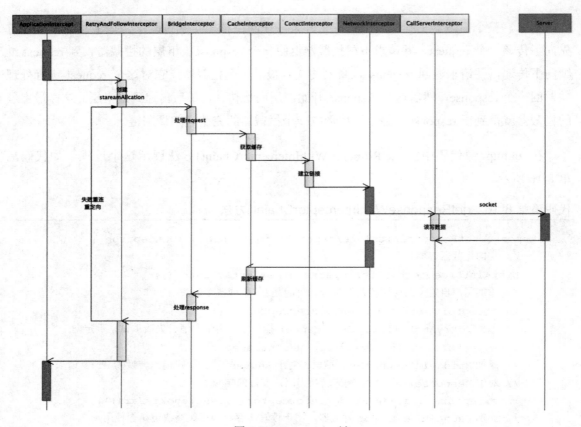

图 8-15　Interceptor 链

为了加深理解，这里手动为该演示新建一个拦截器类 LoggingInterceptor，用于实现 Interceptor 接口。这里添加的拦截器只打印 URL 和请求 headers，完整的如代码清单 8-17 所示。

代码清单 8-17　LoggingInterceptor.java

```java
package com.r0ysue.okhttp3demo;

import android.util.Log;
import java.io.IOException;

import okhttp3.Interceptor;
import okhttp3.Request;
import okhttp3.Response;

public class LoggingInterceptor implements Interceptor {
    // TAG 即为日志打印时的标签
    private static String TAG = "r0ysueInterceptor666";

    @Override
    public Response intercept(Interceptor.Chain chain) throws IOException {

        Request request = chain.request();
```

```
            Log.i(TAG, "请求 URL: "+String.valueOf(request.url())+"\n");
            Log.i(TAG, "请求 headers: "+"\n"+String.valueOf(request.headers())+
"\n");
            Response response = chain.proceed(request);
            return response;
        }
    }
```

为了使得代码清单 8-14 新增的 LoggingInterceptor 生效，必须将之添加到 okhttpClient 对象中。用户自定义的拦截器主要有两种：应用拦截器（Application Interceptors）和网络拦截器（Network Interceptors）。

二者具体区别可以查看 okhttp 官网。对于我们的需求而言两者均可，但网络拦截器更好。此时，example 类中 okhttpClient 的创建方式改变了，如代码清单 8-18 所示。

代码清单 8-18　example.java

```java
    // 新建一个 Okhttp 客户端
    // OkHttpClient client = new OkHttpClient();

    // 新建一个拦截器
    OkHttpClient client = new OkHttpClient.Builder()
            .addNetworkInterceptor(new LoggingInterceptor())
            .build();
```

okhttpClient 的创建方式总共有三种。第一种是代码清单 8-18 的注释中编写的那样，在内部默认配置大量参数。okhttp 框架会帮我们默认所有配置，导致无法自定义添加用户拦截器，具体原理可自行研究。第二种方式是建造者（Builder）模式，可以自定义所有参数，比如添加一个 LoggingInterceptor 拦截器。第三种方式是在原先的 client 基础上创建一个新的 okhttp 客户端，如代码清单 8-19 所示。新的客户端 newclient 和原先的客户端 client 共享连接池、线程池，且 newclient 继承 client 原先的配置。通过这种方式继承和共享原先 client 的配置达到简化代码的目的。这种创建方式能够有效地提升性能，减少内存消耗。

代码清单 8-19　第三种创建方式

```java
    // 原先的 client
    OkHttpClient client = new OkHttpClient();

    // 基于原先的 client 创建新的 client
    OkHttpClient newClient = client.newBuilder()
        .addNetworkInterceptor(new LoggingInterceptor())
        .build();
```

在给 example 类更改创建 client 方式后，重新运行 App，运行结果如图 8-16 所示。

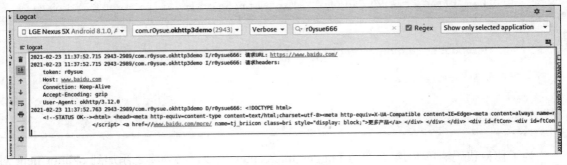

图 8-16　运行结果

在图 8-16 中，输出内容有三行。第一行是 URL，只包含了域名信息。第二行是 headers，包含了一些我们在请求头包并未声明的头信息，而这部分是 okhttp 自动为我们添加上的。这里需要注意的是第三行，它不是由拦截器打印出来的，之所以不在拦截器中顺带打印 response，是因为此时 response 对象还需要进一步处理。这些前人已经替我们完成了，okhttp 官方还提供了一个日志打印拦截器——okhttp3:logging-interceptor。对官方的代码稍作修改并替换原先的 LoggingInterceptor 类即可，最终完整的 Java 主体代码如代码清单 8-20 所示。

代码清单 8-20　LoggingInterceptor.java

```java
package com.r0ysue.okhttp3demo;

/*
 * Copyright (C) 2015 Square, Inc.
 *
 * Licensed under the Apache License, Version 2.0 (the "License");
 * you may not use this file except in compliance with the License.
 * You may obtain a copy of the License at
 *
 *      http://www.apache.org/licenses/LICENSE-2.0
 *
 * Unless required by applicable law or agreed to in writing, software
 * distributed under the License is distributed on an "AS IS" BASIS,
 * WITHOUT WARRANTIES OR CONDITIONS OF ANY KIND, either express or implied.
 * See the License for the specific language governing permissions and
 * limitations under the License.
 */

...

public final class LoggingInterceptor implements Interceptor {
    private static final String TAG = "okhttpGET";
```

```java
private static final Charset UTF8 = Charset.forName("UTF-8");

@Override public Response intercept(Chain chain) throws IOException {

    Request request = chain.request();

    RequestBody requestBody = request.body();
    boolean hasRequestBody = requestBody != null;

    Connection connection = chain.connection();
    String requestStartMessage = "--> "
            + request.method()
            + ' ' + request.url();
    Log.e(TAG, requestStartMessage);

    if (hasRequestBody) {
        // Request body headers are only present when installed as a
        // network interceptor. Forcethem to be included (when available)
        // so there values are known.
        if (requestBody.contentType() != null) {
            Log.e(TAG, "Content-Type: " + requestBody.contentType());
        }
        if (requestBody.contentLength() != -1) {
            Log.e(TAG, "Content-Length: " + requestBody.contentLength());
        }
    }

    Headers headers = request.headers();
    for (int i = 0, count = headers.size(); i < count; i++) {
        String name = headers.name(i);
        // Skip headers from the request body as they are explicitly
        // logged above.
        if (!"Content-Type".equalsIgnoreCase(name) && !"Content-Length".equalsIgnoreCase(name)) {
            Log.e(TAG, name + ": " + headers.value(i));
        }
    }

    if (!hasRequestBody) {
        Log.e(TAG, "--> END " + request.method());
    } else if (bodyHasUnknownEncoding(request.headers())) {
        Log.e(TAG, "--> END " + request.method() + " (encoded body omitted)");
    } else {
```

```java
            Buffer buffer = new Buffer();
            requestBody.writeTo(buffer);

            Charset charset = UTF8;
            MediaType contentType = requestBody.contentType();
            if (contentType != null) {
                charset = contentType.charset(UTF8);
            }

            Log.e(TAG, "");
            if (isPlaintext(buffer)) {
                Log.e(TAG, buffer.readString(charset));
                Log.e(TAG, "--> END " + request.method()
                        + " (" + requestBody.contentLength() + "-byte body)");
            } else {
                Log.e(TAG, "--> END " + request.method() + " (binary "
                        + requestBody.contentLength() + "-byte body omitted)");
            }
        }


        long startNs = System.nanoTime();
        Response response;
        try {
            response = chain.proceed(request);
        } catch (Exception e) {
            Log.e(TAG, "<-- HTTP FAILED: " + e);
            throw e;
        }
        long tookMs = TimeUnit.NANOSECONDS.toMillis(System.nanoTime() - startNs);

        ResponseBody responseBody = response.body();
        long contentLength = responseBody.contentLength();
        String bodySize = contentLength != -1 ? contentLength + "-byte" : "unknown-length";
        Log.e(TAG, "<-- "
                + response.code()
                + (response.message().isEmpty() ? "" : ' ' + response.message())
                + ' ' + response.request().url()
                + " (" + tookMs + "ms" + (", " + bodySize + " body:" + "") + ')');

        Headers myheaders = response.headers();
        for (int i = 0, count = myheaders.size(); i < count; i++) {
```

```java
            Log.e(TAG, myheaders.name(i) + ": " + myheaders.value(i));
        }

        if (!HttpHeaders.hasBody(response)) {
            Log.e(TAG, "<-- END HTTP");
        } else if (bodyHasUnknownEncoding(response.headers())) {
            Log.e(TAG, "<-- END HTTP (encoded body omitted)");
        } else {
            BufferedSource source = responseBody.source();
            source.request(Long.MAX_VALUE); // Buffer the entire body.
            Buffer buffer = source.buffer();

            Long gzippedLength = null;
            if ("gzip".equalsIgnoreCase(myheaders.get("Content-Encoding"))) {
                gzippedLength = buffer.size();
                GzipSource gzippedResponseBody = null;
                try {
                    gzippedResponseBody = new GzipSource(buffer.clone());
                    buffer = new Buffer();
                    buffer.writeAll(gzippedResponseBody);
                } finally {
                    if (gzippedResponseBody != null) {
                        gzippedResponseBody.close();
                    }
                }
            }

            Charset charset = UTF8;
            MediaType contentType = responseBody.contentType();
            if (contentType != null) {
                charset = contentType.charset(UTF8);
            }

            if (!isPlaintext(buffer)) {
                Log.e(TAG, "");
                Log.e(TAG, "<-- END HTTP (binary " + buffer.size() + "-byte body omitted)");
                return response;
            }

            if (contentLength != 0) {
                Log.e(TAG, "");
                Log.e(TAG, buffer.clone().readString(charset));
            }

            if (gzippedLength != null) {
                Log.e(TAG, "<-- END HTTP (" + buffer.size() + "-byte, "
```

```java
                        + gzippedLength + "-gzipped-byte body)");
            } else {
                Log.e(TAG, "<-- END HTTP (" + buffer.size() + "-byte body)");
            }
        }
    }

    return response;
}

/**
 * Returns true if the body in question probably contains human readable text.
 * Uses a small sampleof code points to detect unicode control characters
 * commonly used in binary file signatures.
 */
static boolean isPlaintext(Buffer buffer) {
    try {
        Buffer prefix = new Buffer();
        long byteCount = buffer.size() < 64 ? buffer.size() : 64;
        buffer.copyTo(prefix, 0, byteCount);
        for (int i = 0; i < 16; i++) {
            if (prefix.exhausted()) {
                break;
            }
            int codePoint = prefix.readUtf8CodePoint();
            if (Character.isISOControl(codePoint)
                    && !Character.isWhitespace (codePoint)) {
                return false;
            }
        }
        return true;
    } catch (EOFException e) {
        return false; // Truncated UTF-8 sequence.
    }
}

private boolean bodyHasUnknownEncoding(Headers myheaders) {
    String contentEncoding = myheaders.get("Content-Encoding");
    return contentEncoding != null
            && !contentEncoding.equalsIgnoreCase("identity")
            && !contentEncoding.equalsIgnoreCase("gzip");
}
}
```

为了减小本章节的篇幅，这里将 okhttp 这个框架部分开发的代码留待读者自行研究，大致意思就是对头部信息做进一步处理，并添加对 response 的处理和打印。

在修改完毕后，重新运行 App，得到的结果如图 8-17 所示。可以看到，打印结果十分理想，request 信息和 response 信息一览无余，几乎和抓包得到的信息一样多。

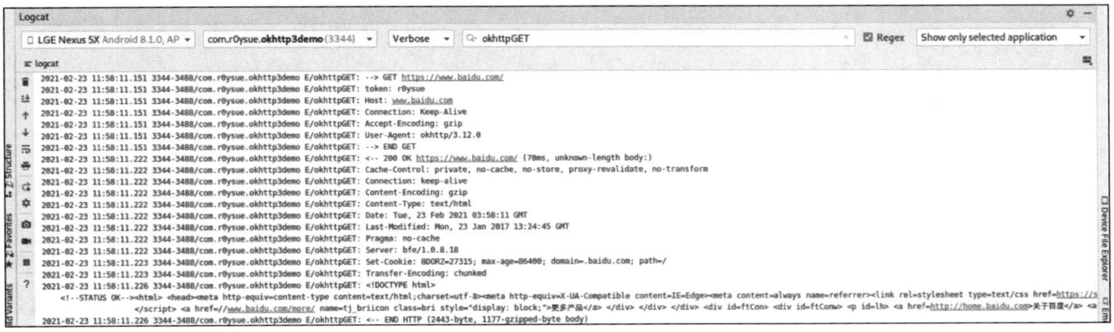

图 8-17 运行结果

为了进一步将这个 Hook 方案推广到其他所有使用 okhttp 框架的 App 上，我们需要将这部分代码翻译成 JavaScript 代码，或者直接将这部分代码编译为 DEX 再通过 Frida 将 DEX 注入其他应用中。这里我们使用第二种方式。不用怀疑，Frida 已经提供了这样的功能，可以通过如下 API 将 DEX 加载到内存中，从而使用 DEX 中的方法和类。（需要注意的是，无法加载 JAR 包。）

```
Java.openClassFile(dexPath).load();
```

在成功运行这个 App 后，切换到项目工程的 app/build/outputs/apk/debug/ 目录下，如图 8-18 所示。其中有一个 app-debug.apk 文件，将这个文件解压后得到一个 classes.dex 文件（其中有目标类），然后更名为 okhttp3logging.dex，并将其推送到测试手机的 /data/local/tmp 目录下。

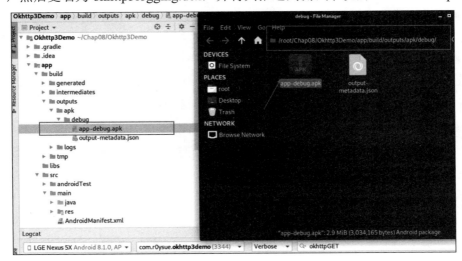

图 8-18 APK 文件

Frida 的最终代码如代码清单 8-21 所示，其实就是利用 okhttpClient 的第二种创建模式，将自定义的 LoggingInterceptor 添加到原有的 Interceptor 链条中。

代码清单 8-21　hookInteceptor.js

```javascript
function hook_okhttp3() {
    // Frida Hook Java 层的代码必须包裹在 Java.perform 中, Java.perform 会将 Hook Java
    // 相关 API 准备就绪
    Java.perform(function () {

        // 加载目标 dex
        Java.openClassFile("/data/local/tmp/okhttp3logging.dex").load();

        var MyInterceptor = Java.use("com.r0ysue.okhttp3demo.LoggingInterceptor");

        var MyInterceptorObj = MyInterceptor.$new();
        // 利用建造者模式在 Interceptor 链中添加自定义链
        var Builder = Java.use("okhttp3.OkHttpClient$Builder");
        console.log(Builder);
        Builder.build.implementation = function () {
            this.networkInterceptors().add(MyInterceptorObj);
            return this.build();
        };
        console.log("hook_okhttp3...");
    });
}
function main() {
    hook_okhttp3();
}
setImmediate(main)
```

在第 3 章中，曾经介绍过 Frida 操作 App 的两种模式，即 spawn 模式和 attach 模式，所以这里分别使用 spawn 模式和 attach 模式进行测试。在 attach 模式下，Frida 会附加到当前的目标进程中，也就是需要 App 处于启动状态才能 Hook。在 spawn 模式下，Frida 会自行启动并注入目标 App，Hook 的时机非常早，优点在于不会错过 App 中相对较早的数据包（比如 App 启动时产生的参数），缺点是在 Hook 的时机偏后一点时会带来大量的干扰信息，甚至会导致 App 崩溃。

App 全局只有一个 client，一般在 App 启动的较早时机被创建，如果采用 attach 模式 Hook okhttpClient，大概率会一无所获，因此只能用 spawn 模式来启动，对应的 Frida 命令必须使用 -f 参数。最终的测试结果如图 8-19 所示，左侧是使用 Frida 注入的结果，右侧是注入成功后打印的日志。

第 8 章　Hook 抓包实战之 HTTP(S)网络框架分析 | 197

```
$ frida -U -f com.r0ysue.okhttp3demo -l hookInteceptor.js --no-pause
```

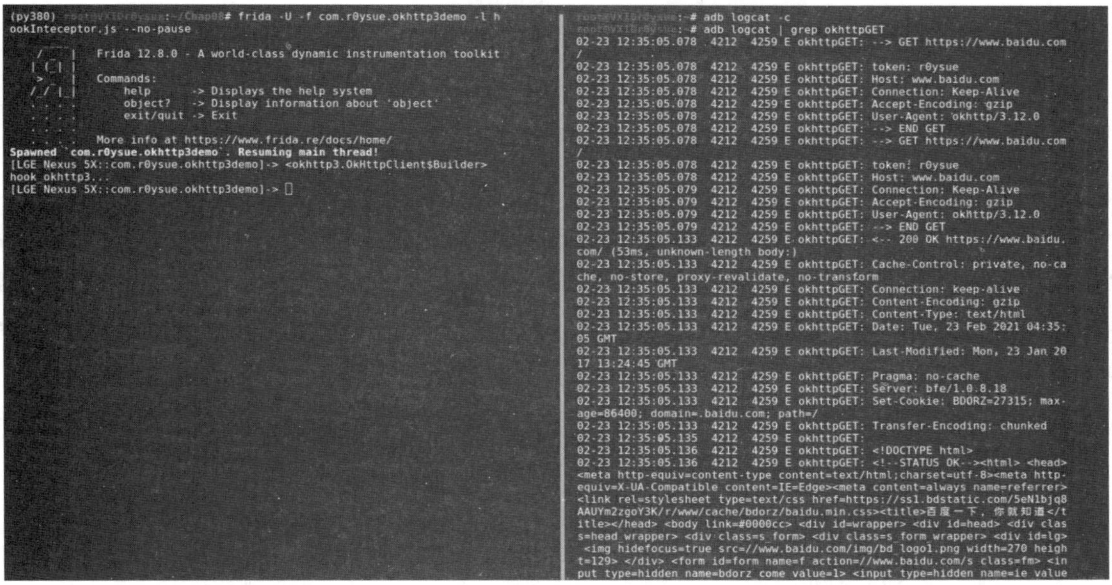

图 8-19　测试结果

至此，okhttp 框架的"自吐"脚本差不多就完成了。由于 Retrofit 本身实际上也是基于 okhttp 的再封装，因此将 okhttp 中"自吐"脚本应用于 Retrofit 上也是可以完成"自吐"功能的，具体由读者自行测试，这里仅提供一个测试的 App，可在本书附件中获取。

8.4　终极"自吐"Socket

8.4.1　网络模型

在进行这一小节的内容前，先介绍一下在计算机网络中非常重要的网络模型，如图 8-20 所示。

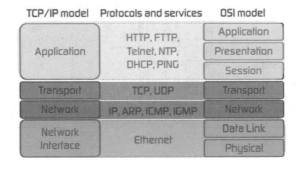

图 8-20　网络模型

其次，读者应该了解以下网络相关知识：

- MAC地址/ARP讨论的是链路层。
- IP地址/路由器讨论的是网络层。
- 连接某个端口讨论的是传输层。
- 发送数据的内容讨论的是应用层。

"自吐"脚本开发过程所讨论的HTTP就是应用层的协议，如图8-21所示。HTTP数据从应用层发送出去后，依次经过传输层、网络层、链路层，在经过每一层时都会被包裹上头部数据，以保证在数据传输过程中的完整性，然后传输给接收方；接收方以相反的过程依次去除头部数据从而获取真实传输的HTTP数据。因此，如果对应用进行抓包，那么不仅仅是应用层，在传输层、网络层等应用层往下的所有层级都可以获取传输的全部数据。这正是在传输层进行Socket终极抓包的理论基础。

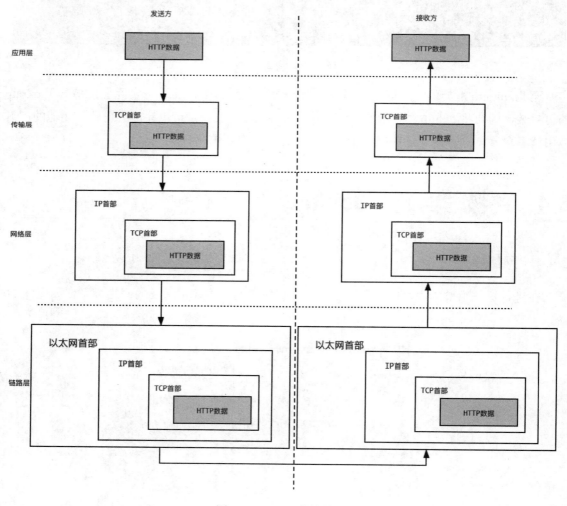

图 8-21　HTTP 传输过程

8.4.2 Socket(s)抓包分析

我们选择在 Socket 层抓包主要有以下理由：第一，在开发 App 的过程中，以 App 自己的权限可以实现的最底层为传输层，也就是用 Socket 接口进行纯二进制的收发包（此处包括 Java 层和 native 层）。第二，除了少数开发实力雄厚的大厂商掌握纯二进制收发包的传输层创新技术或者自定义协议的技术之外，绝大多数 App 厂商采用的还是传统的 HTTP/SSL 方案，而且其实现 HTTP/SSL 的方案也是非常直白的，那就是调用系统的 API 或者采用更加易用的网络框架（比如访问网站的 okhttp 框架、播放视频的 Exoplayer、异步平滑图片滚动加载框架 Glide），对于非网络库或协议等底层开发者来说，这种方式才是 Android 应用开发者的日常。只要开发者使用了应用层框架，不可避免地会使用系统的 Socket 进行数据包的收发，如果使用的是 HTTP 协议，则直接使用 Socket，此时数据如果没有任何代码层面的加解密，直接就是明文，将内容 dump 下来即可进行分析；如果使用的是 HTTPS 协议，那么 HTTP 包还要"裹上"一层 SSL，最终通过 SSL 的接口进行收发，而 SSL 也会将加密后和解密前的数据通过 Socket 与服务器进行通信，如图 8-22 所示。

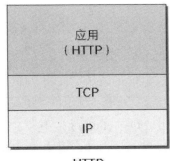
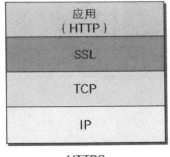

图 8-22　HTTP 与 HTTPS 的比较

因此，不管是使用系统自带的 HTTP(S)收发包框架还是第三方的 HTTP(S)收发包框架，并且无论有多少第三方框架、第三方框架是否被混淆，都不可避免地会经过系统的 Socket 相关类，这就造成了在 Socket 层抓包的必然性。

下面将以 8.2 节中使用的 HttpURLConnectionDemo 为例开发 Socket "自吐" 脚本。

由于 Socket 都是系统完成的，因此相关类一定不会被混淆。我们首先使用 Objection 的以下命令来搜索 Socket 相关的全部类并将搜索到的类保存为 SocketSuper.txt 文件。最终搜索结果如图 8-23 所示。

```
# android hooking search classes socket
```

这里就是利用 Objection 的-c 参数执行文件中的所有命令。

```
...m.roysue.httpurlconnectiondemo on (google: 8.1.0) [usb] # android hooking search classes socket
android.net.LocalServerSocket
android.net.LocalSocket
android.net.LocalSocketAddress
android.net.LocalSocketImpl
android.net.LocalSocketImpl$SocketInputStream
android.net.LocalSocketImpl$SocketOutputStream
android.net.SSLCertificateSocketFactory$1
android.system.NetlinkSocketAddress
android.system.PacketSocketAddress
android.system.UnixSocketAddress
com.android.org.conscrypt.AbstractConscryptSocket
com.android.org.conscrypt.AbstractConscryptSocket$1
com.android.org.conscrypt.ConscryptFileDescriptorSocket
com.android.org.conscrypt.ConscryptFileDescriptorSocket$SSLInputStream
com.android.org.conscrypt.ConscryptFileDescriptorSocket$SSLOutputStream
com.android.org.conscrypt.OpenSSLSocketFactoryImpl
com.android.org.conscrypt.OpenSSLSocketImpl
com.android.server.NetworkManagementSocketTagger
com.android.server.NetworkManagementSocketTagger$1
com.android.server.NetworkManagementSocketTagger$SocketTags
dalvik.system.SocketTagger
dalvik.system.SocketTagger$1
java.net.AbstractPlainDatagramSocketImpl
java.net.AbstractPlainSocketImpl
java.net.DatagramSocket
java.net.DatagramSocket$1
java.net.DatagramSocketImpl
java.net.InetSocketAddress
java.net.InetSocketAddress$InetSocketAddressHolder
java.net.MulticastSocket
java.net.PlainDatagramSocketImpl
```

图 8-23 Socket 相关类

在这之前，由于 Objection 中 android hooking watch class 对类中所有函数 Hook 的功能并不包括对类的构造函数的 Hook，因此我们须修改 Objection 源码中 agent.js 文件，使 Objection 带上这个功能。如果 Objection 版本是 1.8.4，就修改 agent.js 文件中的第 9211 行，并在 r 之后加上 .concat(["$init"])，最终修改效果如图 8-24 和图 8-25 所示（这里演示的路径是使用 pyenv 管理的 Python 3.8.0 版本对应的 agent.js 的路径）。如果 Objection 版本不是 1.8.4，建议读者自行研究一下对应版本实现 watch class 的地方。

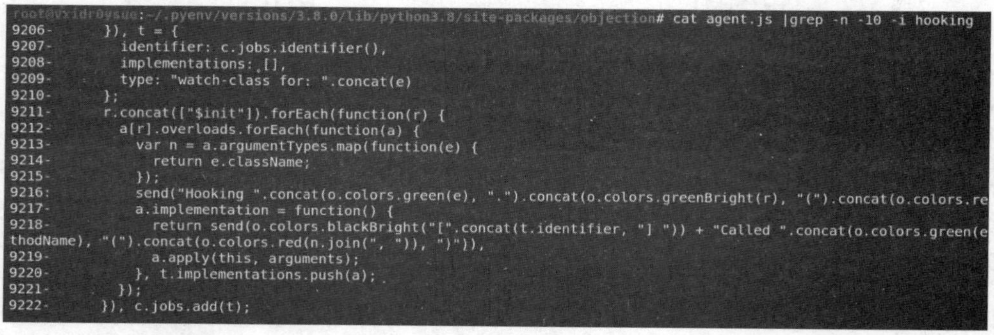

```
root@vxidr0ysue:~/.pyenv/versions/3.8.0/lib/python3.8/site-packages/objection# cat agent.js |grep -n -10 -i hooking
9206-        }), t = {
9207-            identifier: c.jobs.identifier(),
9208-            implementations: [],
9209-            type: "watch-class for: ".concat(e)
9210-        };
9211-        r.concat(["$init"]).forEach(function(r) {
9212-            a[r].overloads.forEach(function(a) {
9213-                var n = a.argumentTypes.map(function(e) {
9214-                    return e.className;
9215-                });
9216-                send("Hooking ".concat(o.colors.green(e), ".").concat(o.colors.greenBright(r), "(").concat(o.colors.re
9217-                a.implementation = function() {
9218-                    return send(o.colors.blackBright("[".concat(t.identifier, "] ")) + "Called ".concat(o.colors.green(e
thodName), "(").concat(o.colors.red(n.join(", ")), ")"}),
9219-                    a.apply(this, arguments);
9220-                }, t.implementations.push(a);
9221-            });
9222-        }), c.jobs.add(t);
```

图 8-24 Objection 源码修改

在给 SocketSuper.txt 文件的每一行行首添加上 android hooking watch class 后，执行以下命令完成对 SocketSuper.txt 文件中每一行命令的执行。在这个过程中，可能会发生崩溃这是正常现象，可以删除或者将导致崩溃的类移到另一个文件中待下次继续执行即可，最终 Hook 的结果如图 8-26 所示。

```
# objection -g com.roysue.httpurlconnectiondemo explore -c SocketSuper.txt
```

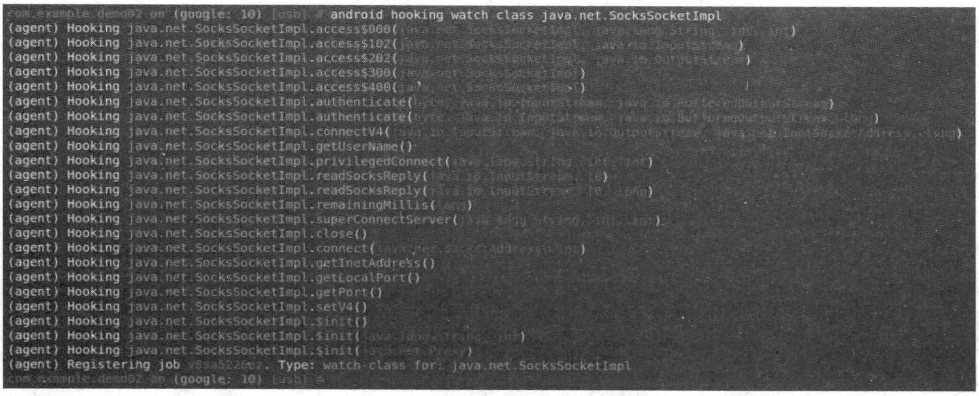

第 8 章 Hook 抓包实战之 HTTP(S)网络框架分析 | 201

图 8-25 Objection 源码修改后的结果

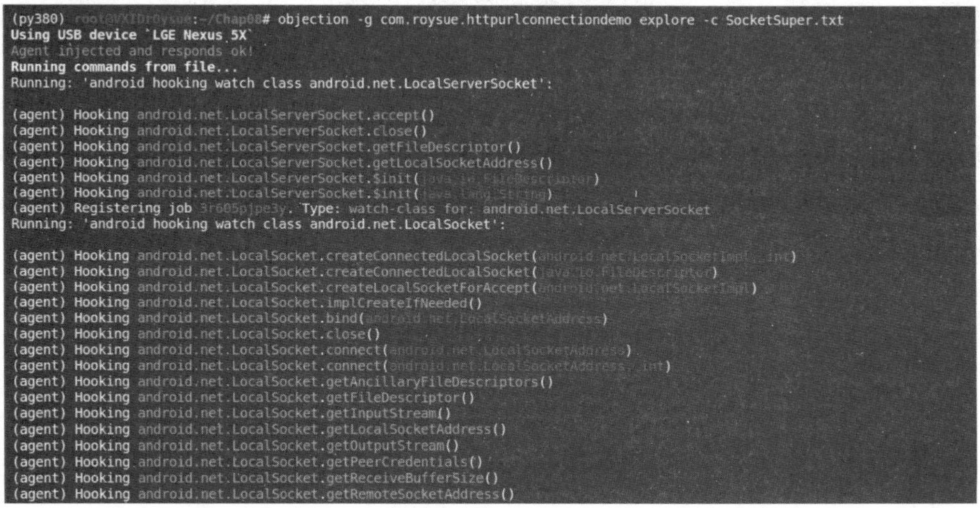

图 8-26 Hook 的结果

在全部 Hook 上之后，单击"发送请求"按钮，会发现图 8-27 中的几个 Socket 相关类被调用了，如此，可得到进一步缩小 Socket 相关函数的范围。

图 8-27 调用结果

此时，分别对一些可疑函数进行进一步的 Hook 并打印调用栈，会发现一些函数确实调用了在 8.2 节中确认的"自吐"收发包内容函数。比如 java.net.AbstractPlainSocketImpl.acquireFD() 函数实际上就是在 com.android.okhttp.internal.huc.HttpURLConnectionImpl.getInputStream()这个获取 request 内容的函数中调用的，如图 8-28 所示。

图 8-28 Hook 的结果

进一步查找 Android 源码（http://aospxref.com/android-8.1.0_r81/xref/libcore/ojluni/src/main/java/java/net/SocketOutputStream.java#97），会发现 acquireFD()函数在 SocketOutputStream.java 文件中是被 socketWrite()函数调用的（见图 8-29），而这个函数的第一个参数实际上就是网络传输的数据内容。

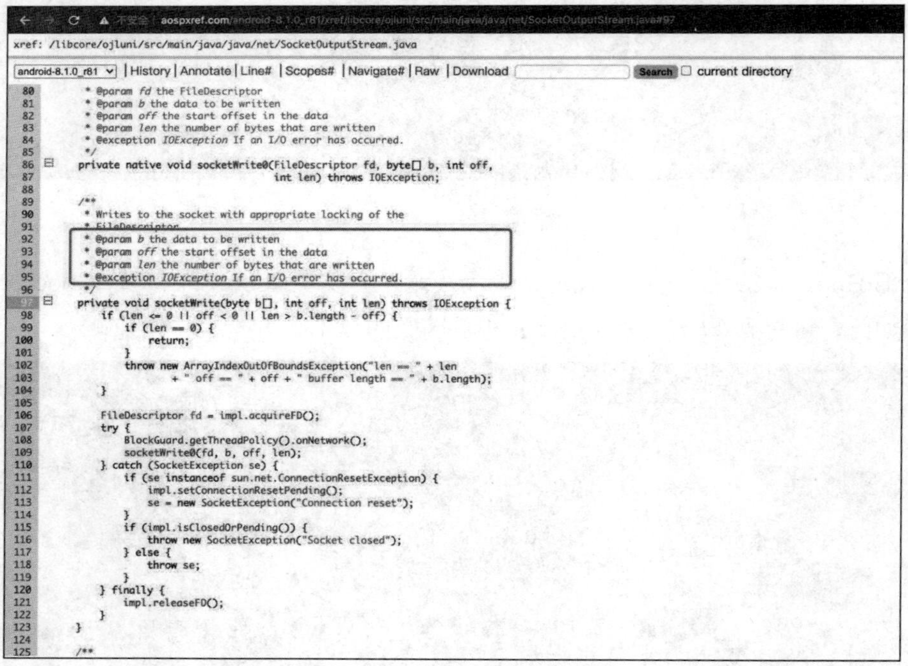

图 8-29 socketWrite()函数

获取 request 的 Socket "自吐"脚本就找到了目标，最终 Frida 脚本内容如代码清单 8-22 所示。

代码清单 8-22　hookSocket.js

```
Java.use('java.net.SocketOutputStream').socketWrite.overload('[B', 'int', 'int').implementation = function (b, off, len) {
        var result = this.socketWrite(b, off, len)
        console.log('socketWrite result,b, off, len =>', result, b, off, len)
        var ByteString = Java.use("com.android.okhttp.okio.ByteString");
        console.log('contents: => ', ByteString.of(b).hex())
        return result
    }
```

为了使输出的 byte 数组更加可视化，这里引用了 Awakened 的 jhexdump()函数，如代码清单 8-23 所示。

代码清单 8-23　jhexdump()函数

```
function jhexdump(array) {
    var ptr = Memory.alloc(array.length);
    for(var i = 0; i < array.length; ++i)
        Memory.writeS8(ptr.add(i), array[i]);
    //console.log(hexdump(ptr, { offset: off, length: len, header: false, ansi: false }));
    console.log(hexdump(ptr, { offset: 0, length: array.length, header: false, ansi: false }));
}
```

这部分代码主要是将 Java 层的 byte 数组通过 Memory.writeS8()函数存放至通过 Memory.alloc()这个 API 手动开辟的内存区域中，再调用 hexdump()这个 API 打印出相应字节的 hexdump。观察图 8-30 会发现所有的发送内容均自吐成功。

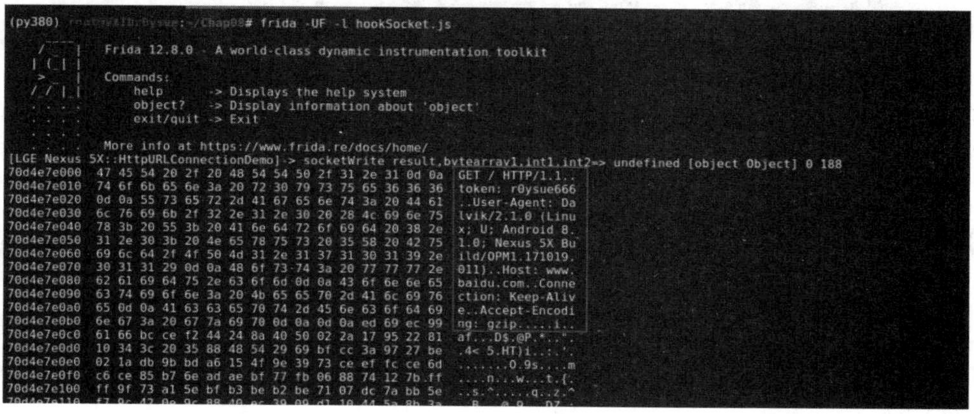

图 8-30　request "自吐" 的结果

同样地，在获取 response 相关函数上找到了 java.net.SocketInputStream.read([B, int, int)函数，最终获取 response 的 Socket"自吐"脚本如代码清单 8-24 所示，"自吐"的结果如图 8-31 所示。这里得到的是被压缩后的数据（在传输过程中被 gzip 压缩了），如果将之保存下来并解压，就会发现其实是我们接收的数据。

代码清单 8-24　hookSocket 中的 hook read

```
Java.use('java.net.SocketInputStream').read.overload('[B', 'int', 'int').
implementation = function (bytearray1, int1, int2) {
        var result = this.read(bytearray1, int1, int2)

        console.log('read result,bytearray1,int1,int2=>', result,
bytearray1, int1, int2)

        var ByteString = Java.use("com.android.okhttp.okio.ByteString");
        //console.log('contents: => ', ByteString.of(bytearray1).hex())
        jhexdump(bytearray1)

        return result
    }
```

图 8-31　response "自吐"的结果

至此，对于使用 HTTP 的 Socket "自吐"脚本差不多开发完毕，而针对 HTTPS 的"自吐"脚本也可以采用同样的分析过程。

分析之前我们将 demo 中的 URL 由 http://www.baidu.com 改成 https://www.baidu.com，然后重新按照上面的流程进行 trace 和 Hook。我们最终会发现，在进行 HTTPS 连接时一定会经过的函数如图 8-32 所示。

图 8-32 HTTPS 连接的相关函数

其中，关键函数是 com.android.org.conscrypt.ConscryptFileDescriptorSocket$SSLOutputStream.write([B, int, int)和 com.android.org.conscrypt.ConscryptFileDescriptorSocket$SSLInputStream.read([B, int, int)，并且它们的第一个参数永远是明文的 request 或者 response 数据。最终 HTTPS 的 Socket "自吐" 脚本内容如代码清单 8-25 所示。在测试后发现这个 "自吐" 脚本确实能完成 HTTPS 明文数据的 "自吐"。

代码清单 8-25　hookSSLSocket 函数

```
    Java.use('com.android.org.conscrypt.ConscryptFileDescriptorSocket$SSLOutputStream').write.overload('[B', 'int', 'int').implementation = function (bytearray1, int1, int2) {
            var result = this.write(bytearray1, int1, int2)
            console.log('write result,bytearray1,int1,int2=>', result, bytearray1, int1, int2)
            var ByteString = Java.use("com.android.okhttp.okio.ByteString");
            // console.log('contents: => ', ByteString.of(bytearray1).hex())
            jhexdump(bytearray1)
            return result
    }
    // com.android.org.conscrypt.ConscryptFileDescriptorSocket$SSLInputStream.read
    Java.use('com.android.org.conscrypt.ConscryptFileDescriptorSocket$SSLInputStream').read.overload('[B', 'int', 'int').implementation = function (bytearray1, int1, int2) {
            var result = this.read(bytearray1, int1, int2)
            console.log('read result,bytearray1,int1,int2=>', result, bytearray1, int1, int2)
```

```
        var ByteString = Java.use("com.android.okhttp.okio.ByteString");
        //console.log('contents: => ', ByteString.of(bytearray1).hex())
        jhexdump(bytearray1)
        return result
    }
```

至此，针对HTTP(S)收发包内容的"自吐"脚本开发完毕，但是还缺少一个关键的内容——获取收发包的IP地址和端口。因为客户端访问的第一步往往是需要网址的，所以获取的IP地址和端口函数通常是构造函数，基于此，可在Hook全部Socket相关类之前对Objection的源码进行修改。

在实际实验过程中发现，构造函数的调用频率和其他收发包函数被调用的频率并不一致，无法直接 Hook，需要针对所有的 Socket 相关类的构造函数专门进行测试。我们将 Socket 相关类另存为一个 SocketInit.txt 文件，并在文件的每一行前面加上 android hooking watch class_method，在每一行的行尾加上.$init --dump-args --dump-return，这样再使用-c 参数就能够针对每一类的构造函数进行 Hook 了。

修改后的 SocketInit.txt 文件的内容如图 8-33 所示。

图 8-33　SocketInit.txt

修改完 SocketInit.txt 文件后，重新使用 Objection 的-c 参数来执行文件中的所有命令，最终 Hook 的结果如图 8-34 所示。

在注入后会发现不管是 HTTP 还是 HTTPS 协议都会调用一些相同的函数。这里最终关注到了 java.net.InetSocketAddress.InetSocketAddress(java.net.InetAddress, int)函数。如图 8-35 和图 8-36 所示分别是针对 HTTP 和 HTTPS 协议的 Hook 结果，其实这个函数的第一个参数是 InetAddress 的 toString()函数的结果（即返回值），第二个参数是端口号。

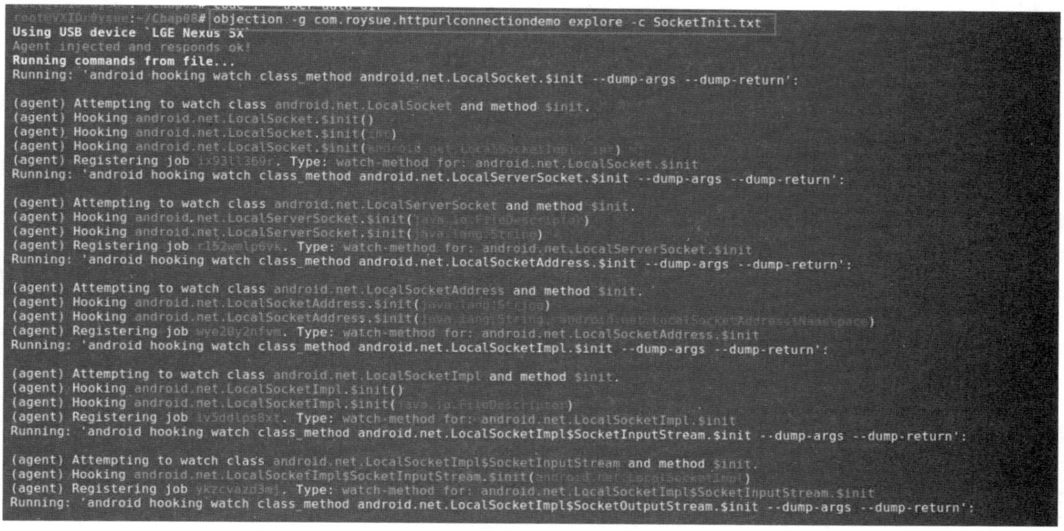

图 8-34 Objection 执行 SocketInit.txt 中的命令

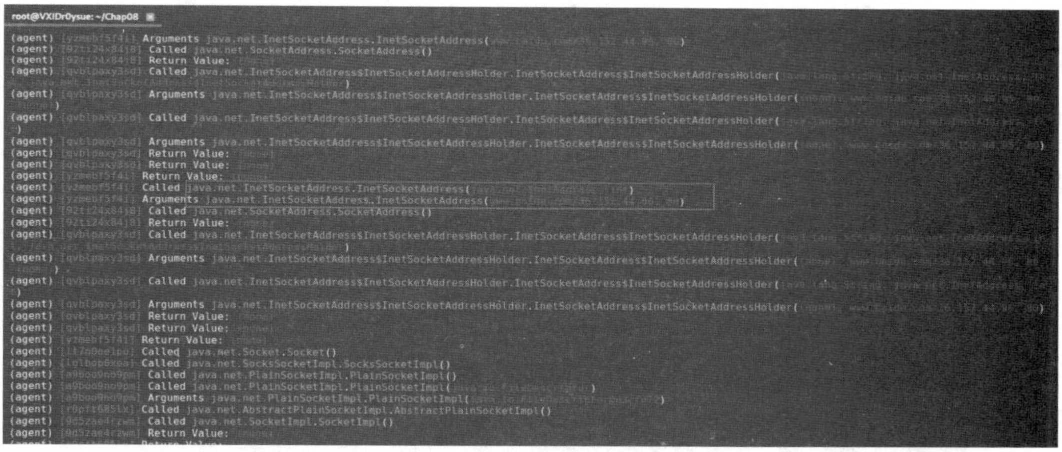

图 8-35 HTTP

图 8-36 HTTPS

编写出对应的"自吐"脚本后,最终的"自吐"结果如图 8-37 所示。可见,其结果不仅仅有访问的网址信息,还存在本地的 IP 信息。

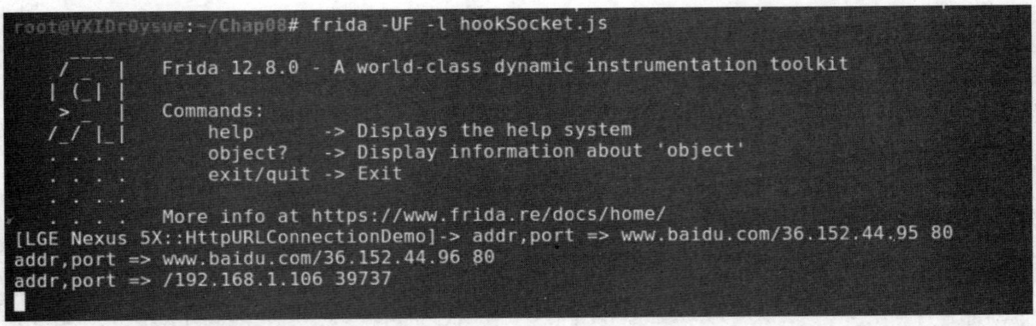

```
root@VXIDr0ysve:~/Chap08# frida -UF -l hookSocket.js
     / _  |   Frida 12.8.0 - A world-class dynamic instrumentation toolkit
    | (_| |
     > _  |   Commands:
    /_/ |_|       help      -> Displays the help system
    . . . .       object?   -> Display information about 'object'
    . . . .       exit/quit -> Exit
    . . . .
    . . . .   More info at https://www.frida.re/docs/home/
[LGE Nexus 5X::HttpURLConnectionDemo]-> addr,port => www.baidu.com/36.152.44.95 80
addr,port => www.baidu.com/36.152.44.96 80
addr,port => /192.168.1.106 39737
```

图 8-37 Address 自吐

此时应该如何区分本地地址和远程地址信息呢？如果使用肉眼区分肯定是不方便和笨拙的，我们可以查看源码来加以区分，选择观察 java.net.InetAddress 类的源码或者使用 Objection 插件 WallBreaker 来查找这两种方式，这里使用 WallBreaker 的方式来查找。

在 Objection 中依次使用以下命令分别加载 WallBreaker 插件并使用 WallBreaker 观察 java.net.InetAddress 类结构，会发现这个类存在三个和 Local 相关的实例函数，具体如图 8-38 所示。

```
# plugin load /root/.objection/plugins/Wallbreaker # plugin wallbreaker classdump java.net.InetAddress
```

```
/* instance methods */
void readObject(ObjectInputStream);
void readObjectNoData(ObjectInputStream);
Object readResolve();
void writeObject(ObjectOutputStream);
boolean equals(Object);
B[] getAddress();
String getCanonicalHostName();
String getHostAddress();
String getHostName();
String getHostName(boolean);
int hashCode();
InetAddress$InetAddressHolder holder();
boolean isAnyLocalAddress();
boolean isLinkLocalAddress();
boolean isLoopbackAddress();
boolean isMCGlobal();
boolean isMCLinkLocal();
boolean isMCNodeLocal();
boolean isMCOrgLocal();
boolean isMCSiteLocal();
boolean isMulticastAddress();
boolean isReachable(int);
boolean isReachable(NetworkInterface, int, int);
boolean isReachableByICMP(int);
boolean isSiteLocalAddress();
String toString();
```

图 8-38 InetAddress 类结构

分别测试这几个函数后发现，isSiteLocalAddress()函数即可以用来区分是本地地址还是远程地址。最终网址相关的"自吐"脚本内容如代码清单 8-26 所示，测试结果如图 8-39 所示。

代码清单 8-26　hookAddress()函数

```
function hookAddress(){
    Java.perform(function(){
        // java.net.InetSocketAddress.InetSocketAddress(java.net.InetAddress,
        // int)
        Java.use('java.net.InetSocketAddress').$init.overload('java.net.InetAddress', 'int').implementation = function(addr,port){
            var result = this.$init(addr,port)

            //console.log('addr,port =>',addr.toString(),port)
            if(addr.isSiteLocalAddress()){
                console.log('Local address =>',addr.toString(),', port is ',port)
            }else{
                console.log('Server address =>',addr.toString(),', port is ',port)
            }

            return result
        }
    })
}
```

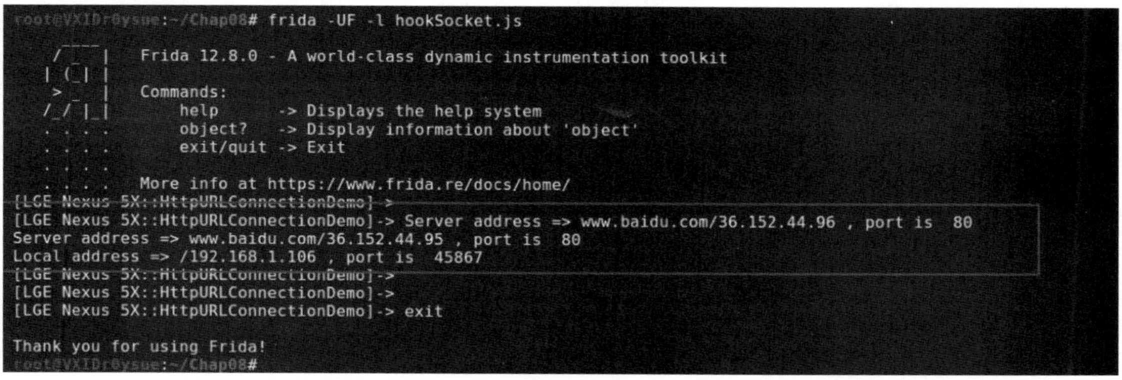

图 8-39　测试结果

至此，基于 HTTPUrlConnection 所做的 Socket"自吐"脚本开发完毕。使用 okhttp3 和 Retrofit 的 Demo 进行测试，同样能完成网络数据包的抓包工作。当然，读者如果感兴趣可以使用其他的第三方 HTTP(S)收发包框架进行测试。从理论上说，这个 Socket 的"自吐"脚本应该可以通杀所有使用系统 Socket 进行收发包的 App。

8.5 本章小结

在本章中，主要介绍使用 Objection 和 Frida 来针对不同的 HTTP(S)收发包框架来模拟抓包，并针对 HTTPUrlConnection 和 okhttp3 这两个 HTTP(S)收发包框架开发了相应的"自吐"脚本。最后，考虑到应用层收发包框架多种多样，同时为了应对第三方收发包框架存在的过分混淆而导致针对相应框架的"自吐"失效的情况，以及应对存在直接使用 Socket 进行收发包的情况，带领读者探索了由 Socket 相关函数完成网络传输数据抓取的可能性。事实证明，这样的方式是可行的，我们最终得到了一个粗略的通杀所有应用层协议的 Socket "自吐"脚本。需要注意的是，这个"自吐"脚本还存在一些问题，比如 URL 信息和收发包的对应关系、request 和 response 如何更加精确地一对一等，这些内容会留待后续章节继续进行探讨。

第 9 章

Hook 抓包实战之应用层其他协议及抓包分析

在上一章中，我们重点分析了几个 HTTP(S)应用协议相关的 Android 网络框架的基础开发方法，并借助相关函数完成了对应收发包内容的"自吐"，另外还开发了可以应对各种混淆、无视应用层 HTTP(S)框架类型的 Socket "自吐"脚本。在本章中，将介绍一些在 Android 中常用的除 HTTP(S)外的应用层协议并验证在上一章中开发的 hookSocket.js 脚本的通杀性能。

9.1 WebSocket 协议

9.1.1 WebSocket 简介

WebSocket 协议是为了改善 HTTP 中通信只能由客户端发起的弊端而产生的。在 HTTP 协议下，如果服务器存在连续的状态变化，那么客户端要想获取这种状态变化会十分麻烦，要解决这样的困境，只能使用"轮询"，即每隔一段时间发出一次询问，以了解服务器有没有新的信息。WebSocket 协议出现后，很好地解决了上述问题：首先，服务器可以主动向客户端推送信息，客户端也可以主动向服务器发送信息，实现了服务器与客户端真正的双向平等对话，即全双工通信，这种通信方式为客户端获取服务端的状态变化提供了极大的方便。其次，与传统的 HTTP 这种非持久化的协议相比，WebSocket 在建立连接后能够保持持久化连接，不需要向 HTTP 一样在一次请求中只能一个 request 对应一个 response，极大地节约了每次发送请求需要重新建立连接所消耗的性能。

需要声明的是，与第 8 章中介绍的 Socket 不同，WebSocket 是一种端对端通信的、工作在传输层的通信方式，它只是借鉴了 Socket 的全双工通信的思想，本身仍然是建立在 TCP 之上的一种应用层协议。

9.1.2 分析 WebSocket 搭建环境

针对 WebSocket 协议，笔者在 gotify 官网上找了一个应用用于测试。这个项目是一个开源的基于 WebSocket 的即时通信系统，提供了相应的客户端与服务器，整个项目的源代码存储在 GitHub 上，网址是 https://github.com/gotify。

为了后续测试，需要对服务器进行配置，这里将 gotify 的服务器搭建在本地。

首先访问服务器软件包的 release 页面（https://github.com/gotify/server/releases），获取适配相应平台的最新版服务器软件包，如图 9-1 所示。

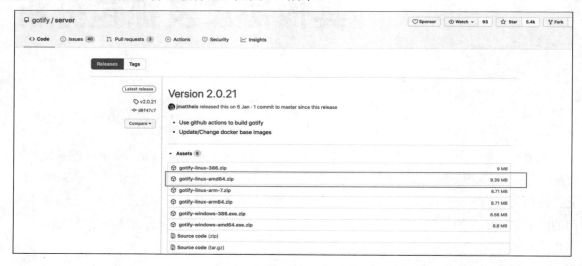

图 9-1　gotify 服务器端程序包

可以发现提供了 Linux 和 Windows 平台的服务器软件包版本，这里进行测试的平台是 Kali，因此选择 gotify-linux-amd64.zip。（在笔者写作本书时，Server 最新版是 Version 2.0.21。）

下载服务器软件包并解压后，依次执行以下命令使 gotify 服务器运行起来：

```
# chmod +x gotify-linux-amd64
# ./gotify-linux-amd64
```

结果如图 9-2 所示。

为了确认 gotify 服务器运行正常，从 gotify 的 Android 版本页面（https://github.com/gotify/android/releases）下载并安装最新版的 Android 客户端，然后尝试连接服务器，如图 9-3 所示。在保证客户端和服务器处于同一局域网后，输入服务器的 IP 地址（注意这里的 http:// 前缀不能少）并单击 CHECK URL 按钮，如果出现图 9-3 右侧所示的 FOUND GOTIFY ×××版本信号，就说明服务器运行无误，此时服务器会打印出很多日志信息，如图 9-4 所示。

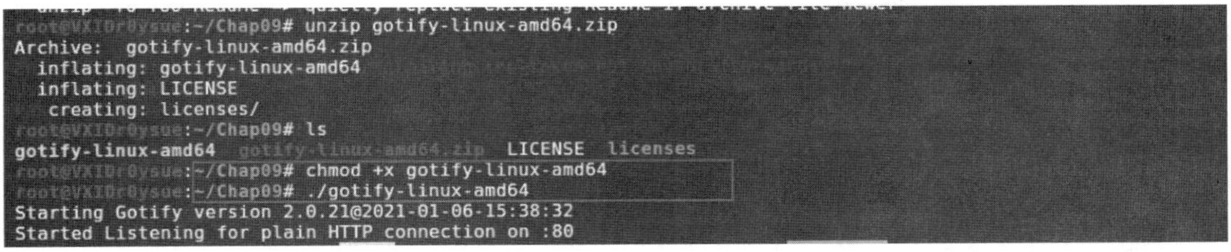

第 9 章　Hook 抓包实战之应用层其他协议及抓包分析

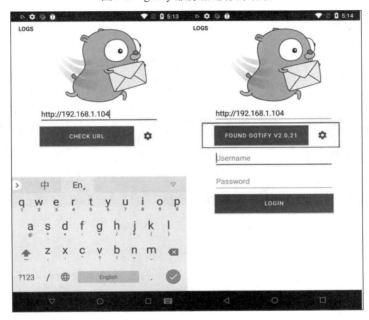

图 9-2　gotify 服务器运行的结果

图 9-3　Android 端测试服务器的状态

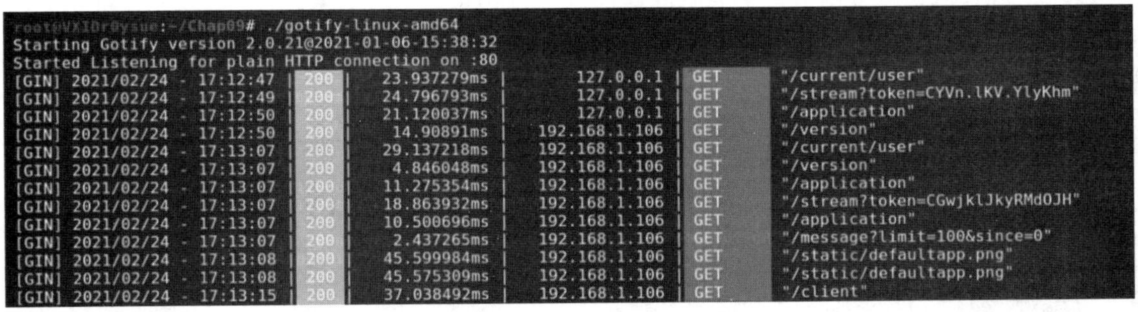

图 9-4　服务器端同步打印的日志信息

在服务器端所在机器上使用浏览器访问 http://127.0.0.1 完成服务器消息的发送。由于发送的工程相对于命令行模式复杂，不利于后续的测试，因此这里选择从 gotify 命令端的 release 页面（网址为 https://github.com/gotify/cli/releases）下载对应平台（这里是 linux-amd64 平台）的命令行版本进行后续的测试。

下载完毕后，依次使用如下命令使 gotify 可执行，然后进行测试：

```
# wget -O gotify https://github.com/gotify/cli/releases/download/v2.2.0/gotify-cli-linux-amd64
# chmod +x gotify
# ./gotify
# mv gotify /usr/bin/gotify
```

测试成功后将 gotify 加入系统的环境变量 PATH，使得之后在任意路径下都可以执行 gotify，最终运行结果如图 9-5 所示。

图 9-5　gotify 运行的结果

保持 gotify 服务器端的运行，在 Android 端上输入用户名和密码（admin/admin）完成客户端的登录。此时新开一个终端，并输入以下命令完成 gotify 配置的初始化：

```
# gotify init
```

在运行命令后，依次输入服务器端的网址，配置访问方式（这里选择用户名+密码的方式）、用户名和密码（admin/admin）以及 Application name（用户随意）和优先级便完成了 gotify 命令行模式的初始化，如图 9-6 所示。

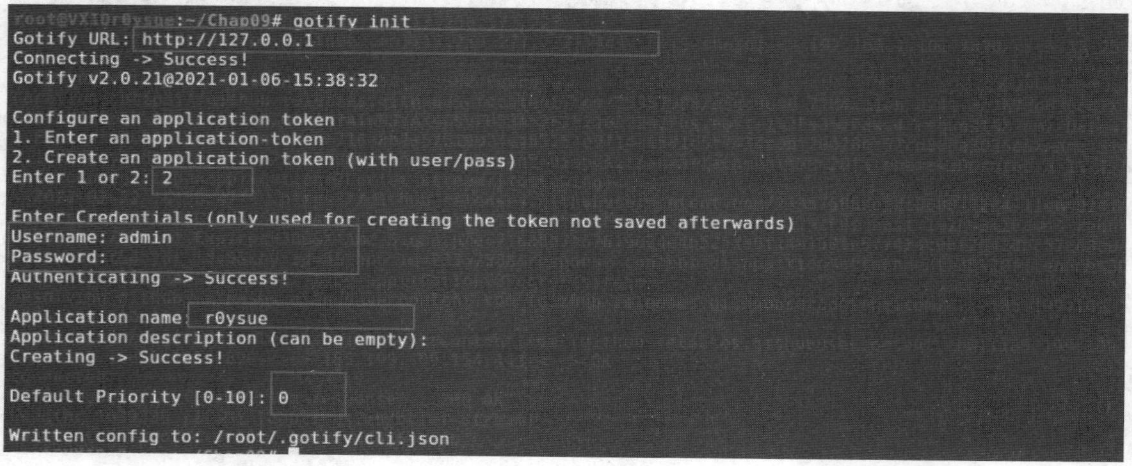

图 9-6　gotify 初始化

在初始化完成后便可以通过以下命令从服务器端向客户端发送信息了：

```
# gotify p "r0ysueContent" -t "r0ysueTitle"
```

其中，p 参数后跟着的是想发的信息，-t 参数后跟着的是消息的标题 title。在运行如上命令后便可在客户端收到服务器端发送的消息，如图 9-7 所示。至此，整个 WebSocket 的分析环境就搭建完毕了。

图 9-7　客户端收到的消息

9.1.3　WebSocket 抓包与协议分析

在进行抓包分析前，我们首先使用第 8 章中 hookSocket.js 这个 Socket 的"自吐"脚本按照如下命令测试一下能否抓取到消息内容。这里再次介绍一下 Frida 的 -o 参数，通过 -o 参数可以将 Frida 一次测试的内容保存到指定的文件中以供后续分析，对于有大量输出结果而需要注入的情况，就可以防止因输出内容过多而导致找不到目标内容的问题。

```
# frida -UF -l hookSocket.js -o ws.log
```

在按照如上命令注入成功后，重新使用 gotify 命令行给客户端发送一条消息，这里测试时发送了一条标题为 r0ysue123、消息内容为 r0ysueContent6666 的消息。由于 jhexdump(array) 这个函数过于消耗内存并且还使用 -o 参数将输出结果写入文件，导致整个测试过程十分卡顿，因此这个过程需要等待较长时间，直到 Frida 的 repl 页面没有输出后退出 Frida，然后查看 ws.log 这个日志文件，最终结果如图 9-8 所示。在利用 VScode 等编辑器的搜索功能搜索对应信息内容时，会发现这些内容都完全打印出来了，因此大致可以判定这个 hookSocket.js 是可以抓取 WebSocket 协议数据包的。

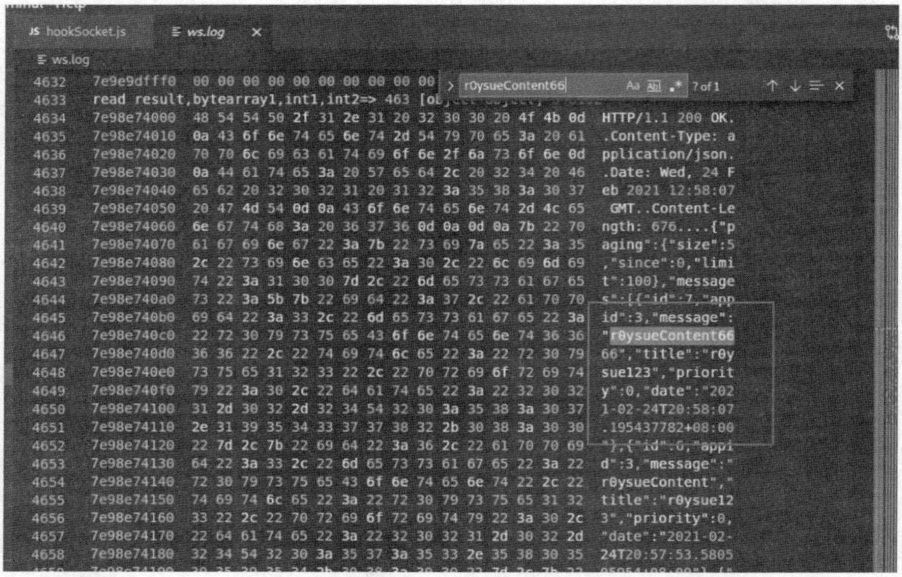

图 9-8　ws.log

以上只是验证了 hookSocket.js 在 WebSocket 协议中的可用性，为进一步得到这个 App 本身的收发包函数，我们还需要对 App 进行进一步的协议分析。可以使用 Objection 注入程序在 hookSocket.js 脚本中 Hook 关键收发包函数，比如 java.net.SocketInputStream.read()函数。针对这个函数执行以下命令并对该函数进行 Hook 跟踪，最终会发现如图 9-9 所示的一些 App 相关类的函数信息。

```
# android hooking watch class_method java.net.SocketInputStream.read --dump-args --dump-backtrace --dump-return
```

图 9-9　Hook 的结果

第 9 章　Hook 抓包实战之应用层其他协议及抓包分析 | 217

为了进一步确认打印出来的调用栈中的函数确实是收发包函数，这里采取批量 trace 的方式从另一个角度进行分析：通过使用以下命令获取所有 WebSocket 相关类并保存用于后续 Hook。

```
# android hooking search classes WebSocket
```

在执行完命令后，搜索结果如图 9-10 所示，里面存在部分 okhttp3 相关类。

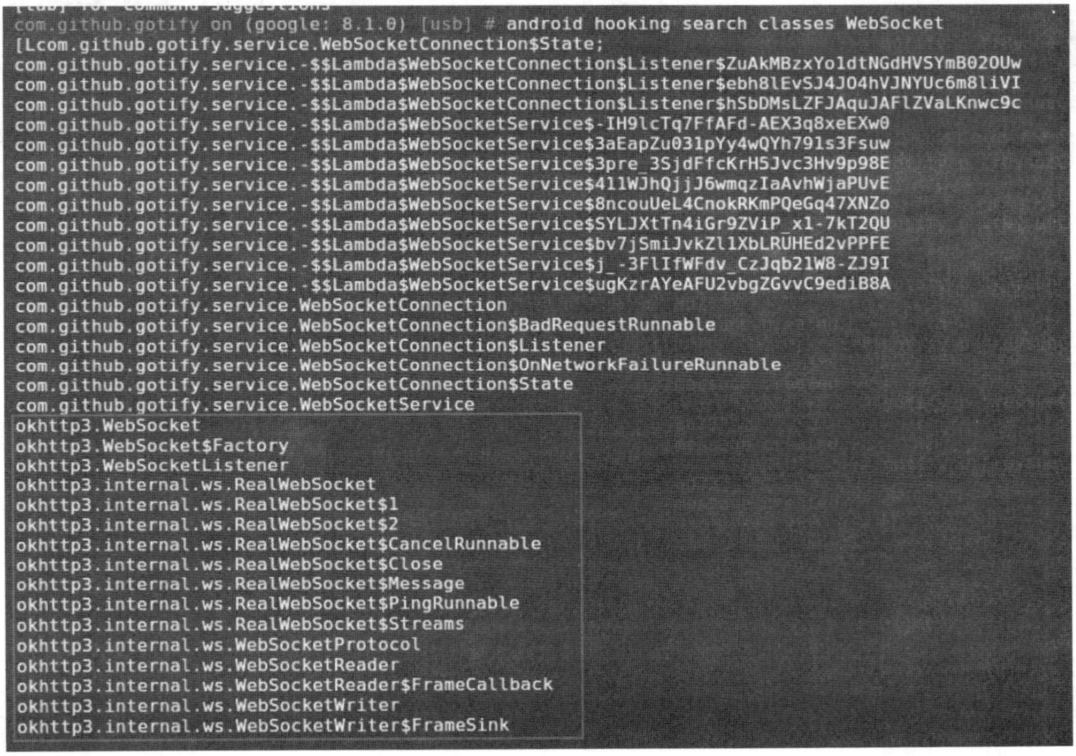

图 9-10　WebSocket 相关类

这里最终只保存 App 相关类进行批量 trace（因为加上 okhttp3 相关类会导致 App 崩溃），最终定位结果如图 9-11 所示。可见在服务器端接收到消息，最先调用的是 com.github.gotify.service.WebSocketConnection$Listener.onMessage() 函数。

图 9-11　trace 的结果

针对 onMessage() 函数再次进行 Hook，如图 9-12 所示，会发现这个函数的第二个参数包含我们发送的消息。

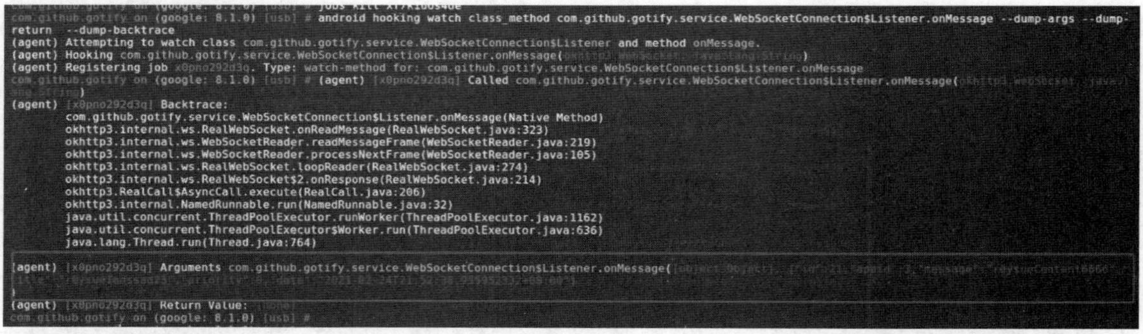

图 9-12　Hook 的结果

此时使用 Jadx 打开相应的 APK 文件并找到对应的函数，会发现这个函数的第二个参数作为字符串传递给 onMessage() 函数后，最终在 lambda$onMessage$1$WebSocketConnection$Listener() 函数中被转换为 JSON 数据，变成了 com.github.gotify.client.model.Message 实体类，如图 9-13 所示。

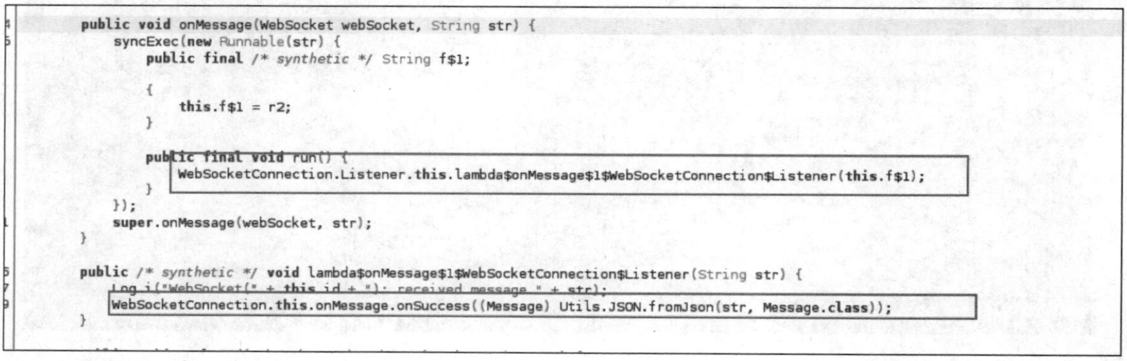

图 9-13　OnMessage() 函数

在确定是 Message 的完整类名后，使用 WallBreaker 插件到内存中搜索这个类的对象，最终发现 App 使用这个实体类对象实际上存储了所有的消息内容，如图 9-14 所示。

细心的读者可能会发现图 9-12 中的调用栈在图 9-9 中出现过，并且它们的调用栈均没有定位到实际的收发包函数。至此虽然仍旧未找到实际的收发包函数，但是会发现该 App 是使用 okhttp3 第三方网络框架完成的 WebSocket 收发包管理。在测试后发现第 8 章中开发的 okhttp3 "自吐" 脚本同样也可以完成样本 App 收发包内容的 "自吐" 工作。如果想要进一步确定 okhttp3 在 WebSocket 收发包的关键函数，实际上还是从开发的角度来定位会更加完善和准确，不过这已经不再是本章的重点内容，就留待读者自行完成吧！

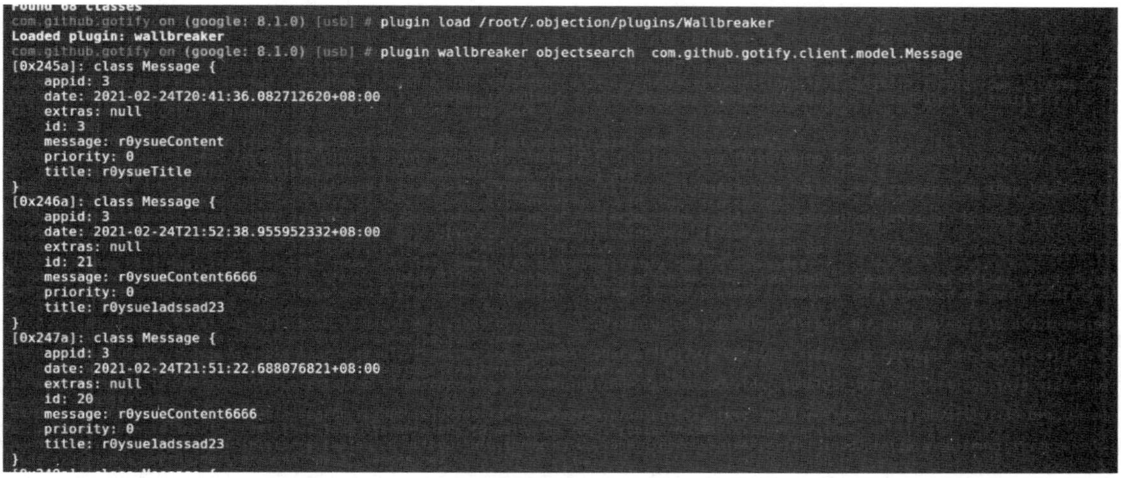

图 9-14　Message 对象

9.2　XMPP 协议

9.2.1　XMPP 简介

通俗地说，XMPP 是一个用于即时通信（比如 QQ、微信 WeChat 等）的协议，曾经是 Google 极力推荐的即时通信协议，例如，IP 电话及即时通信服务，Google Talk 软件就是 Google 公司 2005 年推出的。

值得强调的是，XMPP 是基于可扩展标记语言（XML）的，这使得 XMPP 能够在一个比以往网络通信协议更规范的平台上运行。借助于 XML 本身易于解析和阅读的特性，XMPP 的协议非常漂亮，代码清单 9-1 给出了一个简单且完整的 XMPP 协议 XML 消息结构。在这个清单中，<stream></stream>标签构成了一个完整的 XML 文档，其中，<stream>标签是所谓的 XML Stream（XML 流）。在这两个标签中间的 XML 元素（比如<message>）就是所谓的 XML Stanza（也被称为 XML 节）。<message></message>标签存储的是传输消息的具体内容，包括发送方、接收方以及消息内容等。XMPP 核心协议通信的基本模式是先建立一个 stream，然后协商一些与安全相关的内容，在其通信过程就是客户端一个接着一个地发送 XML 节信息。

代码清单 9-1　XML 消息实体

```
<?xmlversion='1.0'?>
<stream:stream
to='Receiver'
xmlns='jabber:client'
xmlns:stream='http_etherx_jabber_org/streams'
version='1.0'>
```

```
<message from='Sender'
to='Receiver'
xml:lang='zh-cn'>
    <body>r0ysue666</body>
</message>
</stream:stream>
```

在 Android 中常用的基于 XMPP 协议的开发框架被称为 Smack，其主页网址为 https://igniterealtime.org/projects/smack/。Smack 框架是一个开源、高度模块化、易于使用的 XMPP 客户端第三方库，是用 Java 编写的，由 Jive Software 开发。Smack 本身编程简单，但是其 API 并非为大量并发用户设计，由于其每个客户都需要占用 1 个线程，因此占用资源相对较大。具体的开发方式读者有兴趣可自行研究，这里就不再赘述了。

9.2.2　XMPP 环境搭建与抓包分析

本次测试的 App 选择的是 GitHub 上与关键词 XMPP 和 Android 最为匹配的 xabber-android 项目，代码仓库地址为 https://github.com/redsolution/xabber-android。在测试过程中，笔者注册了两个测试账户（test255@xabber.org 和 test256@xabber.org，其中 test256 用于登录 Android 客户端，test255 用于登录 Web 端，Web 端的登录地址为 https://www.xabber.com/account/auth/login/），用于互相发送消息。

在从 F-droid 上（具体网址为 https://f-droid.org/zh_Hans/packages/com.xabber.android/）下载并安装完 Xabber 的 Android 端之后，使用一个注册账户登录，同时使用另一个账户登录 Web 端并访问网址 https://web.xabber.com/，之后两个账户之间就可以互相发送消息了，如图 9-15 所示。

图 9-15　XMPP 测试环境

至此，我们的 XMPP 测试环境就搭建好了，按照上一小节中的步骤，这里再次使用第 8 章中的 hookSocket.js 进行抓包测试，并将所有输出保存到 xmpp.log 文件中，具体命令如下：

```
# frida -UF -l hookSocket.js -o xmpp.log
```

在保证输出全部打印出来后，使用 VScode 打开 xmpp.log 文件并搜索相应的测试消息（这里是 r0ysue），结果如图 9-16 所示。

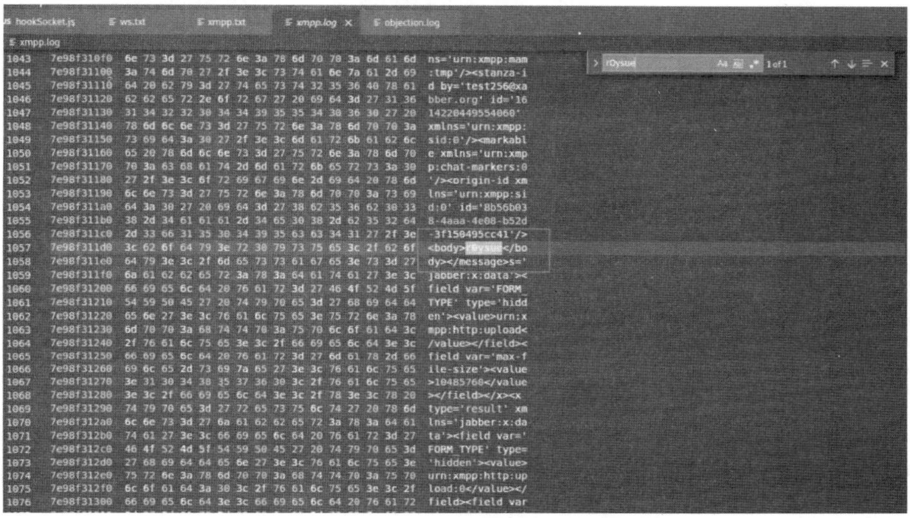

图 9-16　xmpp.log 搜索结果

可以判定 hookSocket.js 也能应对 XMPP 协议的抓包，这符合我们在第 8 章中开发时的预期。

为了进一步确定应用本身的收发包相关函数，我们选择使用 Jadx 打开这个 App，并依据在 9.1.1 小节中所介绍的框架优先搜索 Smack 相关类——静态结果，如图 9-17 所示，搜索出很多 Smack 相关类，说明 App 可能是基于 Smack 框架开发的。

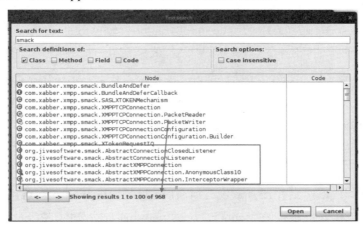

图 9-17　静态结果

为了确定静态结果的正确性，我们使用 Objection 注入 App 并使用如下命令对 Smack 相关类进行搜索，最终的动态结果与静态结果几乎相同，如图 9-18 所示。

```
# android hooking search classes smack
```

```
[Lorg.jivesoftware.smackx.carbons.packet.CarbonExtension$Direction;
[Lorg.jivesoftware.smackx.chatstates.ChatState;
[Lorg.jivesoftware.smackx.mam.element.MamPrefsIQ$DefaultBehavior;
[Lorg.jivesoftware.smackx.receipts.DeliveryReceiptManager$AutoReceiptMode;
[Lorg.jivesoftware.smackx.xdata.FormField$Type;
[Lorg.jivesoftware.smackx.xdata.packet.DataForm$Type;
com.xabber.android.data.log.SmackDebugger
com.xabber.xmpp.smack.XMPPTCPConnection
com.xabber.xmpp.smack.XMPPTCPConnection$1
com.xabber.xmpp.smack.XMPPTCPConnection$2
com.xabber.xmpp.smack.XMPPTCPConnection$3
com.xabber.xmpp.smack.XMPPTCPConnection$PacketReader
com.xabber.xmpp.smack.XMPPTCPConnection$PacketReader$1
com.xabber.xmpp.smack.XMPPTCPConnection$PacketWriter
com.xabber.xmpp.smack.XMPPTCPConnection$PacketWriter$1
com.xabber.xmpp.smack.XMPPTCPConnectionConfiguration
com.xabber.xmpp.smack.XMPPTCPConnectionConfiguration$Builder
org.jivesoftware.smack.AbstractConnectionClosedListener
org.jivesoftware.smack.AbstractConnectionListener
org.jivesoftware.smack.AbstractXMPPConnection
org.jivesoftware.smack.AbstractXMPPConnection$1
org.jivesoftware.smack.AbstractXMPPConnection$10
org.jivesoftware.smack.AbstractXMPPConnection$2
org.jivesoftware.smack.AbstractXMPPConnection$3
org.jivesoftware.smack.AbstractXMPPConnection$4
org.jivesoftware.smack.AbstractXMPPConnection$5
```

图 9-18　动态结果

在动态内存中搜索到了大概 566 个相关类，其中大部分类名均以 org.jivesoftware 开头，这与 Smack 第三方库的类名相同。如果将这里的所有类进行 Hook，大概率会导致系统崩溃，可以选择从 Smack 开发的流程入手，不过这里的 App 十分简单，可以选择从 App 本身与 Smack 相关的类入手，最终在内存中搜索 App 本身与 Smack 相关的类只有 10 个，具体如下：

```
com.xabber.xmpp.smack.XMPPTCPConnection
com.xabber.xmpp.smack.XMPPTCPConnection$1
com.xabber.xmpp.smack.XMPPTCPConnection$2
com.xabber.xmpp.smack.XMPPTCPConnection$3
com.xabber.xmpp.smack.XMPPTCPConnection$PacketReader
com.xabber.xmpp.smack.XMPPTCPConnection$PacketReader$1
com.xabber.xmpp.smack.XMPPTCPConnection$PacketWriter
com.xabber.xmpp.smack.XMPPTCPConnection$PacketWriter$1
com.xabber.xmpp.smack.XMPPTCPConnectionConfiguration
com.xabber.xmpp.smack.XMPPTCPConnectionConfiguration$Builder
```

将这些类名保存为 xmpp.txt 文件，并在文件内的每一行前加上 android hooking watch class，最终的结果如图 9-19 所示。

使用如下 Objection 命令执行 xmpp.txt 文件中的每一行命令：

```
# objection -g com.xabber.android explore -c xmpp.txt
```

在确定所有类均 Hook 上并且 App 没有崩溃后，反复使用 Web 端向客户端发送消息进行测试，会发现如图 9-20 所示的最终函数 com.xabber.xmpp.smack.XMPPTCPConnection.isSmEnabled() 是第一个被调用的。

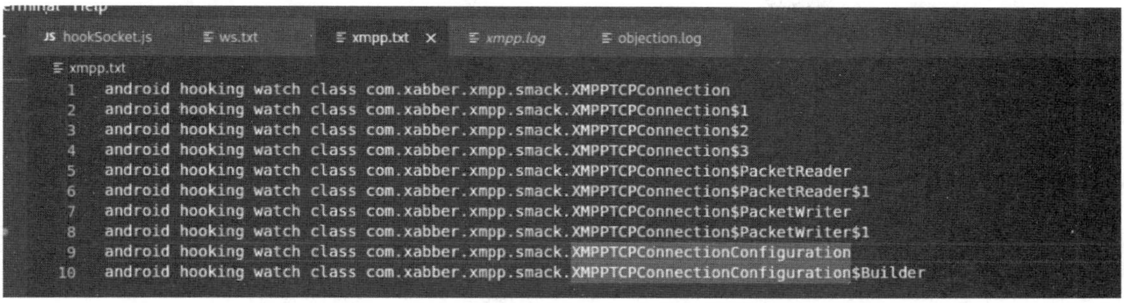

图 9-19 App 自身的 Smack 相关类

图 9-20 trace 的结果

退出 Objection 并重新使用 Objection 注入 App。注入成功后，使用如下命令对 com.xabber.xmpp.smack.XMPPTCPConnection.isSmEnabled()函数进行 Hook，并打印调用栈，最终在重新使用客户端向 Web 端发送消息后，会在调用栈中发现一个非常明显的函数 sendMessage()，如图 9-21 所示。

```
# android hooking watch class_method com.xabber.xmpp.smack.XMPPTCPConnection.isSmEnabled --dump-args --dump-backtrace -- dump-return
```

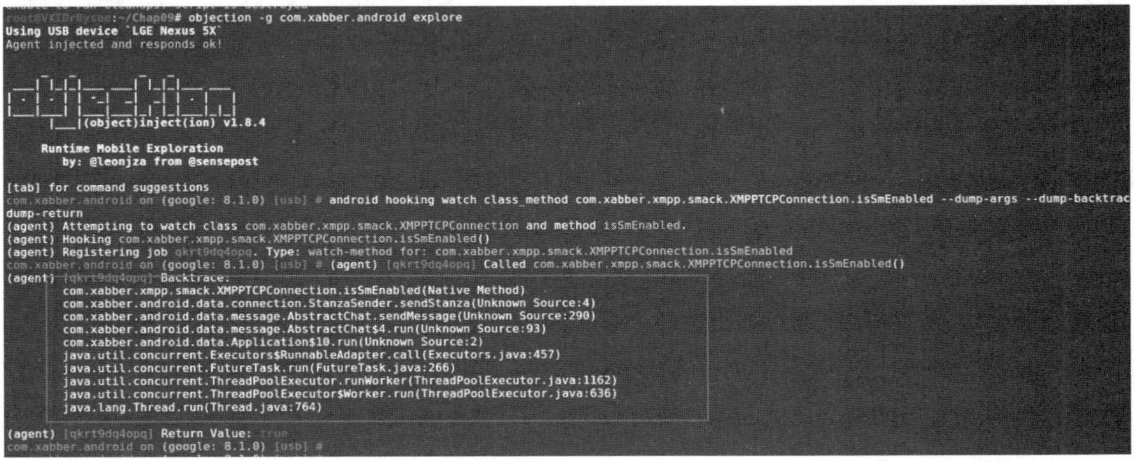

图 9-21 Hook isSmEnabled()函数

在 Jadx 中搜索对应函数后会发现存在两个同名函数，只是参数不同，如图 9-22 所示。

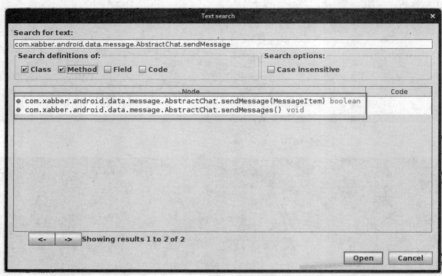

图 9-22　sendMessage()函数

回到 Objection 页面，对这两个函数再次进行 Hook，会发现实际上调用的函数是 com.xabber.android.data.message.AbstractChat.sendMessage(MessageItem)，如图 9-23 所示。

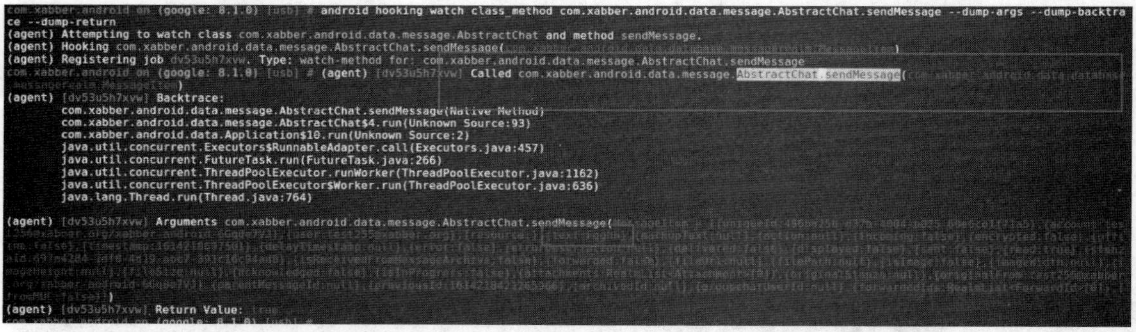

图 9-23　Hook 函数 sendMessage()

进一步发现这个 sendMessage()函数的参数 MessageItem 类就是包含信息内容的类，可以按照如下步骤使用 Wallbreaker 插件进一步查看这个类的内容。

```
// 1. 加载 Wallbreaker 插件
# plugin load /root/.objection/plugins/Wallbreaker
Loaded plugin: wallbreaker

// 2. 搜索内存中 MessageItem 类的对象
# plugin wallbreaker objectsearch com.xabber.android.data.database.messagerealm.MessageItem
    [0x2962]: com.xabber.android.data.database.messagerealm.MessageItem@b745f0c
    [0x2952]: com.xabber.android.data.database.messagerealm.MessageItem@f89a039
```

```
// 3. dump 这个对象的内容
# plugin wallbreaker objectdump 0x2952
```

最终的结果如图 9-24 所示，我们可以发现 MessageItem 类的对象的 account 等成员确实存储着发送消息相关的参数，其中 originalStanza 成员存储着 Message 的全部内容。

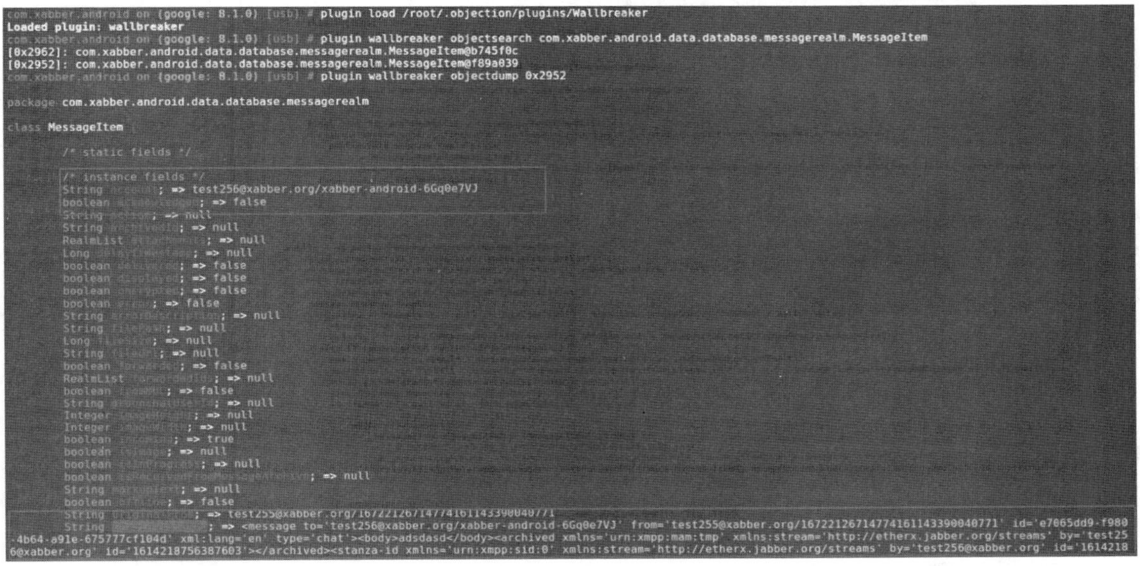

图 9-24　MessageItem

经过多次测试最终确定这个类存储着所有发送和接收的信息内容，并且是我们关注的收发包的内容信息。

9.3　Protobuf 相关协议

9.3.1　gRPC/Protobuf 介绍

Protobuf（Protocol Buffers）是 Google 公司在 2008 年对外提出的一种不依赖语言和平台类型、可扩展的用于序列化结构数据的机制。读者可以在 Google 开发者网站上找到关于 Protobuf 的文档。Protobuf 支持多种主流计算机语言，包括 C++、Java、Python、Objective-C 等，目前主要使用 proto2 和 proto3 两大版本。相比 proto2，proto3 虽然简化了开发的复杂度、提高了开发的效率，但是很多公司早就采用了 Protobuf 作为数据传输标准，一直使用着 proto2 协议，导致 proto3 一直没有真正取代 proto2。

为什么 Protobuf 会成为众多项目的选择呢？答案是效率。在直播、弹幕这种实时性数据传输业务的需求下，减少数据在传输过程中占用空间的大小对数据的实时传输意义重大。网上曾有一段数据用以对比 Protobuf 和 JSON 之间的性能差异：在同样的条件下，传输 65535 条数据记录到文件中，并使用 JSON 把记录写到文件中，所生成的文件大小为 23733KB，生成文件的耗时为 12.80 秒，从该文件中解析出这些数据所用的时间是 11.50 秒；而使用 Protobuf 标准去完成同样的任务，生成的文件大小只有 3760KB，生成文件总共耗时 0.08 秒，从该文件中解析出这些数据所用的时间是 0.07 秒。在同样的条件下，相对于可读性更好的 JSON 格式来说，Protobuf 的性能是 JSON 的 100 多倍，这对海量的数据传输效率提升是惊人的。总体来说，使用 Protobuf 用作数据传输不仅能够使数据流的体积减少，还加快了数据传输的速度。

那么 Protobuf 是如何做到这一点的呢？我们以一个小例子为例（见代码清单 9-2），当使用 JSON 传输数据时不仅需要传输相应的 value 值（比如 r0ysue），还需要为 name、sex 这些 key 值预留空间并传输；相对地，使用 Protobuf 传输数据时，只需要在客户端和服务器端事先定义好 1、2 这些 tag 对应的 key 的实际意义，在数据传输的过程中使用 1、2 进行数据的传输即可，这样虽然导致可读性变差，但是数据文件很大时带来的效率提升是显著的（这也正是它受欢迎的原因）。这里只是简单地展示 Protobuf 提高效率的方式，实际使用时还有一些其他减少数据占用空间的方式。

代码清单 9-2　demo

```
// JSON
{
 "name": "r0ysue",
 "sex": "man"
}

// Protobuf
{
 1: "r0ysue",
 2: "man"
}
```

Protobuf 使用 .proto 文件来定义数据格式，并同时提供编译器将这些文件编译为各种语言的源码。一个简单的 proto 例子如代码清单 9-3 所示，其中 syntax 用于声明使用的是 proto3 还是 proto2 编码标准。另外，如果在 proto 文件中使用 Java 语言，那么每一个 message 类型的数据都会被编译为一个 Java 类，每种类型的 message 包含一个或者多个唯一编码字段，每个字段由值类型、名称以及对应的 tag 组成，比如在 HelloRequest 这个 message 中，值类型是 string 和 int32，对应名称分别是 name 和 sex，而相应的 tag 则是 1 和 2，最终在传输的过程中也是用这个 tag 来替代名称以节省空间、提升速率。需要注意的是，在一个 message 类型的数据中，tag 的值是唯一的，是 Protobuf 编码时使用的对每个属性的唯一标识符。因此，在定义过一个

message 之后,原则上不应该再修改每个属性的 tag,因为一旦修改就可能会造成新旧版本数据解析出错的问题。

代码清单 9-3 helloworld.proto

```
// 声明使用 proto 版本
syntax = "proto3";

// 声明一些关于 Java 类的相关信息
option java_multiple_files = true;
// 指定生成的类应该放在什么 Java 包名下
option java_package = "com.xuexiang.protobufdemo";
option java_outer_classname = "HelloWorldProto";
option objc_class_prefix = "HLW";

// 声明包名
package helloworld;

// The request message containing the user's name
message HelloRequest {
 string name = 1;
 int32 sex = 2;
}

// The response message containing the greetings
message HelloReply {
 string message = 1;
}
```

另外,还需要介绍一下 gRPC。在移动端,Protobuf 通常会和 gRPC 框架配合使用。与 Protobuf 一样,gRPC 也是由 Google 公司推出的,它是一个高性能、开源和通用的 RPC(Remote Procedure Call,远程过程调用)框架,主要面向移动设计,目前提供 C++、Java、Python 和 Go 等多个语言版本,支持 Android 和 Web 两个平台。gRPC 基于 HTTP/2 标准设计,具有双向流、流控、头部压缩、单 TCP 连接上的多复用请求等特性,在移动设备上表现良好,更省电,空间占用更少。

9.3.2 gRPC/Protobuf 环境搭建与逆向分析

这里选用的是 Protobuf 的 Demo 也是从 GitHub 上找的一个开源项目,代码仓库地址是 https://github.com/xuexiangjys/Protobuf-gRPC-Android,这个项目并没有直接给 APK 文件,因此这里从 GitHub 将项目克隆到本地后导入 Android Studio 进行编译安装。

当然，仅仅是安装上客户端还是无法进行项目测试的。我们知道当客户端传输特定格式的数据到服务器时，服务器需要能够识别这个特定格式，因此服务器也需要支持 Protobuf 和 gRPC。由于 Protobuf-gRPC-Android 项目本身就是一个演示项目（demo），它是依据官方提供的 gRPC 服务器 example 构建的客户端，因此只需要将官方提供的 gRPC-java 项目（代码地址：https://github.com/grpc/grpc-java）克隆到本地，并按照如下命令搭建服务器即可，结果如图 9-25 所示。

```
# git clone -b v1.33.0 https://github.com/grpc/grpc-java
# cd grpc-java/examples
# ./gradlew installDist
```

 注意　最后一步虽然是编译，但是中间会下载很多依赖包，非常耗时，甚至可能不成功，建议多尝试几次。这里的 proxychains 只是为了让项目下载地更科学。

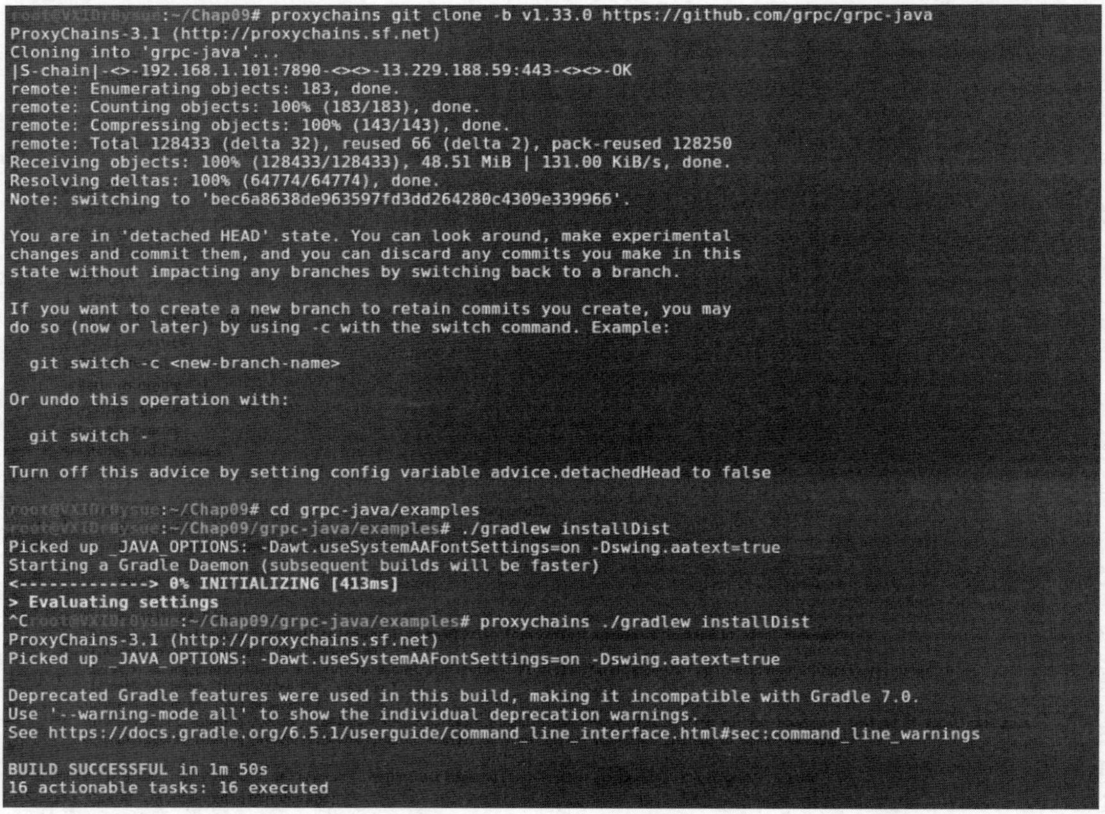

图 9-25　服务器的搭建过程

在编译成功后，运行以下命令将服务器搭建起来。

```
# ./build/install/examples/bin/hello-world-server
```

打印出的日志消息提示服务器已启动，且默认监听 50051 端口，如图 9-26 所示。

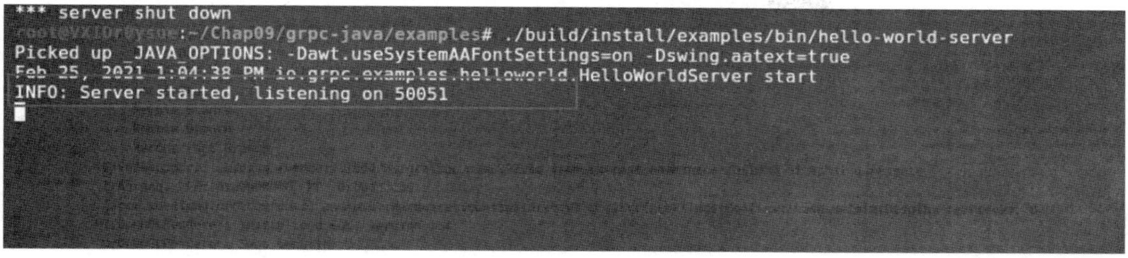

图 9-26 运行服务器

切换到另一个终端,并且同样切换到 grpc-java/examples,再运行如图 9-27 所示的命令。如果打印出的日志消息提示"INFO: Greeting: Hello world",就说明服务器成功搭建且成功运行。

图 9-27 测试服务器

为了了解 hello-world-server 服务器的作用,我们来看一下相应的代码,这个服务器对应的代码是 grpc-java/examples/src/main/java/io/grpc/examples/helloworld/HelloWorldServer.java,如代码清单 9-4 所示。

代码清单 9-4　HelloWorldServer.java

```
/*
 * Copyright 2015 The gRPC Authors
 *
 * Licensed under the Apache License, Version 2.0 (the "License");
 * you may not use this file except in compliance with the License.
 * You may obtain a copy of the License at
 *
 *     http://www.apache.org/licenses/LICENSE-2.0
 *
 * Unless required by applicable law or agreed to in writing, software
 * distributed under the License is distributed on an "AS IS" BASIS,
 * WITHOUT WARRANTIES OR CONDITIONS OF ANY KIND, either express or implied.
 * See the License for the specific language governing permissions and
 * limitations under the License.
 */
public class HelloWorldServer {
  private static final Logger logger = Logger.getLogger(HelloWorldServer.class.getName());

  private Server server;

  private void start() throws IOException {
```

```java
        /* The port on which the server should run */
        int port = 50051;
        server = ServerBuilder.forPort(port)
            .addService(new GreeterImpl())
            .build()
            .start();
        logger.info("Server started, listening on " + port);
        Runtime.getRuntime().addShutdownHook(new Thread() {
          @Override
          public void run() {
            // Use stderr here since the logger may have been reset by its JVM shutdown hook.
            System.err.println("*** shutting down gRPC server since JVM is shutting down");
            try {
              HelloWorldServer.this.stop();
            } catch (InterruptedException e) {
              e.printStackTrace(System.err);
            }
            System.err.println("*** server shut down");
          }
        });
    }

    private void stop() throws InterruptedException {
      if (server != null) {
        server.shutdown().awaitTermination(30, TimeUnit.SECONDS);
      }
    }

    /**
     * Await termination on the main thread since the grpc library uses daemon threads.
     */
    private void blockUntilShutdown() throws InterruptedException {
      if (server != null) {
        server.awaitTermination();
      }
    }

    /**
     * Main launches the server from the command line.
     */
    public static void main(String[] args) throws IOException, InterruptedException {
        final HelloWorldServer server = new HelloWorldServer();
```

```
    server.start();
    server.blockUntilShutdown();
}

static class GreeterImpl extends GreeterGrpc.GreeterImplBase {
    @Override
    public void sayHello(HelloRequest req, StreamObserver<HelloReply>
responseObserver) {
        HelloReply reply = HelloReply.newBuilder().setMessage("Hello " +
req.getName()).build();
        responseObserver.onNext(reply);
        responseObserver.onCompleted();
    }
}
```

Main()函数实际上只做了一件事：新建了 HelloWorldServer 对象并调用其中的 start()函数。观察 start()函数会发现这个函数也就是打印出一些日志，等待关闭信号并且创建了 GreeterImpl 服务。在这个服务中，sayHello()函数只是接收了 HelloRequest 的参数并调用 getName()函数，在获得 name 后添加一个"Hello"字符串前缀，然后把这个消息作为 response 返回给客户端。此时再去查看同一个目录下的 HelloWorldClient.java 代码内容，就会发现这个客户端传输的消息默认就是 world 字符串，当客户端打印出日志提示"INFO: Greeting: Hello world"，就说明服务器成功搭建。

此时在保证虚拟机和手机处于同一个局域网的前提下，如图 9-28 所示，运行 Android 客户端单击"gRPC-普通请求"后，正确输入服务器地址与端口，任意输入消息内容后单击"发送请求"按钮即可收到服务器返回的信息。

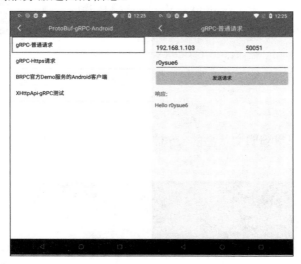

图 9-28　运行的客户端

我们知道，在协议分析的第一步始终是抓包，为了验证 hookSocket.js 在 gRPC/Protobuf 上是否能够正常使用，这里依旧使用 Frida 注入进行测试，最终将输出保存到 protobuf.log 中。验证后发现不管是 request 还是 response 依旧能够正常被抓取，如图 9-29 所示。

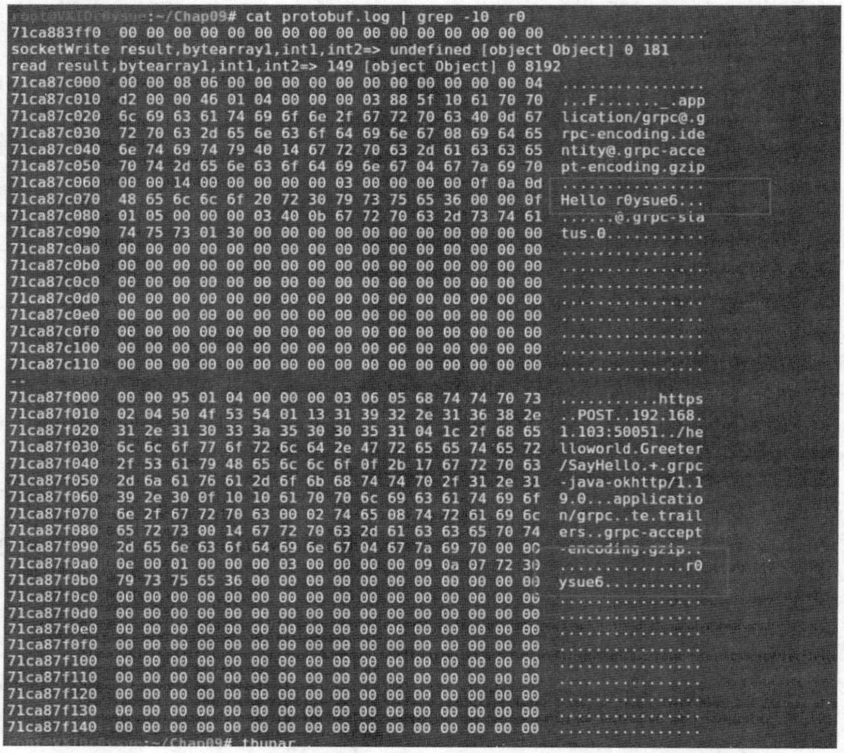

图 9-29　输出保存在 protobuf.log 日志文件中

在成功抓包后，我们会发现只有传输的实际值，还是无法找到对应的类似 JSON 那样可读性高的 key:value 数据，这就是 Protobuf 最困难的数据解析的问题，为此我们需要 Protobuf 官方的编译器 protoc（网址：https://github.com/protocolbuffers/protobuf/releases）。由于笔者的平台是 kali 2019.4，因此选择的是 protoc 的 linux-x86_64 版本，在下载并解压好 protoc 后，将 request 和 response 的真实数据内容保存为二进制文件并使用如下命令对抓包的数据进行解析。

```
# ./protoc --decode_raw < *.bin
```

在图 9-29 中无法观察到明文状态的 tag 信息此时已经解析成功，得到了对应的 tag 值，如图 9-30 所示。

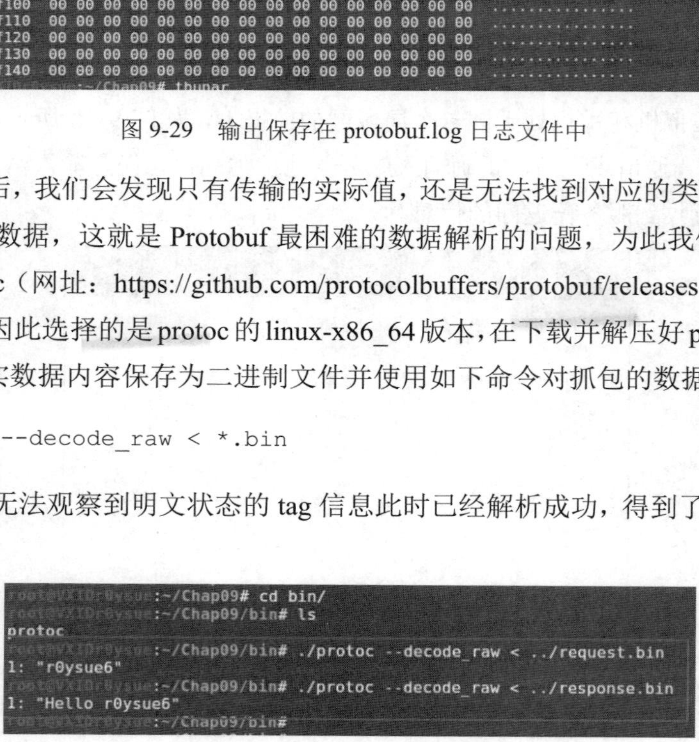

图 9-30　数据解析

但此时还是无法确定这些 tag 值对应的实际意义,由于测试的 demo 代码已开源,因此可以直接通过查看对应的 proto 文件(对应文件在 Protobuf-gRPC-Android 工程的 src/main/proto/ 目录下,文件名为 helloworld.proto)找到 tag 值对应的实际意义。

对比 helloworld.proto 和 protoc 解析的输出(见图 9-31)可以非常明显的发现实际上发送和接收的消息已翻译为 JSON 格式,应该如代码清单 9-5 所示。

图 9-31 对比 helloworld.proto 和 protoc 解析的输出

代码清单 9-5 翻译结果

```
// request
{
  "name" : "r0ysue6"
}
// response
{
  "message" : "Hello r0ysue6"
}
```

在黑盒状态下,如何确定 tag 值的意义呢?我们需要知道的是,虽然在 proto 开发的过程中开发者写的是.proto 格式的文件,但是当真正编译成二进制文件时,这些.proto 格式的文件会依照文件中声明的信息为每一个 message 信息编译成一个对应的 Java 类文件且类文件中存储着 tag 对应的 key 信息,而 proto 文件到 Java 类转换的过程都会在我们配置好 Android Studio 的环境之后(具体如何配置请自行检索),在编译时由 Android Studio 自动完成。为了使读者更加深刻地了解这一过程,我们尝试着手动编译一下 proto 文件。

为了在 Android Studio 中手动编译 proto 文件,需要为 Android Studio 安装两个插件——GenProtobuf 和 Protocol Buffer Editor。其中,GenProtobuf 是为了能够在 Android Studio 中手动编译 proto 文件,Protocol Buffer Editor 插件是为了解决 proto 文件在 Android Studio 中的高亮显示问题。插件的安装结果如图 9-32 所示。

在 GenProtobuf 插件安装成功后,单击工具栏上的 Tools 会发现两个关于 GenProtobuf 的选项,如图 9-33 所示。在首次对 proto 文件进行编译前需要单击 Configure GenProtobuf 选项对编译器 protoc 的路径编译生成的语言类型等信息进行配置。由于这里是 Android 平台,因此选择 Java 语言,并且在 protoc 文件路径选择之前下载 protoc 路径,如图 9-34 所示。

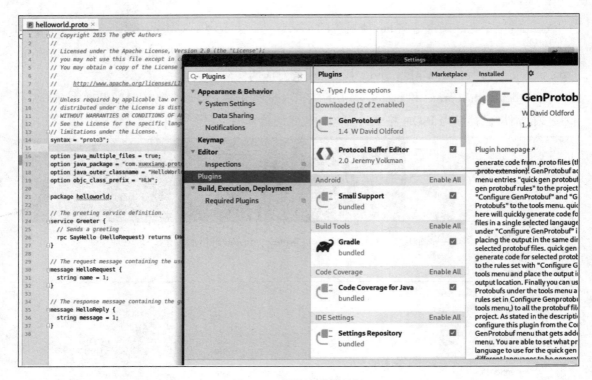

图 9-32　插件安装的结果

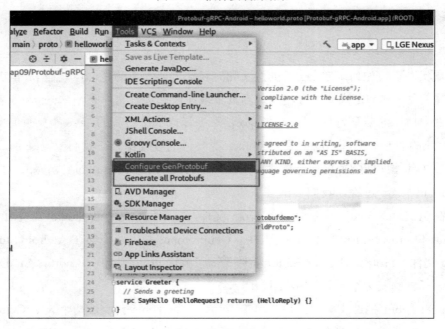

图 9-33　GenProtobuf 选项

在配置完毕后,可以选中想要编译的 proto 文件并右击,在弹出的快捷菜单中选择 quick gen protobuf here 或者 quick gen protobuf rules 选项。最终会在对应目录下为每一个 Message 生成相应的类文件,且和 proto 文件中声明的包结构一致,如图 9-35 所示。

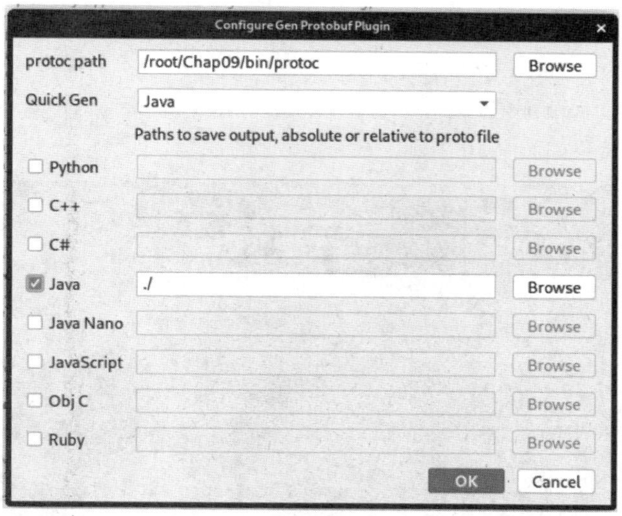

图 9-34 选择 Java 语言

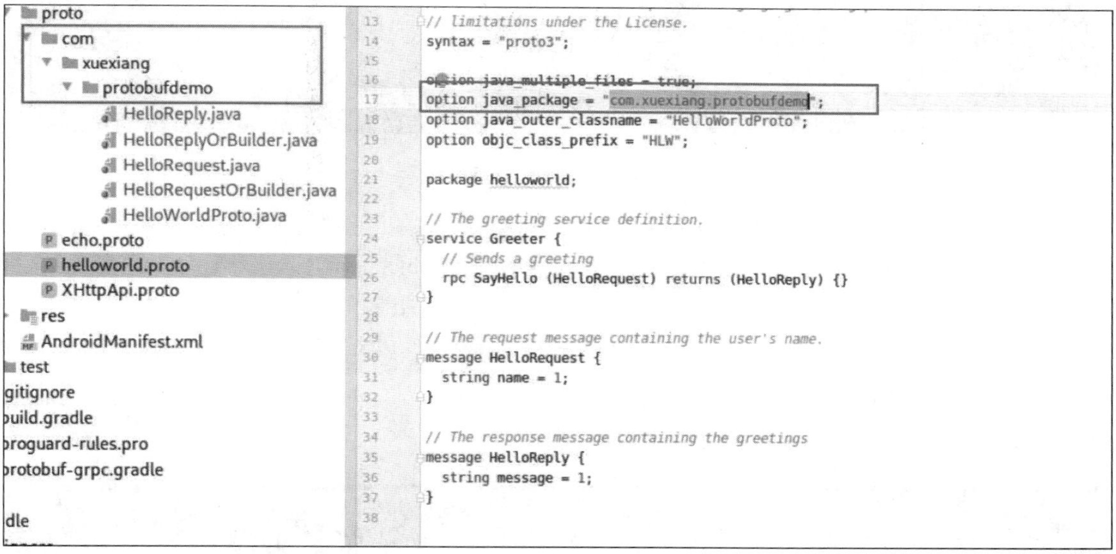

图 9-35 选择 quick gen protobuf 的结果

经过上面的过程，我们知道如果想在黑盒状态下找到 tag 对应的 key 信息，就一定要找到 proto 文件编译生成的类文件，回到了本书中一直在强调的概念——如何快速定位关键类。答案是使用 Objection 快速定位。

为此，首先需要搜索 protobuf 相关类并对所有相关类进行 Hook，从而快速定位调用了哪些函数，然后针对这些函数进行 Hook，最终通过函数确定 proto 文件对应的类文件，具体操作步骤如下：

步骤 01 首先使用 Objection 注入 App 内存，然后使用如下命令搜索 protobuf 相关类。

```
# android hooking search classes protobuf
```

步骤02 将搜索到的关于 protobuf 的类保存为 Protobuf.txt，在文件中的每一行前面加上前缀 android hooking watch class 并使用 Objection 的-c 参数执行所有文件中的命令。这个过程非常容易导致 App 崩溃，这时可以更换更加稳定的 Frida 和 Objection，或者减少单次 Hook 类的数量，结果如图 9-36 所示。

图 9-36　-c 参数

步骤03 在确认所有的目标类都 Hook 上后，手动触发测试的目标过程并观察此时被调用的函数。在目标过程完成后，退出 Objection，并重新使用 Objection 注入进程，针对可疑函数使用如下命令进行再次 Hook 并打印函数的调用栈、返回值和参数值。

```
# android hooking watch class_method com.xuexiang.protobufdemo.
    HelloRequest$Builder.setName --dump-args --dump-b acktrace --dump-return
```

结果如图 9-37 所示。

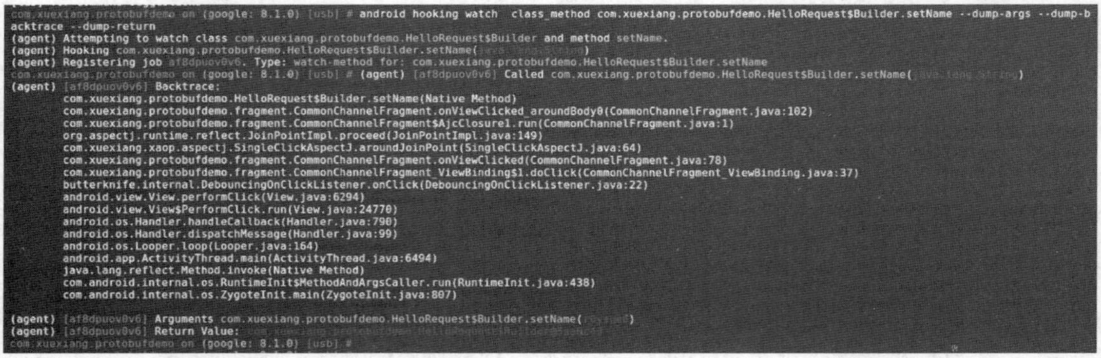

图 9-37　Hook 怀疑的函数

步骤04 在确定好怀疑的函数后，使用 Wallbreaker 插件的 objectsearch 对怀疑的函数所在类进行对象的搜索，并打印相应的类对象。此时会发现 request 中 tag 为 1 所对应的 key 值是 name，如图 9-38 所示。

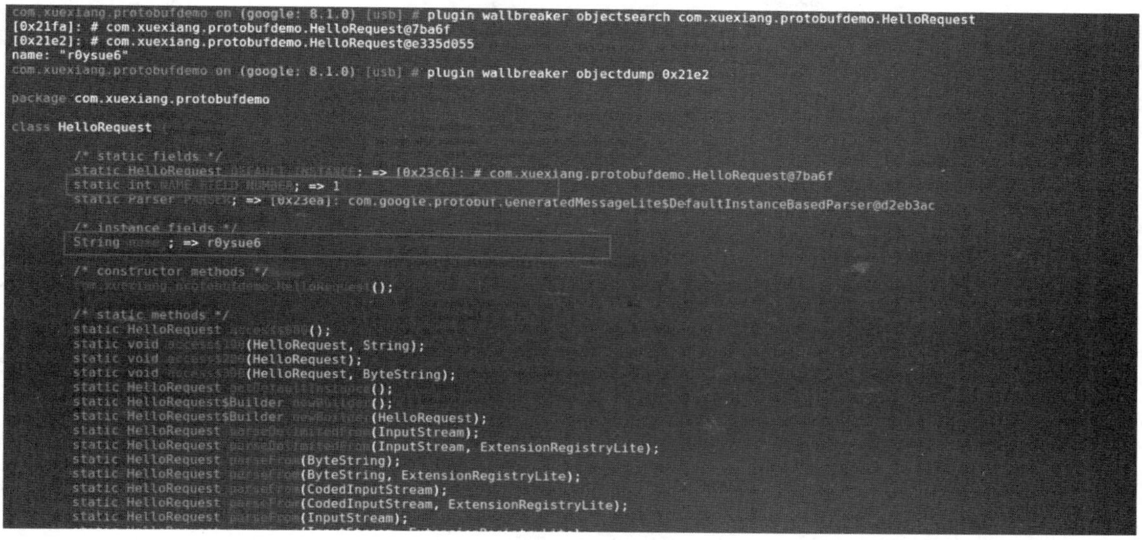

图 9-38 Wallbreaker 打印对象

至此，完成了最后一步：找到 tag 对应的 key 值。得到对应的 key 值后，只需根据得到的结果还原 proto 文件就用于后续的分析，这个过程是最简单的部分，此处不再赘述。

9.4 本章小结

在本章中，介绍了在移动平台中除了 HTTP(S) 之外常用的一些应用层协议，包括 WebSocket、XMPP 等，同时从协议分析的角度介绍了如何针对这些协议进行逆向分析。除此之外，还介绍了在协议分析中相对火热的 Protobuf 逆向分析方法，虽然这里仅演示了最简单的 App 的 Protobuf 逆向分析，但实际上不管 App 逻辑变得如何复杂，技术是相同的，只是付出的精力和时间不同。

第 10 章
实战协议分析

安全研究人员在对应用进行协议分析的过程中，从 App 抓包开始到最后关键数据收发包函数的分析与利用中总会面临各种各样的问题，每一步的阻碍如果无法跨越都可能成为研究人员对 App 分析的最后一步。要跨越这些障碍，一个好用的工具是必不可少的，更不可或缺的是如何使用这些优秀的工具。一个工具在不同人的手里，最终效果也是不同的。

在前面的章节中，我们介绍了 Frida 和 Objection 这两个工具的作用，也通过一些案例熟悉了 Objection 的使用方式，但是没有介绍太多 Frida 本身的功能，本章将通过几个案例的分析展示 Frida 在协议分析过程中的作用并借此进一步让读者熟悉 Frida 的使用方法。

10.1 Frida 辅助抓包

在 7.3 节中介绍应用层抓包核心原理时曾提到过，在应对 HTTPS 流量中间人抓包方式的对抗手段中主要存在着两种形式：服务器端校验客户端与客户端校验服务器端（SSL Pinning）。有关这两种对抗手段的原理读者可阅读 7.3 节的内容，本节将主要通过两个案例介绍这两种对抗手段的实现方式。

10.1.1 SSL Pinning 案例介绍

我们曾在第 7.3 节中介绍过一些对抗 SSL Pinning 的方法，包括 Objection 自带的 SSL Pinning Bypass 方式与 DroidSSLUnpinning 项目中解除证书绑定的方式。同时也提到过如果 App 进行了混淆或者使用了未知的网络框架，那么这些基于特定框架的解除证书锁定的方式就会失效。本小节介绍的正是这样的案例（案例附件已放置于对应章节的附件中，名为 dida.apk）。

在获取案例并将 APK 安装在手机上后，首先按照 7.2.2 小节中对抓包环境的要求设置好计算机端的 Charles 和手机端的 Postern（这里使用 socks 模式），在通过 ping 命令保证计算机和手机处在同一个局域网环境下且 Charles 证书已安装到手机的系统分区后，利用浏览器访问任意 HTTPS 网站验证配置结果。在完成所有配置后通过手机端浏览器 Chrome 访问百度的结果如图 10-1 所示。

图 10-1　验证抓包配置

在确认代理配置成功且能够正常访问 HTTPS 网站后，打开案例 App 并测试通过手机号注册发送验证码流程，在单击"发送验证码"按钮后会提示"发送失败，请重试"，如图 10-2 所示。

图 10-2　手机发送验证码失败

在经过多次测试后,发现某些网址的抓包结果总是提示"Client closed the connection before a request was made. Possibly the SSL certificate was rejected.",也就是说客户端主动停止与服务器端的连接,App 使用了证书绑定技术,如图 10-3 所示。

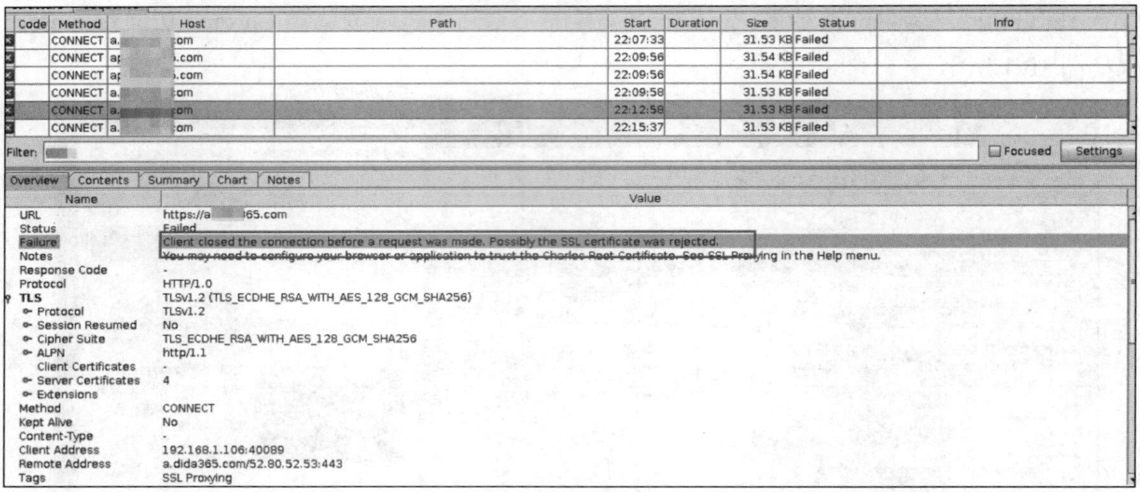

图 10-3　发送验证码失败

在应对证书绑定校验失败的情况时,由于是由客户端主动停止与服务器的连接,因此通用的解决方案就是使执行证书绑定的函数失效。那么如何使证书绑定的函数失效呢?

答案是 Hook。Hook 可行的前提是能够确定执行证书绑定的函数,此时需要对不同网络框架中证书绑定的相关代码有一定了解。例如,App 使用 okhttp3 网络框架进行证书绑定(见代码清单 10-1),那么最终使用的证书绑定类总是 CertificatePinner 类,此时 Hook 的目标就是 CertificatePinner 类中的函数;App 使用 TrustManager 完成证书的绑定,那么 Hook 的目标就是 TrustManager 类中的证书绑定的函数。

代码清单 10-1　okhttp3 证书绑定

```
client = new OkHttpClient.Builder()
  // 完成证书绑定
  .certificatePinner(
     new CertificatePinner.Builder()
                   .add("test.com", "sha512/14cf3JCaO4V...")
                   .build())
   .build();
```

在上面介绍的一些证书绑定的相关函数都是不同的网络框架所使用的方式,而 Android 世界中有如此多的网络框架,如果对每个网络框架都进行证书绑定函数的确定,那么工作量会过大。幸运的是,前人已经完成了很多种网络框架的证书绑定函数的收集工作并将这些函数的 Hook 集成到 Objection 或其他工具中。

这里我们使用 Objection 进行 App 的注入和测试。

考虑到 App 可能在启动时就已经完成了证书绑定，这里在 adb shell 中先使用 kill 命令将 App 完全关闭再使用 Objection 进行注入，并使用如下命令完成证书解绑。当然，以下命令需要在 Objection 注入时执行，因此还需要使用 Objection 的 -s/--start-command 参数达到命令在应用启动之前就执行的效果，最终效果如图 10-4 所示。

```
# android sslpinning disable
```

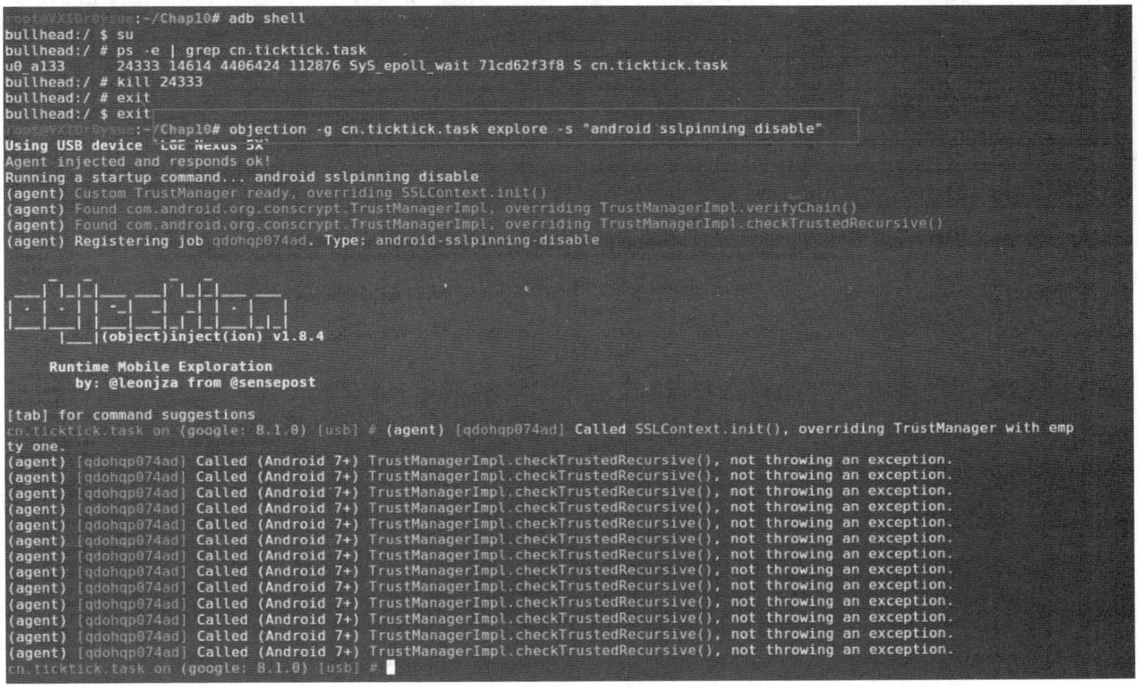

图 10-4　Objection 绕过 SSL Pinning

在 Objection 完成 Hook 后，同样继续测试发送验证码接口，结果依旧显示"发送失败，请重试"，出现这个问题可能是 Objection 工具并未集成足够多的网络框架证书绑定函数而造成的，参照第 7 章曾经提到的一个项目 DroidUnpinning 来解决，因为相比于 Objection 中集成的网络框架，该项目中增加了更多的网络框架证书绑定相关函数的 Hook。但在从 GitHub 上下载完成并切换到 ObjectionUnpinningPlus 目录下之后，使用 Frida 以 spwan 模式注入 App 进行测试仍旧发现验证码无法发送，如图 10-5 所示。

在经过 DroidUnpinning 和 Objection 等将近 20 个网络框架证书绑定函数的 Hook 都失效的情况下，差不多可以得到结论：App 被混淆了。那么如何应对这样的情况呢？大致有两个方法：

第一，使用 Objection 对所有 HTTP 字符串相关类进行 Hook。这样的方式在前面章节中已做过介绍，可以肯定的是，这种测试方法最终一定能定位到关键的证书绑定函数。

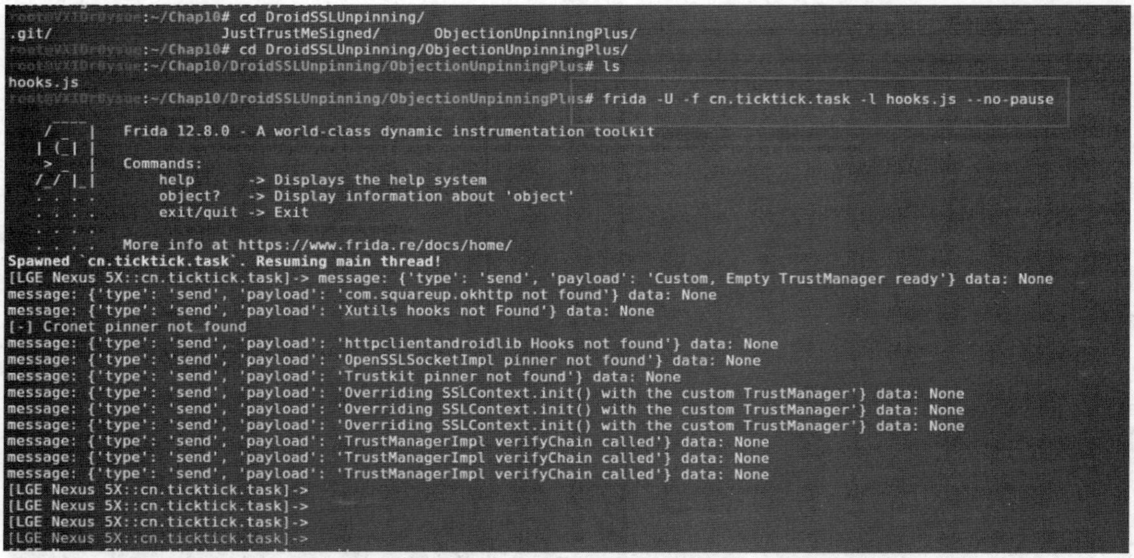

图 10-5 DroidUnpinning 绕过 SSL Pinning

第二，考虑到 App 在验证证书时一定会打开证书文件判断是否是 App 自身信任的框架，因此一定会使用 File 类的构造函数打开证书文件获得文件句柄，在测试时可以使用 Objection Hook 上所有 File 类的构造函数，即 File.$init 函数，这也是笔者推荐的一种方案。需要注意的是，在终端中"$"是特殊符号，因此在输入时需要对$字符进行转义。可以参考的 Objection 注入命令：

```
# objection -g cn.ticktick.task explore -s "android hooking watch class_method java.io.File.\$init --dump-args --dump-return"
```

关闭 App 后再次使用 Objection 注入，以/system/etc/security/cacerts 这个系统存放证书的路径为关键词在终端进行搜索，最终会发现有一个栈信息中存在着非常明显的 CertificatePinner.java 文件名信息，因此可以判定对应的函数 z1.g.a()就是对应的完成证书绑定的函数。

由于 Objection 并不支持对函数逻辑进行修改，因此使用 Frida 脚本的方式对目标函数进行 Hook（见图 10-6），最终的脚本内容如代码清单 10-2 所示。

代码清单 10-2　hookCertificatePinner

```
function killCertificatePinner(){
  Java.perform(function(){
    console.log("Beginning killCertificatePinner !...")
    Java.use("z1.g").a.implementation = function(str,list){
      console.log("called z1.g.a ~")
      return ;
    }
  })
}
```

```
function main(){
    killCertificatePinner();
}
setImmediate(main);
```

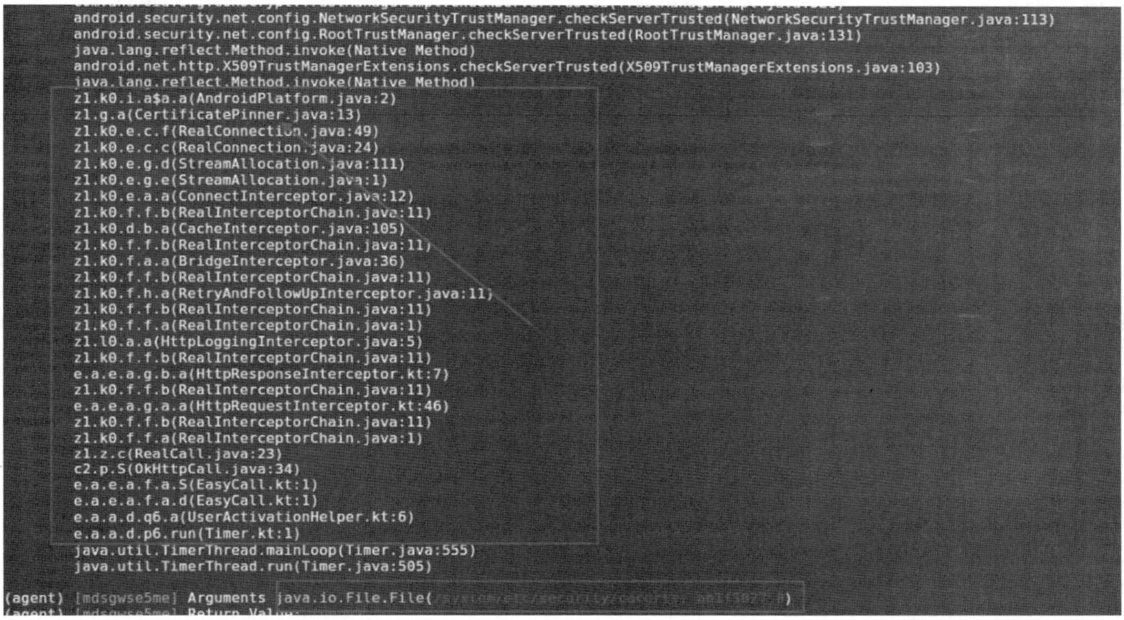

图 10-6　Objection hook File.$init()函数

在使用 Frida 完成对案例的脚本注入和 Hook 之后，再次对相关流程进行测试的抓包结果如图 10-7 所示。

图 10-7　绕过 SSL Pinning 后的抓包结果

10.1.2 服务器端校验客户端

相比于 Android 开发中比较常见的 SSL Pinning，服务器端校验客户端的情况则更少出现。一般在许多业务非常聚焦并且十分单一（比如银行、公共交通、游戏这种 C/S 架构中服务器高度集中且对应用的版本控制非常严格）的行业中才会在服务器上部署对 App 内置证书的校验代码。在本小节中，将以一个声称以区块链技术为支撑的手机优化软件为例（quchong.apk），介绍服务器端检验客户端的实现方法。

在安装并运行测试 App 之前，首先配置好 Charles 抓包环境并完成浏览器百度访问测试。在测试抓 HTTPS 流量无误后，对 App 进行注册页面的抓包。此时 Charles 抓到的注册数据包信息如图 10-8 所示。

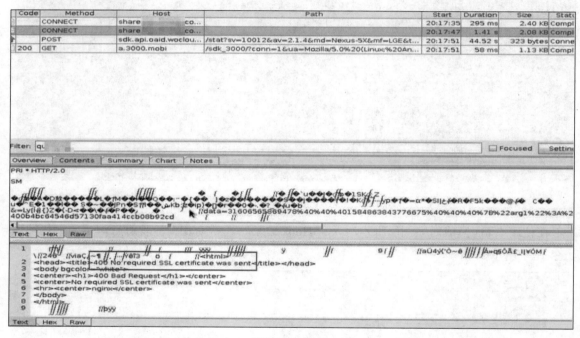

图 10-8　Charles 的抓包结果

观察图 10-8 中的 response 数据，会发现在<title>节中存在一个"400 No required SSL certificate was sent"的提示信息，大意是指服务器端未接收到所需要的 SSL 证书信息，也就是服务器端对客户端进行了证书校验工作。

当服务器端校验客户端存在时，App 使用 Charles 等抓包软件进行数据抓取会将 HTTPS 通信分割成两段，此时服务器接收到的证书就是 Charles 的证书文件，最终会终止与客户端的通信。相比于在应对 SSL Pinning 时安全研究人员可以通过 Hook 更改用户代码逻辑绕过 SSL Pinning，在服务器端校验客户端的情形中，终止连接这一行为发生在服务器端，而服务器端的代码并不处于研究人员的掌控下，因此如果想使 Charles 抓包成功且 App 正常运行，就必须欺骗服务器使它认为仍旧是和拥有信任的证书设备进行通信。

幸运的是 Charles 提供了导入客户端证书并使用客户端证书进行通信的功能，因此最终要完成 Charles 正常抓包只需要完成两步：首先找到服务器端信任的证书和相应的密码；其次将证书导入 Charles。

在经过上面的分析后，我们发现实际上由于 Charles 支持客户端证书的导入工作，因此最终只需要考虑第一步：找到服务器端信任的证书和相应的密码。那么去哪里找到相应的证书和密码呢？

以 App 未使用 VPN 代理的方式对服务器进行访问时服务器是一定能够正常返回数据的，说明 App 在与服务器进行通信的过程中是使用服务器端信任的证书与服务器进行数据交互的，因此服务器端信任的证书一定会在 App 发起通信之前从资源文件中加载进来，那么想要找到证书文件就很简单了：只要将 APK 解包，直接通过 tree 命令与 grep 管道命令搜索后缀名为 p12 的文件（Android 上的证书文件通常是 p12 格式的）即可直接打印出 p12 文件的路径。笔者通常使用如下命令进行搜索：

```
# tree -NCfhl |grep -i p12
```

当然，也有一些 App 比较"狡猾"，会通过改名、加密等方式将证书文件隐藏起来。遇到这种情况，想通过静态方式从海量的资源文件中找到一个证书文件是非常低效的，并且可靠性非常低。真正高效的方式是通过对在 Android 开发中加载证书文件的关键函数进行 Hook，让程序在加载证书文件时将证书和可能存在的证书文件"自吐"出来。这里笔者总结了一个系统加载证书文件的方式——使用 keyStore.load 函数，最终的 Frida 脚本内容如代码清单 10-3 所示。

代码清单 10-3　hookCert.js

```
function hook_KeyStore_load() {
   Java.perform(function () {
      var myArray=new Array(1024);
      var i = 0
      for (i = 0; i < myArray.length; i++) {
         myArray[i]= 0x0;
       }
      var buffer = Java.array('byte',myArray);
      var StringClass = Java.use("java.lang.String");

      var KeyStore = Java.use("java.security.KeyStore");
      KeyStore.load.overload('java.security.KeyStore$LoadStoreParameter').implementation = function (arg0) {
         // 通过翻译 Log.getStackTraceString()函数打印调用栈
```

```javascript
            console.log(Java.use("android.util.Log").getStackTraceString
(Java.use("java.lang.Throwable").$new()));

            console.log("KeyStore.load1:", arg0);
            this.load(arg0);
        };
        KeyStore.load.overload('java.io.InputStream', '[C').implementation =
function (arg0, arg1) {

            // 通过翻译 Log.getStackTraceString()函数打印调用栈
            console.log(Java.use("android.util.Log").getStackTraceString
(Java.use("java.lang.Throwable").$new()));

            console.log("KeyStore.load2: filename = ", arg0,',password = ', arg1 ?
StringClass.$new(arg1) : null);

            // 调用 Java 中的 file 类写文件
            if (arg0){
                var filename = "/sdcard/Download/"+ String(arg0)
                var file = Java.use("java.io.File").$new(filename);
                var out = Java.use("java.io.FileOutputStream").$new(file);
                var r;
                while( (r = arg0.read(buffer)) > 0){
                    out.write(buffer,0,r)
                }
                console.log('save_path = ',filename,", cert save success!")
                out.close()
            }
            this.load(arg0, arg1);
        };

    console.log("hook_KeyStore_load...");
    });
}
function main(){
    hook_KeyStore_load()
}
setImmediate(main);
```

在使用 Frida 以 spwan 模式注入应用后，打印出的相应证书文件和密码，如图 10-9 所示。

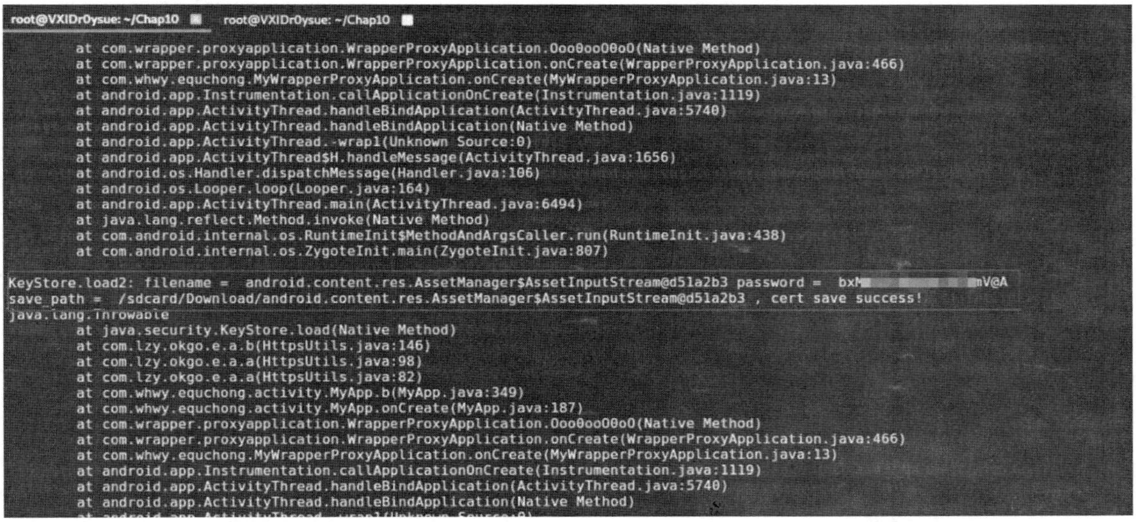

```
        at com.wrapper.proxyapplication.WrapperProxyApplication.Ooo0oo0@o0(Native Method)
        at com.wrapper.proxyapplication.WrapperProxyApplication.onCreate(WrapperProxyApplication.java:466)
        at com.whwy.equchong.MyWrapperProxyApplication.onCreate(MyWrapperProxyApplication.java:13)
        at android.app.Instrumentation.callApplicationOnCreate(Instrumentation.java:1119)
        at android.app.ActivityThread.handleBindApplication(ActivityThread.java:5740)
        at android.app.ActivityThread.handleBindApplication(Native Method)
        at android.app.ActivityThread.-wrap1(Unknown Source:0)
        at android.app.ActivityThread$H.handleMessage(ActivityThread.java:1656)
        at android.os.Handler.dispatchMessage(Handler.java:106)
        at android.os.Looper.loop(Looper.java:164)
        at android.app.ActivityThread.main(ActivityThread.java:6494)
        at java.lang.reflect.Method.invoke(Native Method)
        at com.android.internal.os.RuntimeInit$MethodAndArgsCaller.run(RuntimeInit.java:438)
        at com.android.internal.os.ZygoteInit.main(ZygoteInit.java:807)
KeyStore.load2: filename = android.content.res.AssetManager$AssetInputStream@d51a2b3   password = bxM■■■■■■mV@A
save_path = /sdcard/Download/android.content.res.AssetManager$AssetInputStream@d51a2b3 , cert save success!
java.lang.Throwable
        at java.security.KeyStore.load(Native Method)
        at com.lzy.okgo.e.a.b(HttpsUtils.java:146)
        at com.lzy.okgo.e.a.a(HttpsUtils.java:98)
        at com.lzy.okgo.e.a.a(HttpsUtils.java:82)
        at com.whwy.equchong.activity.MyApp.b(MyApp.java:349)
        at com.whwy.equchong.activity.MyApp.onCreate(MyApp.java:187)
        at com.wrapper.proxyapplication.WrapperProxyApplication.Ooo0oo0@o0(Native Method)
        at com.wrapper.proxyapplication.WrapperProxyApplication.onCreate(WrapperProxyApplication.java:466)
        at com.whwy.equchong.MyWrapperProxyApplication.onCreate(MyWrapperProxyApplication.java:13)
        at android.app.Instrumentation.callApplicationOnCreate(Instrumentation.java:1119)
        at android.app.ActivityThread.handleBindApplication(ActivityThread.java:5740)
        at android.app.ActivityThread.handleBindApplication(Native Method)
```

图 10-9　Hook 打印证书和密码

将/sdcard/Download/目录下保存的证书文件使用 adb pull 命令从手机移动到计算机上。由于 Charles 只支持导入 P12 和 PEM 类型的证书文件，因此为了使导出的证书能够正常导入 Charles，需要先将导出的证书文件转换为 P12 和 PEM 格式。这里使用 KeyStore Explorer 工具将证书进行格式转换。在使用 KeyStore Explorer 打开和导出证书文件时会要求输入证书密码，将 Hook 得到的密码输入之后即可正常查看证书内容。右击证书，在弹出的快捷菜单中依次选择 Export→Export Key Pair，会弹出如图 10-10 所示的关于导出证书的配置界面，在选择格式并任意设置密码后便可成功导出 P12 或者 PEM 格式的证书。

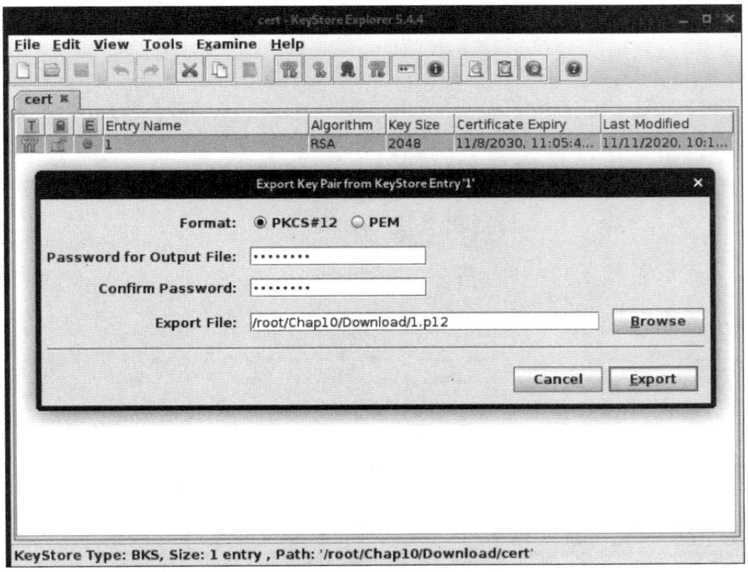

图 10-10　导出证书

正确导出证书后，使用 Charles 工具导入客户端证书：进入 Charles 界面后，依次单击 Proxy

→SSL Proxying settings→Client Certificates→Add 按钮，在弹出的窗口中选择导入 p12 格式文件后输入在 KeyStore Explorer 导出时设置的证书密码。对客户端证书的配置如图 10-11 所示。

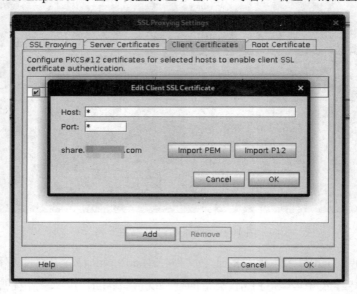

图 10-11　Charles 导入证书

如图 10-12 所示是在导入客户端证书后使用 Charles 抓取注册数据包的结果。此时观察抓包结果不再提示"400 No required SSL certificate was sent"，证明成功地绕过了服务器端校验客户端的机制，但是依旧存在乱码数据。这是因为案例接口使用了非标准的 HTTPS 端口，使得 Charles 无法将数据包正确识别为 HTTPS 数据，要解决这个问题只需要将案例接口 URL 的端口手动识别为 HTTP 数据包即可，方法是：依次单击 Proxy→Proxy Settings，在 Proxy Settings 窗口中输入端口号并单击"确定"按钮。Proxy Settings 的设置页面与设置后的抓包结果如图 10-13 所示。

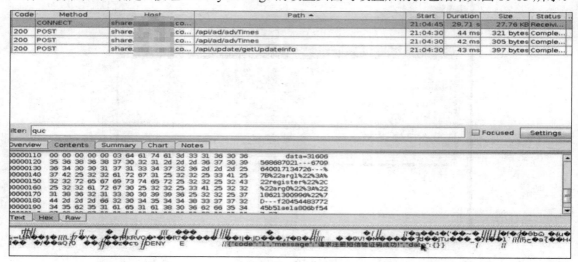

图 10-12　在导入证书后 Charles 抓包的结果

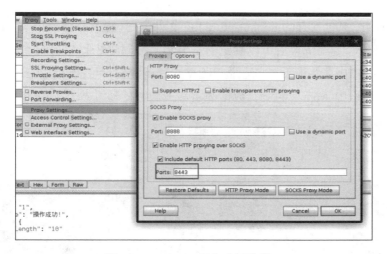

图 10-13　Charles 添加非标准端口

10.2　违法应用协议分析

10.2.1　违法图片取证分析

本小节将通过对违法应用 fulao2 的取证分析介绍一个应用协议分析的全过程。

在安装 App 并运行后，首先确定针对目标 App 的分析是为了对违法图片进行分析取证。

协议分析的第一步是针对数据的抓包。首先使用 8.3 节开发的 hookSocket.js 对 App 进行 Hook 抓包，通过图 10-14 中的"换一批"按钮实时刷新图片并在图片正常加载出来后退出 Frida 的 Hook 工作。

图 10-14　"换一批"按钮

打开最终 Hook 抓包保存的 hookCapture.log 文件，在搜索所有图片相关后缀后确定加载的图片都是 JPEG 格式。查询资料后可以确定的是 JPEG 格式的图片文件头的 hex 值为 FFD8FF，与图 10-15 中 0a 45 70 文件头不符，这说明所有图片在传输时可能已被加密处理。经过进一步测试发现在传输过程中 App 中的所有数据确实都被加密处理过。

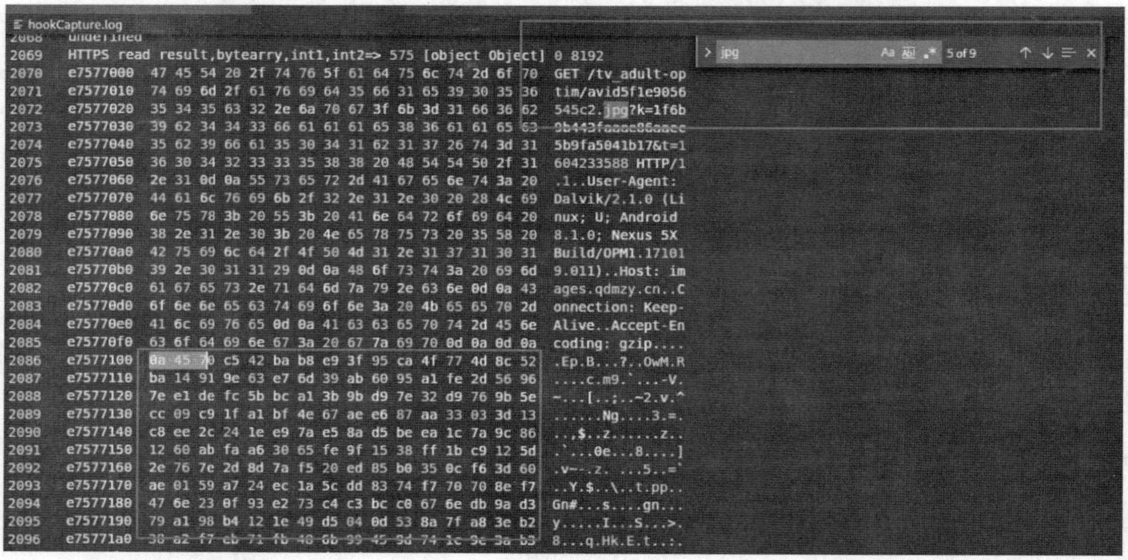

图 10-15　搜索结果

针于 App 中几乎所有的通信数据都被加密的情况，可以通过 Hook hookSocket.js 中 HTTPS 发包函数并打印调用栈的方式找到相应应用层的收发包函数，从而定位图片解密数据。基于离数据越近就越有效的原则，图片数据在收发包函数的时候仍旧处于加密状态，因此收发包函数的地方并不是离真实图片数据最近的地方。那么什么时候离数据最近呢？应该是图片要加载的时候！

为了进一步了解在 Android 中如何加载图片，笔者特意查阅了有关开发的相关资料，发现在 Android 中通常是使用 BitmapFactory 类中的函数加载 Bitmap 对象，并通过控件 ImageView 加载 Bitmap 对象类型的图片，最终呈现出一个用户可见的图片。

在加载图片中最重要的类是 Bitmap 类、BitmapFactory 类以及 ImageView 控件类。其中，ImageView 是一个 View 控件类型，只是相当于一个框架。这里更关注填充在框架中的内容，因此应该更关注 Bitmap 内容本身以及用于创建 Bitmap 内容的 BitmapFactory 类。为了印证相关开发资料的正确性，这里首先使用 Objection 的插件 Wallbreaker 在内存中搜索 Bitmap 对象，并在手动触发图片的加载后再次搜索 Bitmap 对象。图 10-16 是两次搜索 Bitmap 对象后在内存中的对象数量比较，可以确认在案例 App 中是使用 Bitmap 对象来呈现违法图片的。

在确认 Bitmap 对象是案例 App 所使用的图片格式后，还需要进一步对图片创建的方式进行探索。在 Android 开发过程中，BitmapFactory 类提供的四个静态方法是 decodeFile、decodeResource、decodeStream 和 decodeByteArray，分别从文件系统、资源、输入流以及字节数组中加载 Bitmap

对象。为了确认在这个 App 中的具体函数，这里直接使用如下命令对 BitmapFactory 类中的所有函数进行 Hook。图 10-17 是在完成对这个类中所有函数的 Hook 后手动触发加载图片逻辑所调用的函数列表。

```
# android hooking watch class android.graphics.BitmapFactory
```

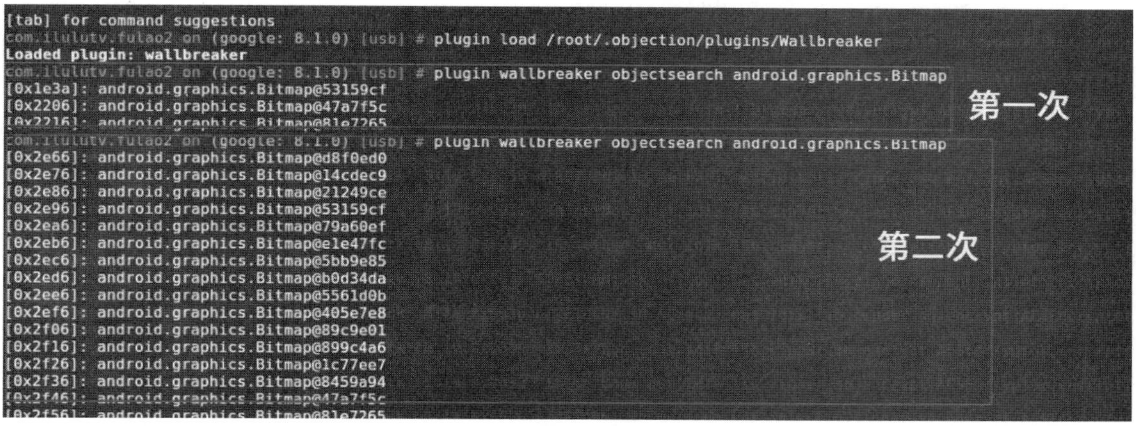

图 10-16　搜索 Bitmap 对象

图 10-17　BitmapFactory 类中的函数调用

观察图 10-17，会发现在案例 App 中所使用的加载函数为 decodeByteArray()。查看这个函数的具体使用方式，会发现这个函数的第一个参数存储的是原始图片的字节信息，可以肯定的是 App 在这一步要加载和呈现图片，所以此时 decodeByteArray()函数的第一个参数信息是解密状态的，那么图片取证的第一步（找到图片的字节信息）就成功完成了。为了进一步确认所获得的图片信息是明文状态，这里使用 Frida 脚本的方式获取 decodeByteArray()函数的第一个参数信息并用于图片文件的保存。其中，Hook 的目标函数可以是图 10-17 中出现的任意 decodeByteArray()函数重载，这里选择 decodeByteArray(byte[] data, int offset, int length, Options opts)。最终的 Frida 脚本内容如代码清单 10-4 所示。

代码清单 10-4　saveBitmap.js

```js
function guid() {
return 'xxxxxxxx-xxxx-4xxx-yxxx-xxxxxxxxxxxx'.replace(/[xy]/g, function(c) {
var r = Math.random() * 16 | 0,
v = c == 'x' ? r : (r & 0x3 | 0x8);
return v.toString(16);
});
}
function saveBitmap_1(){
    Java.perform(function(){
        // public static Bitmap decodeByteArray(byte[] data, int offset, int length, Options opts)
        Java.use('android.graphics.BitmapFactory').decodeByteArray.overload('[B', 'int', 'int', 'android.graphics.BitmapFactory$Options').implementation = function(data,offset,length,opts){
            var result = this.decodeByteArray(data,offset,length,opts)
             /*
            var ByteString = Java.use("com.android.okhttp.okio.ByteString");
            console.log("data is =>",ByteString.of(data).hex())
            */
            console.log("data is coming!")

            /*
            File f1 = new File("d:\\ff\\test.txt");
            fos = new FileOutputStream(f1);
            byte bytes[] = new byte[1024];
            fos.write(s.getBytes());
            fos.close();
            */
            var path = '/sdcard/Download/tmp/'+guid()+'.jpg'
            console.log("path is =>",path);
            var f = Java.use("java.io.File").$new(path)
            var fos = Java.use("java.io.FileOutputStream").$new(f)
            fos.write(data);
            fos.close();

            return result
        }
    })

}
setImmediate(saveBitmap_1)
```

在代码清单 10-4 中，需要注意的是 guid()函数是为了生成一个随机的字符串（用于作为保存的图片名称），图片保存的目录是手机的/sdcard/Download/tmp/目录，且使用 Java 的 File 类完成文件的读写。tmp 文件夹需要手动创建，同时要保证 App 具有存储权限。

在使用 Frida 以 attach 模式注入 App 后，手动刷新触发图片的加载，然后在 adb shell 中切换到手机的/sdcard/Download/tmp/目录下，就会发现确实出现了很多图片文件。

在完成对关键函数的 Hook 后，我们得到了取证所需的图片数据。考虑到在当前获取到数据的线程进行图片的读写操作十分耗时，因此选择新建一个线程对图片文件进行写入操作，更新后的 Hook 代码内容如代码清单 10-5 所示。

代码清单 10-5　更新后的 Hook 代码

```
function saveBitmap_3(){
    Java.perform(function(){
        var Runnable = Java.use("java.lang.Runnable");
        var saveImg = Java.registerClass({
            // 类名
            name: "com.roysue.runnable",
            // SuperClass
            implements: [Runnable],
            fields: {
                bm: "android.graphics.Bitmap",
            },
            methods: {
                $init: [{
                    returnType: "void",
                    argumentTypes: ["android.graphics.Bitmap"],
                    implementation: function (bitmap) {
                        this.bm.value = bitmap;
                    }
                }],
                run: function () {
                    var path = "/sdcard/Download/tmp/" + guid() + ".jpg"
                    console.log("path=> ", path)
                    var file = Java.use("java.io.File").$new(path)
                    var fos = Java.use("java.io.FileOutputStream").$new(file);
                    this.bm.value.compress(Java.use("android.graphics.Bitmap$CompressFormat").JPEG.value, 100, fos)
                    console.log("success!")
                    fos.flush();
                    fos.close();
```

```
            }
        }
    });
        // public static Bitmap decodeByteArray(byte[] data, int offset, int length, Options opts)
        Java.use('android.graphics.BitmapFactory').decodeByteArray.overload('[B', 'int', 'int', 'android.graphics.BitmapFactory$Options').implementation = function(data,offset,length,opts){
            var result = this.decodeByteArray(data,offset,length,opts)
            var ByteString = Java.use("com.android.okhttp.okio.ByteString");
            // console.log("data is =>",ByteString.of(data).hex())
            console.log("data is coming!")
            var runable = saveImg.$new(result)
            runable.run()

            return result
        }
    })

}
```

在代码清单 10-5 中，调用 Java.registerClass(spec)这个 Frida 的 API 函数新建了一个 Java 类。在这个 API 中，spec 代表新建类的内容。其中，name 关键词用于指示新建类的类名，这里为 com.roysue.runnable；implements 关键词用于声明这个类的父类对象或者接口，这里是线程类 java.lang.Runnable 的对象；fields 关键词用于声明这个类中的成员；methods 关键词用于声明这个类中的函数。下面将代码清单 10-5 中的 Java.registerClass 这个 API 翻译为 Java 语言，以供读者对照阅读，其内容如代码清单 10-6 所示。

代码清单 10-6　线程类 Java 版

```
package com.roysue;
import com.roysue.runnable;
import android.graphics.Bitmap;
import java.io.File;
import java.io.FileOutputStream;
class runnable implements Runnable{
  Bitmap bm;
  public void runnable(Bitmap bitmap){
      this.bm = bitmap;
  }
  @Override
  public void run(){
      String path = "/sdcard/Download/tmp/" + guid() + ".jpg";
```

```
        File file = new File(path);
        //var fos = Java.use("java.io.FileOutputStream").$new(file);
        FileOutputStream fos = new FileOutputStream(file);
        // this.bm.value.compress(Java.use("android.graphics.
Bitmap$CompressFormat").JPEG.value, 100, fos)
        bm.compress(Bitmap.CompressFormat.JPEG,100,fos);
        fos.flush();
        fos.close();
    }
}
```

使用代码清单 10-5 中的 Frida 脚本后，再次进行测试，会发现同样条件下图片的加载变得更加流畅了。

最后，为了更加规模化地进行使用，还需要加上 Python 脚本的 RPC 远程调用。因为哪怕通过新建线程的方式保存图片，实际上仍然是使用手机进行图片的保存，且每次取证得到的图片都会保存在手机上，在获取完毕后还需要手动将图片移动到计算机上进行后续处理，考虑到手机本身的性能有限，所以在编写 RPC 时选择将文件保存的操作移交到计算机上的 Python 脚本去处理，而 JavaScript 脚本仅用于对目标函数进行 Hook 操作。代码清单 10-7 和 10-8 分别是最后修改的 JavaScript 脚本和 Python 脚本。

代码清单 10-7　hookBitmap.js

```
function saveBitmap_4(){
    Java.perform(function(){
        // public static Bitmap decodeByteArray(byte[] data, int offset, int length, Options opts)
        Java.use('android.graphics.BitmapFactory').decodeByteArray.overload('[B', 'int', 'int', 'android.graphics.BitmapFactory$Options').implementation = function(data,offset,length,opts){
            var result = this.decodeByteArray(data,offset,length,opts)
            send(data)
            return result
        }
    })

}
```

代码清单 10-8　saveBitmap.py

```
import frida
import json
```

```python
import time
import uuid


def my_message_handler(message, payload):
    if message["type"] == "send":
        image = message["payload"]

        intArr = []
        for m in image:
            ival = int(m)
            if ival < 0:
                ival += 256
            intArr.append(ival)
        bs = bytes(intArr)

        fileName = "/root/Chap10/tmp/"+str(uuid.uuid1()) + ".jpg"
        print('path is ',fileName)
        f = open(fileName, 'wb')
        f.write(bs)
        f.close()

device = frida.get_usb_device()
target = device.get_frontmost_application()
session = device.attach(target.pid)
# 加载脚本
with open("hookBitmap.js") as f:
    script = session.create_script(f.read())
script.on("message", my_message_handler)   # 调用错误处理

script.load()

# 脚本会持续运行等待输入
input()
```

修改完毕后运行 **saveBitmap.py** 这个 Python 脚本文件并再次在手机上对图片进行刷新，就能在 /root/Chap10/tmp/ 目录下看到最终生成的图片了。

事实上，到这一步一个完整的取证分析就完成了。观察上述分析过程可以发现，实际上我们并没有对 App 业务层的逻辑进行任何分析，只是利用开发知识对图片进行了取证。如果想要通过业务层的代码去进行取证或者对图片加载的逻辑进行分析，该怎么做呢？可以重新回到 Hook BitmapFactory 类的那一步。为了获得 App 的业务层相关逻辑，可以使用 Objection 去 Hook 在图 10-17 中出现的 decodeByteArray() 函数并打印调用栈。图 10-18 是在 Hook 上 decodeByteArray() 函数后手动触发加载图片的结果，可以发现 com.ilulutv.fulao2.other.helper.glide.b.a() 函数是关键的业

务层代码（这里更下层的 com.bumptech.glide() 相关函数源于 Android 中非常热门的用于加载图片的第三方库）。

定位到用于加载图片的关键业务层位置后，由于案例 App 并未进行加固，因此可以直接使用 Jadx 打开案例 App 并搜索对应的函数，其中关键的函数内容如代码清单 10-9 所示。

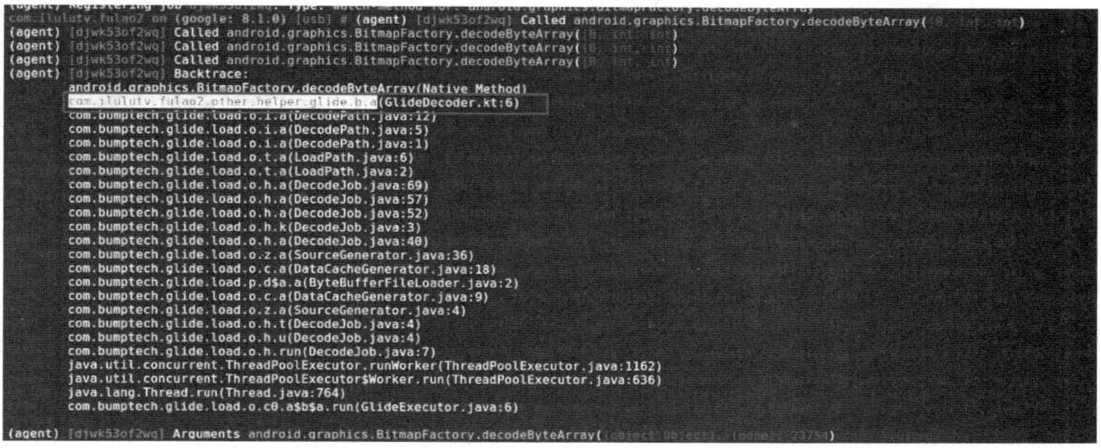

图 10-18　定位业务层代码

代码清单 10-9　业务层关键函数

```
public v<Bitmap> a(Object obj, int i2, int i3, i iVar) {
        String encodeToString = Base64.encodeToString(com.ilulutv.
fulao2.other.i.b.a((ByteBuffer) obj), 0);
        String decodeImgKey = CipherClient.decodeImgKey();
        Intrinsics.checkExpressionValueIsNotNull(decodeImgKey,"CipherClient.
decodeImgKey()");
        Charset charset = Charsets.UTF_8;
        if (decodeImgKey != null) {
            byte[] bytes = decodeImgKey.getBytes(charset);
            Intrinsics.checkExpressionValueIsNotNull(bytes, "(this as
java.lang.String).getBytes(charset)");
            byte[] decode = Base64.decode(bytes, 0);
            String decodeImgIv = CipherClient.decodeImgIv();
            Intrinsics.checkExpressionValueIsNotNull(decodeImgIv,
"CipherClient.decodeImgIv()");
            Charset charset2 = Charsets.UTF_8;
            if (decodeImgIv != null) {
                byte[] bytes2 = decodeImgIv.getBytes(charset2);
                Intrinsics.checkExpressionValueIsNotNull(bytes2, "(this as
java.lang.String).getBytes(charset)");
                // 下一行代码执行完后，图片字节信息已经处于解密状态
                byte[] c2 = com.ilulutv.fulao2.other.i.b.c(decode,
Base64.decode(bytes2, 0), encodeToString);
```

```
            if (c2 == null) {
                Intrinsics.throwNpe();
            }
            // 这里加载！BitmapFactory.decodeByteArray
            return com.bumptech.glide.load.q.d.e.a(BitmapFactory.
decodeByteArray(c2, 0, c2.length), this.f12023a);
        }
        throw new TypeCastException("null cannot be cast to non-null type
java.lang.String");
    }
        throw new TypeCastException("null cannot be cast to non-null type
java.lang.String");
    }
```

通读代码清单 10-9 中的函数可以发现，在 com.ilulutv.fulao2.other.i.b.c() 函数执行完毕后加载的图片字节信息已经处于明文状态，而 com.ilulutv.fulao2.other.i.b.c() 函数的内容在使用 Jadx 的"Go to Declaration"功能后即可发现其内容如代码清单 10-10 所示，它是一个 CBC 模式的 AES 解密，其中第一个参数是 AES 解密使用的密钥 key，第二个参数是 AES 解密使用的向量 IV，第三个参数是图片的密文字节数组（用于存储 Base64 编码后的字符串）。

代码清单 10-10　解密函数

```
    public static final byte[] c(byte[] bArr, byte[] bArr2, String str) throws
NoSuchAlgorithmException, NoSuchPaddingException, IllegalBlockSizeException,
BadPaddingException, InvalidAlgorithmParameterException, InvalidKeyException {
        Cipher instance = Cipher.getInstance("AES/CBC/PKCS5Padding");
        instance.init(2, new SecretKeySpec(bArr, "AES"), new
IvParameterSpec(bArr2));
        byte[] doFinal = instance.doFinal(Base64.decode(str, 2));
        Intrinsics.checkExpressionValueIsNotNull(doFinal,
"cipher.doFinal(Base64.de…de(text, Base64.NO_WRAP))");
        return doFinal;
    }
```

再次回到代码清单 10-10，对 com.ilulutv.fulao2.other.i.b.c() 函数进行分析后可以发现，变量 encodeToString 是用于存储图片密文数据进行 Base64 编码后的字符串，变量 decodeImgKey 是进行 Base64 编码后的密钥 key，变量 decodeImgIv 是进行 Base64 编码后的向量 IV。自然而然地，com.ilulutv.fulao2.other.i.b.a((ByteBuffer) obj) 函数的返回值就是在网络数据包中传输的图片密文字节数据。修改好的 Hook 密文图片数据的 Frida 代码如代码清单 10-11 所示。

代码清单 10-11　hookBitmap.js

```
function hookEncodedBuffer() {
    Java.perform(function () {
        var base64 = Java.use("android.util.Base64")
        // com.ilulutv.fulao2.other.i.b.a((ByteBuffer) obj)
        Java.use("com.ilulutv.fulao2.other.i.b").a.overload
('java.nio.ByteBuffer').implementation = function (obj) {
            var result = this.a(obj);
            //var ByteString = Java.use("com.android.okhttp.okio.ByteString");
            //console.log("data is =>",ByteString.of(result).hex())
            send(result)
            return result
        }
    })
}
```

为了获得密钥和向量的值，这里可以采取 Hook 的方式，但是在观察代码清单 10-9 中对 decodeImgIv 和 decodeImgKey 变量的获取方式后，我们会发现这个两个变量分别是 CipherClient 类两个静态函数的返回值，因此可以直接通过主动调用的方式获取 AES 解密的 key 和 IV，具体代码如清单 10-12 所示。

代码清单 10-12　主动调用

```
function getKey(){
    Java.perform(function(){
        var CipherClient = Java.use('net.idik.lib.cipher.so.CipherClient')
        var key = CipherClient.decodeImgKey()
        var iv = CipherClient.decodeImgIv()
        console.log(key,iv)

    })
}
```

在执行完毕后得到的 key 和 IV 分别为 svOEKGb5WD0ezmHE4FXCVQ== 和 4B7eYzHTevzHvgVZfWVNIg==，因此 RPC 使用的脚本如代码清单 10-13 所示。

代码清单 10-13　saveBitmap.js

```
import frida
import json
import time
import uuid
```

```python
import base64
from Crypto.Cipher import AES

def decrypt():
    key = 'svOEKGb5WD0ezmHE4FXCVQ=='
    iv  = '4B7eYzHTevzHvgVZfWVNIg=='

def IMGdecrypt(bytearray):
    imgkey = base64.decodebytes(
        bytes("svOEKGb5WD0ezmHE4FXCVQ==", encoding='utf8'))

    imgiv = base64.decodebytes(
        bytes("4B7eYzHTevzHvgVZfWVNIg==", encoding='utf8'))

    cipher = AES.new(imgkey, AES.MODE_CBC, imgiv)
    # enStr += (len(enStr) % 4)*"="
    # decryptByts = base64.urlsafe_b64decode(enStr)
    msg = cipher.decrypt(bytearray)
    def unpad(s): return s[0:-s[-1]]
    return unpad(msg)


def my_message_handler(message, payload):
    if message["type"] == "send":
        image = message["payload"]

        intArr = []
        for m in image:
            ival = int(m)
            if ival < 0:
                ival += 256
            intArr.append(ival)
        bs = bytes(intArr)

        bs = IMGdecrypt(bs)

        fileName = "/root/Chap10/tmp/"+str(uuid.uuid1()) + ".jpg"
        print('path is ',fileName)
        f = open(fileName, 'wb')
        f.write(bs)
        f.close()

device = frida.get_usb_device()
target = device.get_frontmost_application()
```

```
session = device.attach(target.pid)
# 加载脚本
with open("hookBitmap.js") as f:
    script = session.create_script(f.read())
script.on("message", my_message_handler)  # 调用错误处理

script.load()
# 脚本会持续运行等待输入
input()
```

在运行 saveBitmap.py 文件后，一个真正的 RPC 协议分析的过程就完成了。需要注意的是，由于这里用于 AES 解密的代码源于 Python 的第三方包，因此在执行前还需要在终端中以如下命令为 Python 安装好 pycrypto 包，以获得 AES 解密的依赖包。

```
# pip install pycrypto
```

10.2.2 违法应用视频清晰度破解

在对案例 App 进行测试的过程中，如果在播放视频时想要选择观看高清视频，App 会提示有 VIP 限定功能（见图 10-19），但我们可以通过修改视频清晰度的限制来避免弹出这个窗口。

图 10-19 切换视频清晰度

那么如何快速地定位清晰度切换逻辑呢？下面以对视频清晰度的破解为例提供一个针对任意控件点触即输出所在类的脚本，具体如代码清单 10-14 所示。

代码清单 10-14　hookEvent.js

```
var jclazz = null;
var jobj = null;
```

```javascript
    function getObjClassName(obj) {
        if (!jclazz) {
            var jclazz = Java.use("java.lang.Class");
        }
        if (!jobj) {
            var jobj = Java.use("java.lang.Object");
        }
        return jclazz.getName.call(jobj.getClass.call(obj));
    }

    function watch(obj, mtdName) {
        var listener_name = getObjClassName(obj);
        var target = Java.use(listener_name);
        if (!target || !mtdName in target) {
            return;
        }
        // send("[WatchEvent] hooking " + mtdName + ": " + listener_name);
        target[mtdName].overloads.forEach(function (overload) {
            overload.implementation = function () {
                //send("[WatchEvent] " + mtdName + ": " + getObjClassName(this));
                console.log("[WatchEvent] " + mtdName + ": " + getObjClassName(this))
                return this[mtdName].apply(this, arguments);
            };
        })
    }

    function OnClickListener() {
        Java.perform(function () {

            //以 spawn 启动进程的模式来 attach
            Java.use("android.view.View").setOnClickListener.implementation = function (listener) {
                if (listener != null) {
                    watch(listener, 'onClick');
                }
                return this.setOnClickListener(listener);
            };

            //以 attach 的模式进行 attch
            Java.choose("android.view.View$ListenerInfo", {
                onMatch: function (instance) {
                    instance = instance.mOnClickListener.value;
                    if (instance) {
                        console.log("mOnClickListener name is :" + getObjClassName(instance));
                        watch(instance, 'onClick');
```

```
            }
        },
        onComplete: function () {
        }
    })
  })
}
setImmediate(OnClickListener);
```

观察代码清单 10-14 可以发现,这个脚本分为两个主要部分。第一个部分是 OnClickListener()函数,用于 Hook 任意 View 控件的 setOnClickListener()函数,并且针对 spwan 和 attach 模式分别进行处理。如果是以 spwan 模式对进程进行注入,由于所有的 View 控件都是在进程启动后才创建的,因此只需对新增 View 控件的 setOnClickListener()函数进行 Hook;如果是以 attach 模式进行注入,不仅会对新增 View 控件进行 Hook 还会使用 Java.choose 这个 API 获取进程中所有已存在的 View 控件。第二个部分是 watch()函数。Watch()函数对所有 OnClickListener 类中的指定函数进行 Hook,这里是 onClick()函数,也就是对控件单击的响应函数进行 Hook。在这个函数中还需要通过 getObjClassName()函数获取一个实例所对应的类名。

将 hookEvent.js 以 attach 模式对案例 App 进行注入后,我们会发现不仅所有的 OnClickListener 类被打印出来了,而且再次点击切换高清晰度的控件后,控件所在类名也会打印出来,如图 10-20 所示。最终得到切换高清晰度的 View 控件所在类名为 com.ilulutv.fulao2.film.l$t。

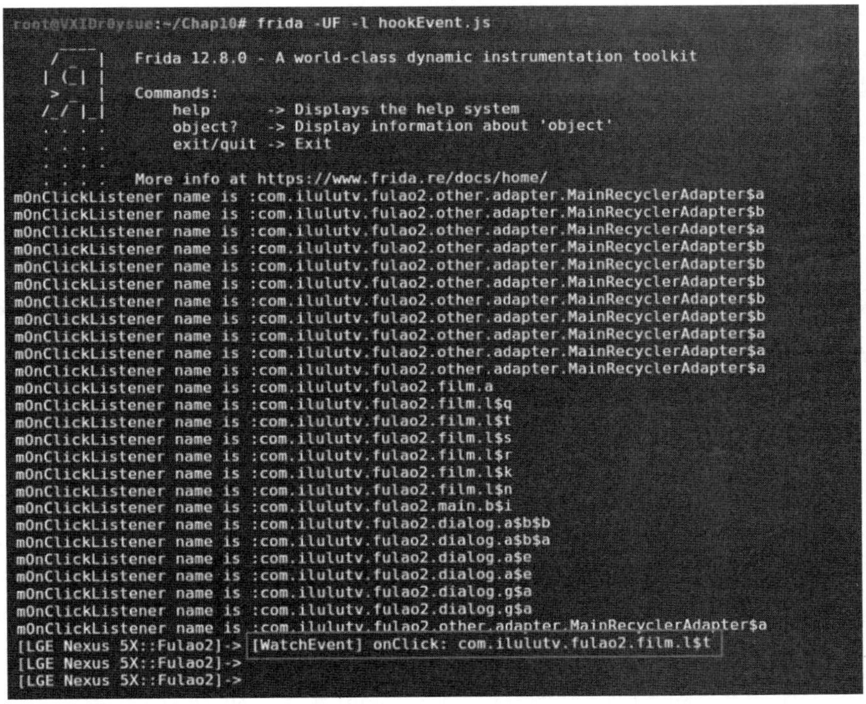

图 10-20 Hook 的结果

然后，使用 Jadx 搜索定位到的类名。需要注意的是，在 JavaScript 中打印出来的"$"代表子类，而在 Jadx 中子类的连接方式还是使用"."符号，因此搜索时需将"$"符号替换为"."符号。用于定位到关键类的脚本如代码清单 10-15 所示。

代码清单 10-15　hookEvent.js

```
public void i() {
    if (h() != null) {
        androidx.fragment.app.d h2 = h();
        if (h2 != null) {
            ((PlayerActivity) h2).a(true, "playpage_dialog");
            return;
        }
        throw new TypeCastException("null cannot be cast to non-null type com.ilulutv.fulao2.film.PlayerActivity");
    }
}
static final class t implements View.OnClickListener {
    /* renamed from: d  reason: collision with root package name */
    final /* synthetic */ l f11236d;

    t(l lVar) {
        this.f11236d = lVar;
    }

    public final void onClick(View view) {
        if (!this.f11236d.q0) {
            this.f11236d.i();
        } else if (!l.a(this.f11236d).d()) {
            this.f11236d.a(true, 8, 0, false, true);
        } else if (this.f11236d.m0) {
            this.f11236d.a(true, 8, 0, false, true);
        } else {
            this.f11236d.a(false, 8, 8, false, false);
        }
    }
}
```

观察代码清单 10-15 中的 onClick()函数会发现有一些判断语句，如果第一个 if 语句的判断结果为 false 就会调用 i()函数，而 i()函数是一个弹窗的 dialog，因此猜测 i()函数的调用导致了图 10-19 中"VIP 限定功能"弹窗的出现。执行 WallBreaker 插件的 objectsearch 和 objectdump 命令后发现这个属于 l 类的 q0 实例变量的值确实为 false，如图 10-21 所示。

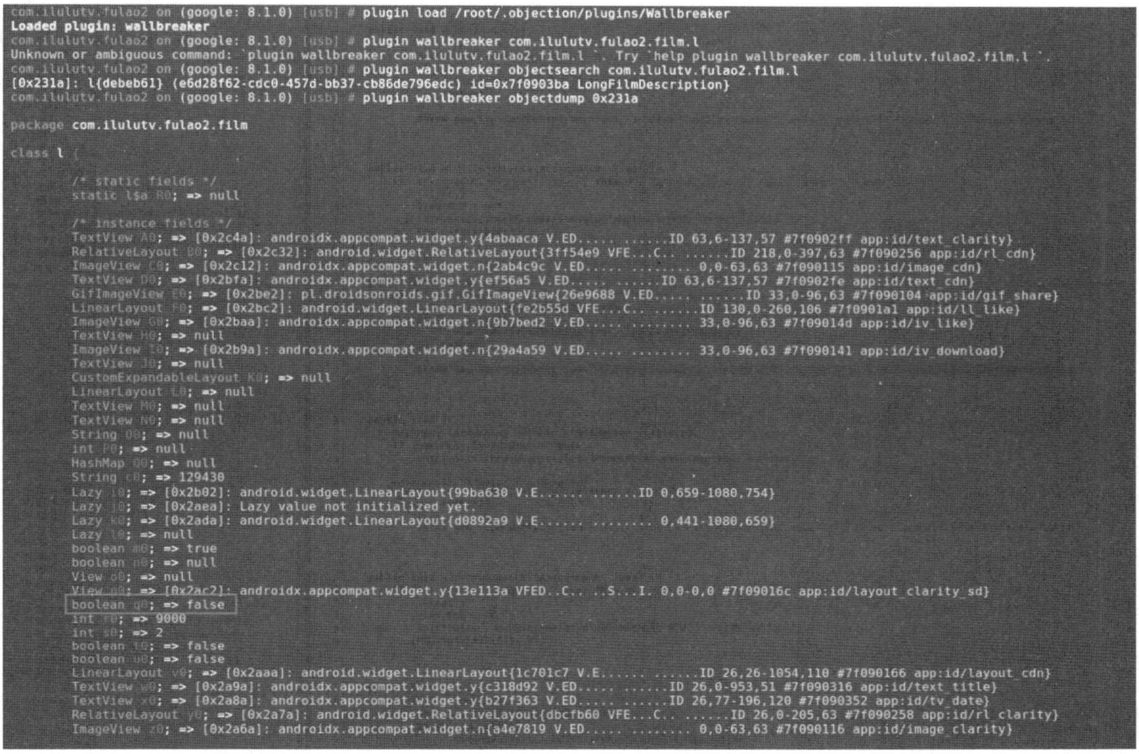

图 10-21 通过 WallBreaker 查看 q0 的当前值

修改这个 q0 值，使用的 Frida 脚本如代码清单 10-16 所示。

代码清单 10-16 hookq0.js

```
function hookq0(){
    Java.perform(function(){
        Java.choose("com.ilulutv.fulao2.film.l",{
            onMatch:function(ins){
                console.log("found ins:=>",ins)
                ins.q0.value = true;

            },onComplete:function(){
                console.log("search completed!")
            }
        })
    })
}
```

接着使用 Frida 重新注入应用并执行 hookq0() 函数，再次选择切换到高清视频的按钮，结果发现成功修改了视频清晰度，因此可以确认代码清单 10-15 中的 i() 函数确实对应"VIP 限制功能"的弹窗。

App 中所有的流量都进行了加密，如果想要针对其他协议进行分析，可以基于流量加密的特征 Hook 在 Java 中用于加密最关键的 API 类：Cipher 类。通过 Hook 这个系统类在分析 App 协议时会找到一个新的出口。限于篇幅，这里就不再演示了，读者可自行研究。

10.3 本章小结

本章介绍了使用 Charles 等抓包软件进行 HTTPS 协议抓包时，经常遇到的服务器端校验客户端和 SSL Pinning 问题，并展示了如何利用 Frida 解决由于上述两个问题而无法抓包的难题，还通过对一个违法 App 的取证分析与 VIP 高清视频功能的破解展示了 Frida 工具的强大之处。可以说科学地利用 Frida 和 Objection 就没有抓不到的包，更没有 trace 不出的执行流，更不用说关键代码的定位问题了。

第 11 章

Frida 逆向入门之 native 层 Hook

在本书之前的章节中，介绍了 Frida 在 Android 最常用的开发语言 Java 层中的 Hook 与其实际应用场景。相比于 Xposed，Frida 还可以单独完成对 native 层函数的 Hook。本章将简单地介绍 Android native 层相关的基础知识及其 Frida 在 native 层的 Hook。

11.1 native 基础

11.1.1 NDK 基础介绍

在 Android 开发中，除了使用 Java 语言进行开发并编译为 dex 文件由 ART/Dalvik 虚拟机执行的方式之外，还存在使用 C/C++代码完成应用开发并编译为动态链接库文件由 CPU 直接执行的方式。C/C++代码的开发通常被称为 native 原生库开发。

相对于 Java 语言在 Android 上的开发依赖于 SDK 支持，C/C++语言则需要 NDK 开发套件的支持。实际上 NDK 就是在 Android 中使用 C/C++语言进行开发的依赖库。

介绍到 NDK，不可以避免地需要提到 JNI。JNI（Java Native Interface）是使 Java 方法与 C/C++函数互通的一座桥梁。简要来说，通过 JNI 可以完成在 Java 中调用在 C/C++中声明的函数，在 C/C++中也可以对 Java 中声明的方法进行调用。实际上，JNI 并不是 Android 自创的，在 NDK 出现之前就已经有了 JNI。JNI 是 JVM（Java 虚拟机）规范的一部分，借助 JNI 可以在任何实现了 JNI 规范的 Java 虚拟机中调用 C/C++函数，只是 Android 中的 JNI 实现更加方便和简单。

读者可能会问,既然在 Android 开发中已经存在了 Java 语言为什么还需要依赖 NDK 开发套件的 C/C++ 语言呢?原因有两点:第一是性能,由于 Java 语言编译而成的二进制 dex 文件最终是在 Android 虚拟机上运行的,换言之就是由虚拟机执行的 Java 代码是通过 CPU 完成的,这就导致使用 Java 语言去执行逻辑时需要多一层翻译,进而影响了程序的性能,这在一些对实时性要求较高的场景中是不可容忍的,特别是在像游戏这种计算密集型应用场景中;第二是安全性,一个未加任何保护的 App 程序在使用 Jadx 或者 Jeb 等工具反编译后代码逻辑几乎没有任何阅读障碍,甚至可以说跟看源码一样,这对于一些对安全性要求很高的 App 来说是不可容忍的,相比 Java,C/C++ 这种编译型语言在编译成可执行文件后,文件内就只剩机器码了,虽然机器码可以被反编译为汇编语言甚至可以通过 IDA 等反编译神器反编译成 C/C++ 伪代码,但是这些反编译的结果相比于 Java 的反编译结果可以说是完全无法阅读,大大增加了 App 的安全性。

11.1.2　NDK 开发的基本流程

为了使大家进一步熟悉 JNI 语法,这里使用 Android Studio 编写一个演示项目 demo 进行演示。

首先,打开 Android Studio 后,选择新建工程,将模板列表拖至最下方选择 Native C++ 模板,如图 11-1 所示。然后,单击 Next 按钮,选择 C++ Standard 后单击 Finish 按钮完成工程的创建,这里的 C++ Standard 是指 C++ 标准,不同 C++ 标准之间存在部分语法的不同,这里选择默认值,如图 11-2 所示。

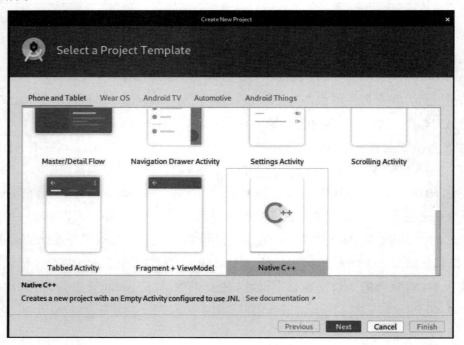

图 11-1　选择模板

第 11 章　Frida 逆向入门之 native 层 Hook

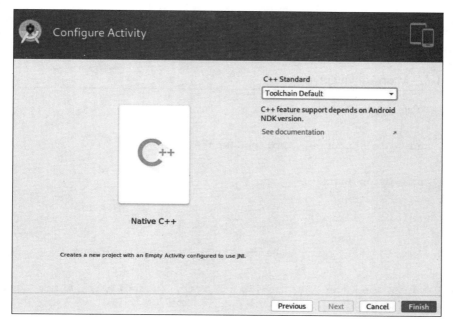

图 11-2　配置 C++标准

　　进入 Android Studio 工程主页面之后，在 Gradle 进行同步时会提示 NDK 套件的安装（见图 11-3），在 NDK 安装完毕后，一个完整的带有 native 支持的 demo 演示程序就完成了。

　　将主页面左侧切换为 Project 视图后观察 app/src/main 目录，相比于单纯使用 Java 开发的程序目录下会出现一个 cpp 目录（见图 11-4），而这个目录就是用于放置 native 层相关文件的，包括 C/C++源代码文件与 Cmakelists.txt 文件。目前在 Android Studio 中使用 cmake 工具指导完成 C/C++源代码文件的最终编译工作；Cmakelists.txt 文件相当于在 Linux 开发中经常使用的 makefile 文件，用于指明 C/C++源代码文件如何编译以及最终编译生成的目标。

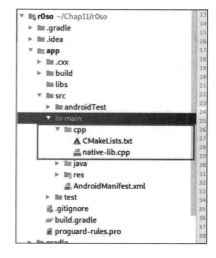

图 11-3　提示安装 NDK　　　　　　　　图 11-4　cpp 目录

　　相对于在第 2 章 demo01 工程中自动生成的 MainActivity 类，代码清单 11-1（由 demo 自动生成的 MainActivity 类文件）中多出了一个 static 代码块和一个 native 关键词修饰的 stringFromJNI()函数。

代码清单 11-1　MainActivity.java

```java
package com.roysue.r0so;

import androidx.appcompat.app.AppCompatActivity;

import android.os.Bundle;
import android.widget.TextView;
import android.util.Log;

public class MainActivity extends AppCompatActivity {

  // Used to load the 'native-lib' library on application startup.
  static {
      System.loadLibrary("native-lib");
  }
  ...

  /**
   * A native method that is implemented by the 'native-lib' native library,
   * which is packaged with this application.
   */
  public native String stringFromJNI();
}
```

在 static 静态代码块中，System.loadLibrary()函数用于将 native-lib 这个目标动态库加载到内存中，这里的 native-lib 动态库名称是由 Cmakelists.txt 文件设置的；最终生成的动态链接库名称为"lib+目标名+.so"，这里的动态链接库名称为 libnative-lib.so。

native 描述符修饰的 stringFromJNI()函数事实上就是一个 JNI 函数，其在 Java 层中通过 native 描述符修饰来声明，真实的函数内容是由 C/C++语言实现的。点击函数声明左侧的 C++ 图标（见图 11-5）或者按住 Ctrl 键后点击函数名就会跳到对应的 C/C++语言实现的函数主体，函数内容如代码清单 11-2 所示。

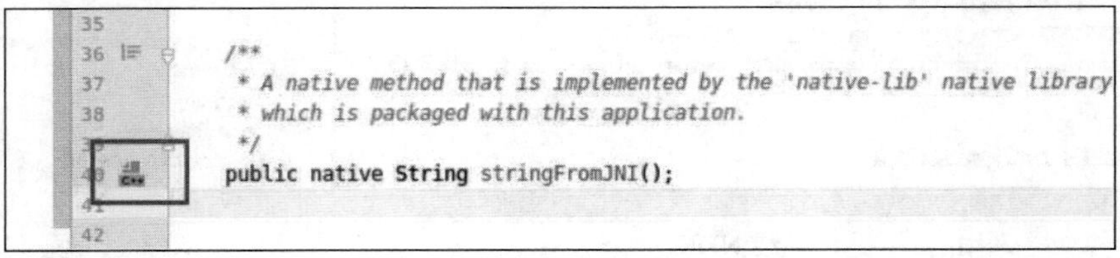

图 11-5　跳转到 native 层

代码清单 11-2 stringFromJNI native 实现

```
extern "C" JNIEXPORT jstring JNICALL
Java_com_roysue_r0so_MainActivity_stringFromJNI(
    JNIEnv* env,
    jobject /* this */) {
  std::string hello = "Hello from C++";
  return env->NewStringUTF(hello.c_str());
}
```

对比其 C/C++ 函数声明的形式和 Java 函数声明的形式，native 层函数明显多出了几个参数和修饰符，甚至函数名称也变得特别长，函数返回值类型也从 String 变成了 jstring。

之所以从简单的 stringFromJNI 变成了 Java_com_roysue_r0so_MainActivity_stringFromJNI，这是因为 JNI 函数的绑定需要依赖于一个函数命名规则，让 Java 层能够据此找到对应的原生函数。对应其 Java 中的函数声明，会发现 Java_ 是函数的前缀，中间的 com_roysue_r0so 和 MainActivity 分别对应 Java 函数的类所在包名（将 "." 替换为 "_"）和相应的类名，最后的 stringFromJNI 字符串则与 Java 中的函数名相同，每个部分使用下画线 "_" 连接，因此 JNI 函数的命名规则就呼之欲出了：Java_PackageName_ClassName_MethodName 即为 MethodName 对应的 native 层函数名。

另外，JNIEXPORT 的描述符用于表明这个 JNI 函数是一个导出函数可供外部调用；JNICALL 则是一个空的声明，可以通过按住 Ctrl 键单击符号进行查看；extern "C" 是表明以 C 语言命名方式编译，如果不加这个标志，那么默认函数名会使用 C++ 语言的方式进行编译，最终会出现 name mangling，也称名称粉碎或名称修饰机制，使得在编译后函数名不再是源代码声明的模样，最终导致在 Java 层进行函数调用时无法找到相应的 native 实现。

返回值类型之所以从 String 变为 jstring，是为了防止 Java 中数据类型和 C/C++ 语言的数据类型相互冲突。Java 和 JNI 的一些数据类型的表示方式对比如表 11-1 所示。

表 11-1 Java 和 JNI 数据类型对应表

Java 数据类型	JNI 数据类型	Java 数据类型	JNI 数据类型
boolean	jboolean	float	jfloat
byte	jbyte	double	jdouble
char	jchar	void	void
short	jshort	String	jstring
int	jint	Object	jobject
long	jlong	class	jclass

在代码清单 11-2 中函数的声明比其 Java 层中的声明多出两个参数（JNIEnv* 和 jobject），分别用于表示当前 Java 线程的执行环境和相应函数所在类的对象。通过 JNIEnv* 声明的变量可以执行 JNI 函数，调用 Java 层代码与 Java 层完成交互，比如在 stringFromJNI 这个 JNI 函数

中是通过 JNIEnv*声明的 env 变量完成了 jstring 类型的字符串变量的创建，其他可以通过 JNIEnv 声明变量实现的 JNI 函数可以参考 jni.h 头文件。第二个参数取决于在 Java 层中 stringFromJNI()函数是否有 static 描述符修饰，如果存在 static 描述符修饰，那么第二个变量类型将变为 jclass，用于表示相应函数所在类，若没有 static 修饰则是 jobject 类型。

在 JNI 中还需要介绍的是 JavaVM 结构。JavaVM 是 Java 虚拟机在 JNI 层的代表，JNI 全局仅仅有一个 JavaVM 结构，而 JNIEnv 是当前 Java 线程的执行环境，每个线程都对应一个 JNIEnv 结构。作为 Java 虚拟机的代表，JavaVM 通常出现在 so 文件加载后第一个运行的普通函数 JNI_Onload()的参数中，JNIEnv 则是每个 JNI 函数的第一个参数，JNI_Onload()函数的声明同样可以在 jni.h 文件中找到，具体如下：

```
JNIEXPORT jint JNI_OnLoad(JavaVM* vm, void* reserved);
```

11.1.3　JNI 函数逆向的基本流程

我们使用上一小节编写的 demo 工程经编译运行后生成 APK 文件，由于该 APK 文件本质上是一个 zip 压缩文件，因此这里直接将 APK 文件解压并查看其文件结构（见图 11-6），我们可以发现这个 demo 工程比第 5 章没有 C/C++语言支持的 APK（参考图 5-1）多出了一个 lib 目录，且在 lib 目录下存储着一个 aarch64 架构的 elf 动态链接库文件。

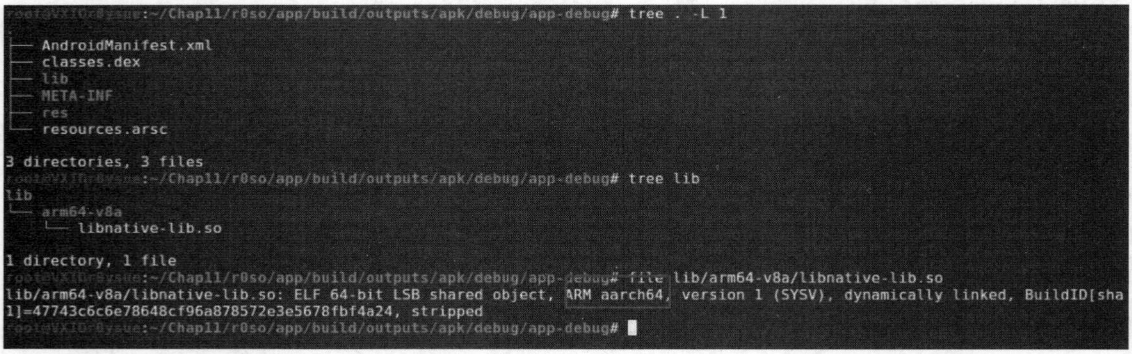

图 11-6　文件结构

事实上，由于 C/C++语言编译生成的 so 文件是以机器码的形式在 CPU 上运行的，因此不同的 CPU 架构需要不同架构类型的 so 文件。之所以在本书开始就建议使用真机，其中的一个原因就是一些 APK 只有 arm 架构的 so 文件，而无法运行在 x86/64 架构计算机中的模拟器上。

在 Android 中，不同架构的 so 文件会存放在 lib 目录下相应架构的目录中，比如这里生成的 aarch64 架构的 libnative-lib.so 文件就存储在 lib/arm64-v8a 目录下。目前 Android 编译仍旧支持的架构有 arm32、arm64、x86 和 x86_64。查看手机架构的方式有很多种，比如图 11-7 是在手机的 adb shell 中运行如下命令来查看 Nexus 5X 的架构，结果为 aarch64。

```
$ uname -a
```

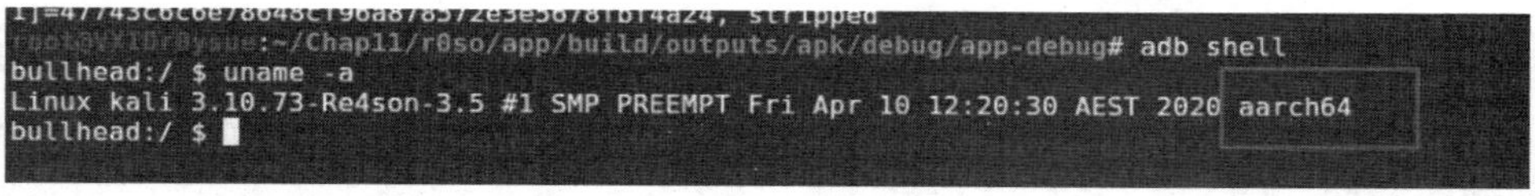

第 11 章　Frida 逆向入门之 native 层 Hook

图 11-7　查看系统架构

需要注意，架构是向下兼容的。简单来说，64 位架构的系统可以运行 32 位架构的应用，32 位架构的系统却无法运行 64 位架构的应用，比如 arm64 架构可以运行 arm32 的应用，而 arm32 不可以运行 arm64 的应用。

在 JNI 逆向过程中，首先需要找到 Java 层函数在 native 层中对应的函数地址，有了函数地址才能使用 Frida 进行 Hook 或者使用 IDA 等逆向工作进行动态分析和静态分析。根据上面介绍的 JNI 函数命名规则可知，Android 系统为了快速找到 JNI 函数在 native 层的对应函数，因而其命名规则都是固定的，并且在内存中也是不会发生变化的。

这里使用 Objection 注入 demo 进程并通过以下命令查看 libnative-lib.so 文件是否被加载到内存中：

```
# memory list modules
```

上述命令的执行结果如图 11-8 所示，我们可以发现在进程中 libnative-lib.so 文件的加载基地址 0x7133cc1000、文件大小以及对应的存储目录都被打印出来了。这说明 libnative-lib.so 模块已经加载到内存中了（上一小节中 System.loadLibrary()函数的作用）。

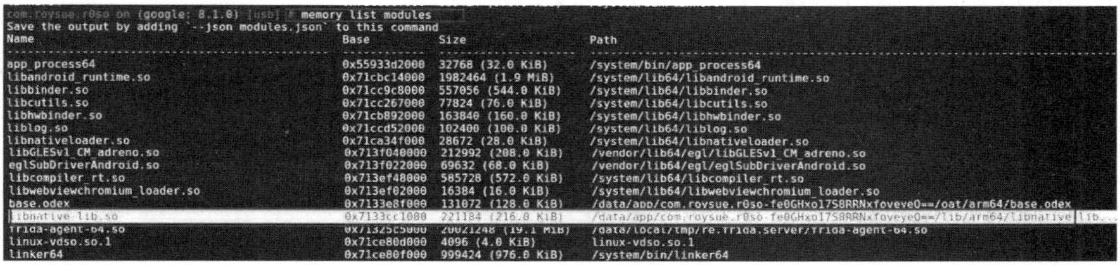

图 11-8　查看内存中加载的模块

在确认内存中已加载相应的 so 文件后可以使用如下命令查看相应模块的所有导出符号：

```
# memory list exports libnative-lib.so
```

图 11-9 是遍历 libnative-lib.so 模块导出符号的结果，可以发现在源码中的 Java_PackageName_ClassName_MethodName 格式的 Java_com_roysue_r0so_MainActivity_stringFromJNI()函数名并未发生任何改变，且相应函数地址为 0x7133cd01dc。需要注意的是，在 Android 中每次加载模块时基地址都是变化的，最终会导致每次加载后的函数地址也是不同的，因此这里得到的函数绝对地址是不可靠的，真正可靠的是函数地址相对于模块基地址的偏移，比如这里 stringFromJNI()函数的偏移是 0x7133cd01dc–0x7133cc1000 == 0xf1dc，只有这个偏移值每次重新运行都是不变的，我们可以通过这个偏移值在静态分析时找到相应的函数。

```
cba.roysue.r0so on (google: 8.1.0) [usb] > memory list exports libnative-lib.so
Save the output by adding `--json exports.json` to this command
Type     Name                                                                    Address
variable _ZTSN10__cxxabiv117__array_type_infoE                                   0x7133cebbe8
function __cxa_call_unexpected                                                   0x7133cd2894
variable _ZNSt12length_errorD1Ev                                                 0x7133cd30d8
variable _ZTVN10__cxxabiv123__fundamental_type_infoE                             0x7133cf4f28
variable _ZTIPDn                                                                 0x7133cf4fd8
function __cxa_free_exception                                                    0x7133cd17b4
variable _ZTIN10__cxxabiv117__array_type_infoE                                   0x7133cf5780
function _ZN10__cxxabiv121__isOurExceptionClassEPK17_Unwind_Exception            0x7133cd1748
variable _ZNSt11logic_errorC2EPKc                                                0x7133cd1480
variable _ZTIPDs                                                                 0x7133cf56b8
variable _ZTVN10__cxxabiv129__pointer_to_member_type_infoE                       0x7133cf59b0
variable _ZTIPDu                                                                 0x7133cf5668
function _ZNamSt11align_val_tRKSt9nothrow_t                                      0x7133cd13a8
function _ZNSt10bad_typeidD2Ev                                                   0x7133ce5f90
variable __cxa_new_handler                                                       0x7133cf6038
function _ZNSt13bad_exceptionD1Ev                                                0x7133cd306c
variable _ZTVSt15underflow_error                                                 0x7133cd3050
variable _ZdlPvm                                                                 0x7133cd12bc
variable _ZTVSt11range_error                                                     0x7133cf2fb8
function _ZNSt6__ndk117_DeallocateCaller27__do_deallocate_handle_sizeEPvm        0x7133cd0888
function _ZdaPvSt11align_val_t                                                   0x7133cd13e4
variable _ZNSt11logic_errorC1ERKS_                                               0x7133cd1500
variable _ZTSN10__cxxabiv123__fundamental_type_infoE                             0x7133cebad0
variable _ZNSt13runtime_errorC1EPKc                                              0x7133cd161c
function __gxx_personality_v0                                                    0x7133cd20ac
function __cxa_throw                                                             0x7133cd1808
function Java_com_roysue_r0so_MainActivity_stringFromJNI                         0x7133cd01dc
variable _ZTSSt12length_error                                                    0x7133cf2f60
function _ZNSt9bad_allocC2Ev                                                     0x7133cd3090
function _ZNSt12domain_errorD0Ev                                                 0x7133cd3248
variable _ZTSSt16invalid_argument                                                0x7133ce9b6c
```

图 11-9　遍历模块中的导出符号

另外，还需要提及的是 C++存在的 name mangling（名称粉碎机制）。我们在上面说过，如果希望函数不发生名称粉碎，就需要在函数声明时加上 extern "C"描述符，保证函数最终以 C 命名方式编译。那么名称粉碎机制最终生成的结果是什么样的呢？为了验证结果，这里在源码中添加一个名为 stringFromJNI2 的 JNI 函数，并手动删除 extern "C"描述符，最终 Java 函数声明和对应的 native 层函数内容如代码清单 11-3 所示。

代码清单 11-3　stringFromJNI2

```
// Java 层函数声明
public native String stringFromJNI2();
// native 层函数内容
JNIEXPORT jstring JNICALL
Java_com_roysue_r0so_MainActivity_stringFromJNI2(JNIEnv *env, jobject thiz)
{
    std::string hello = "Hello from C++ stringFromJNI2 r0ysue ";
    return env->NewStringUTF(hello.c_str());
}
```

在编译完成并运行后，再次遍历 libnative-lib.so 模块的导出符号（见图 11-10）会发现，编译完成后的函数名虽然存在原始函数名的字符串，但是发生了一些变化，即由原始的 Java_com_roysue_r0so_MainActivity_stringFromJNI2 变 成 了 _Z48Java_com_roysue_r0so_MainActivity_stringFromJNI2P7_JNIEnvP8_jobject，这种变化就是名称粉碎机制所导致的。

```
variable  _ZTSy                                                                  0x7133cebb79
variable  _ZTSSt8bad_cast                                                        0x7133cebca1
function  _ZNSt13runtime_errorD1Ev                                               0x7133cd3190
function  _Z48Java_com_roysue_r0so_MainActivity_stringFromJNI2P7_JNIEnvP8_jobject 0x7133cd05ec
variable  __cxa_terminate_handler                                                0x7133cf6008
variable  _ZTIN10__cxxabiv120__function_type_infoE                               0x7133cf4ec0
function  _ZNSt20bad_array_new_lengthD2Ev                                        0x7133cd306c
function  _ZNSt14overflow_errorD2Ev                                              0x7133cd3190
function  _ZNSt16invalid_argumentD0Ev                                            0x7133cd32a4
```

图 11-10　遍历模块中的导出符号

被名称粉碎机制破坏的函数名是可以还原的,这里推荐使用 Linux 系统自带的 C++filt 工具对函数名进行还原。图 11-11 是使用 C++filt 工具对 stringFromJNI2 函数名进行恢复的结果。

```
root@VXIDr0ysue:~/Chap11# c++filt _Z48Java_com_roysue_r0so_MainActivity_stringFromJNI2P7_JNIEnvP8_jobject
Java_com_roysue_r0so_MainActivity_stringFromJNI2(_JNIEnv*, _jobject*)
root@VXIDr0ysue:~/Chap11#
```

图 11-11 C++filt 恢复函数名

11.2 Frida native 层 Hook

11.2.1 native 层 Hook 基础

代码清单 11-4 是 Frida 针对 App native 层基本的 Hook 模板,观察这个模板可以发现,在 Frida 脚本中实现 native 层 Hook 的 API 函数是 Interceptor.attach() 函数,它的第一个参数是要 Hook 的函数地址,第二个参数是一个 callbacks 回调。在 callbacks 回调中存在两个函数:onEnter() 函数是在函数调用前产生的回调,在这个函数中可以处理函数参数的相关内容,被 Hook 的函数参数内容以数组的方式存储在 onEnter() 函数的参数 args 中;onLeave() 函数则是在被 Hook 的目标函数执行完成后执行的函数,被 Hook 的函数返回值用 onLeave() 函数中的 retval 变量来表示。

代码清单 11-4　Hook 模板

```
Interceptor.attach(addr, {
 onEnter(args) {
   /* do something with args */
 },
 onLeave(retval) {
    /* do something with retval */
 }
});
```

由代码清单 11-4 可知,要实现对一个 native 函数的 Hook,最重要的就是找到该函数的首地址。这里我们以本章的 demo 工程为例来介绍找到函数首地址的几种方式。

如果是导出函数,那么可以通过 API 函数 Module.getExportByName(moduleName|null, exportName)或者 Module.findExportByName(moduleName|null, exportName)获得相应函数的首地址。这两个 API 函数的第一个参数是模块名或 null 值,第二个参数是目标函数的导出符号名。如果第一个参数为 null,那么 API 函数在执行时会在内存加载的所有模块中搜索导出符号名,否则会在指定模块中搜索相应的导出符号。这两个 API 函数都是用于寻找导出函数在内

存的地址，不过还是存在一定的差别：以 get 开头的函数无法寻找到相应导出符号名时会抛出一个异常，以 find 开头的函数无法寻找到相应导出符号名时会直接返回一个 null 值。

由图 11-9 可知，在 demo 工程中 Java_com_roysue_r0so_MainActivity_stringFromJNI 就是一个导出符号名，而这个导出符号所在的模块名为 libnative-lib.so。对这个函数的 Hook 脚本如代码清单 11-5 所示。

代码清单 11-5　hookNative.js

```
function hook_native(){
    var addr = Module.getExportByName("libnative-lib.so", "Java_com_roysue_r0so_MainActivity_stringFromJNI");
    Interceptor.attach(addr,{
        onEnter:function(args){
            console.log("jnienv pointer =>",args[0])
            console.log("jobj pointer =>",args[1])
        },onLeave:function(retval){
            console.log("retval is =>",Java.vm.getEnv().getStringUtfChars(retval, null).readCString())
            console.log("==================")
        }
    })
}
function main(){
   hook_native()
}
setImmediate(main)
```

在代码清单 11-5 中，为了将返回值的内容打印出来，调用了 Frida 提供的 API 函数 Java.vm.getEnv() 获取当前线程的 JNIEnv 结构，并参照 JNI 函数 GetStringUtfChars() 获取到的 Java 的字符串对应的 C 字符串首地址，只是函数第一个字母变成了小写的 g（JNI 函数在 Frida 中的表示方式见 https://github.com/ frida/frida-java-bridge/blob/master/lib/env.js#L366）。实际上，这些在 Frida 内部都已经封装完毕了，这里也只是调用了相应的 API 函数而已。在获取到 C 字符串指针后，通过 readCString() 这个 API 函数从获得的 C 字符串指针处读取内存中对应的 C 字符串。

为了能够保证 stringFromJNI() 函数的执行在完成 Hook 后执行，这里先在 MainActivity 类的 onCreate() 函数中加上一个对 stringFromJNI() 函数的循环调用，修改后的 onCreate() 函数内容如代码清单 11-6 所示。

代码清单 11-6　onCreate()函数

```
@Override
protected void onCreate(Bundle savedInstanceState) {
    super.onCreate(savedInstanceState);
    setContentView(R.layout.activity_main);

    // Example of a call to a native method
    TextView tv = findViewById(R.id.sample_text);
    tv.setText(stringFromJNI());

    while(true){
        try {
            Thread.sleep(1000);
        } catch (InterruptedException e) {
            e.printStackTrace();
        }
        Log.i("r0so2", stringFromJNI());
    }
}
```

在编译运行后便会在 Logcat 日志中观察到 stringFromJNI()函数的返回值内容为"Hello from C++ r0ysue"，如图 11-12 所示。

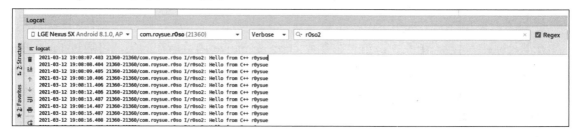

图 11-12　输出日志

在手机上运行 frida-server 并使用 Frida 将代码清单 11-5 中的脚本文件 hookNative.js 以 attach 模式注入进程中，输出日志如图 11-13 所示，从中可以发现每次函数被调用时参数和返回值都成功被打印出来了。

但是，如果 native 层函数没有导出，此时，如何获得相应的函数地址呢？

我们在之前讲过，在每次 App 重新运行后 native 函数加载的绝对地址是会变化的，唯一不变的是函数相对于所在模块基地址的偏移，因此我们可以在获取模块的基地址后加上固定的偏移地址获取相应函数的地址，Frida 中也正好提供了这样的方式：先通过 Module.findBaseAddress(name)或者 Module.getBaseAddress(name) 两个 API 函数获取对应模块的基地址，然后通过 add(offset)函数传入固定的偏移 offset 获取最后的函数绝对地址。

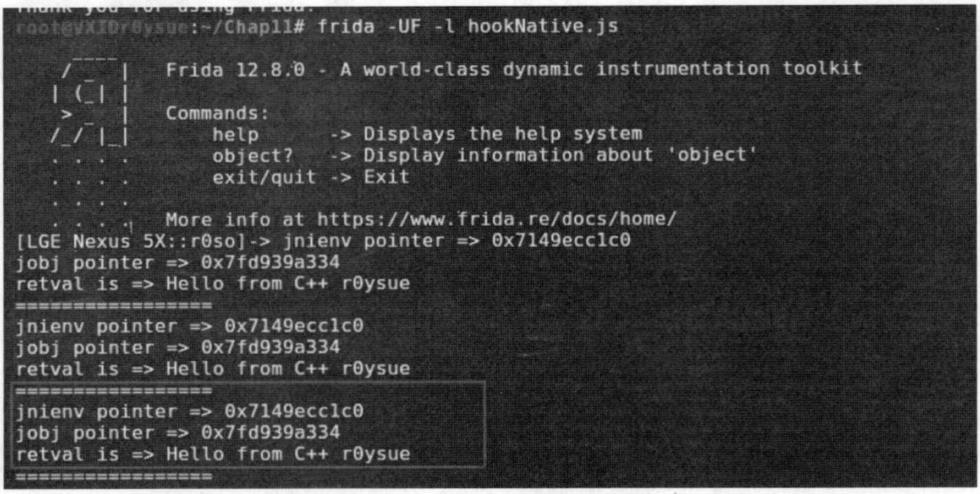

图 11-13　Frida 输出日志

为了介绍这种获取函数地址的方式，这里首先介绍一下动态注册的 JNI 函数。区别于静态注册的 JNI 函数可以通过一定命名方式从 Java 层找到对应 native 层函数名，动态注册的函数在 native 层实现的函数名称不定，并且不一定要求相应函数是导出类型，这样的函数在安全性上是一定会高于静态注册函数的，而这也正成为许多开发者选择动态注册函数的理由。动态注册的函数实现方式十分简单，只需要调用 RegisterNatives() 函数即可，其函数原型如下：

```
jint RegisterNatives(jclass clazz, const JNINativeMethod* methods,jint nMethods)
```

在 RegisterNatives() 函数中，第一个参数 clazz 是 native 函数所在的类，可通过 FindClass 这个 JNI 函数获取（将类名的 "." 符号换成 "/"）；methods 参数是一个数组，其中包含函数的一些签名信息以及对应在 native 层的函数指针，nMethods 参数是 methods 数组的数量。这里为 demo 工程再次添加一个 native 函数 stringFromJNI3()（用于举例）。native 层 stringFromJNI3() 函数的实现如代码清单 11-7 所示。

代码清单 11-7　动态注册的函数

```
jstring JNICALL sI3(
    JNIEnv* env,
    jobject /*this*/) {
  std::string hello = "Hello from C++ stringFromJNI3 r0ysue ";
  return env->NewStringUTF(hello.c_str());
}

jint JNI_OnLoad(JavaVM* vm, void* reserved)
{
  JNIEnv * env;
```

```
    vm->GetEnv((void**)&env,JNI_VERSION_1_6);
    JNINativeMethod methods[] = {
        {"stringFromJNI3","()Ljava/lang/String;",(void*)sI3},
    };

    env->RegisterNatives(env->FindClass("com/roysue/r0so/MainActivity"),
methods,1);

    return JNI_VERSION_1_6;
}
```

在 MainActivity 类的 onCreate() 函数中将对 stringFromJNI() 函数的循环调用改为对 stringFromJNI3() 函数的调用并重新编译运行。图 11-14 是在运行后 Logcat 的日志输出，可以发现最终调用的 stringFromJNI3() 函数实际上是调用的 C/C++ 层的 sI3() 函数，而这也正是动态注册作用的结果。

图 11-14　stringFromJNI3() 函数输出的日志

再次使用 Objection 遍历 libnative-lib.so 模块的导出函数，会发现再也找不到 stringFromJNI3() 字符串相关的函数了。那么此时如何 Hook 呢？这时就用到刚才介绍的第二种查找函数地址的方式了，先找模块基地址，再根据偏移获取函数绝对地址。那么函数的偏移如何获取呢？通过 Hook 实现动态注册的函数 RegisterNatives() 来获取动态注册后的 sI3() 函数地址。

这里介绍一个项目 frida_hook_libart，其仓库地址为 https://github.com/lasting-yang/frida_hook_libart。这个项目中包含着对一些 JNI 函数和 art 相关函数的 Frida Hook 脚本，这里要使用的是 RegisterNatives() 函数的 Hook 脚本：hook_RegisterNatives.js。

在本案例中，RegisterNatives() 函数是在 JNI_Onload 模块一加载就会自动运行的函数，因此为了能够顺利地在 RegisterNatives() 函数未被调用前 Hook 到，就需要使用 Frida 在注入时选择 spwan 模式运行。图 11-15 是在 spwan 模式注入 hook_RegisterNatives.js 后打印的结果，可以发现 sI3() 函数相对于 libnative-lib.so 模块的偏移是 0xf444。

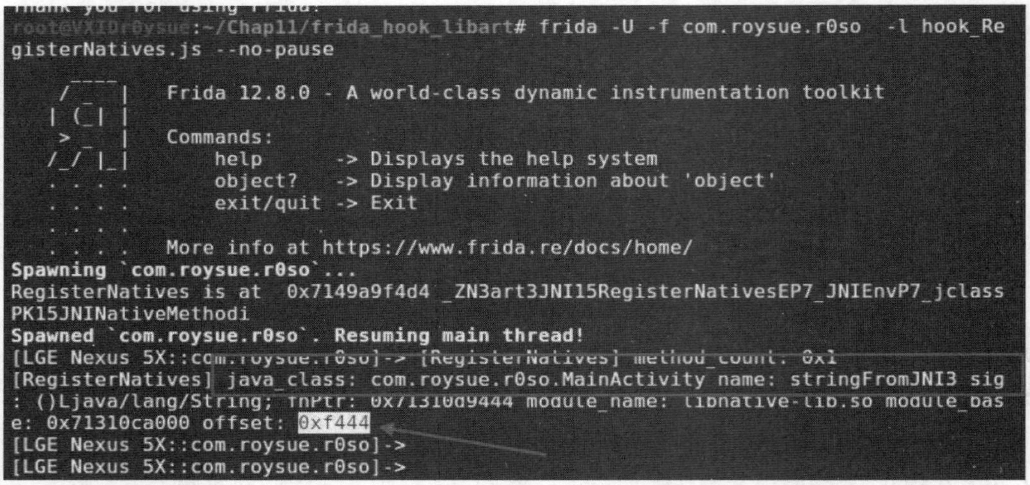

图 11-15 Hook RegisterNatives()函数的结果

在获取到函数偏移后便可以利用上述第二种查找函数地址的方式获取相应函数地址并对函数进行 Hook；最终的 Hook 脚本内容如代码清单 11-8 所示，Hook 的结果如图 11-16 所示。

代码清单 11-8　hookNative.js

```
function hook_native3(){
    var libnative_addr = Module.findBaseAddress('libnative-lib.so');
    console.log("libnative_addr is => ",libnative_addr)
    var stringfromJNI3 = libnative_addr.add(0xf444);
    console.log("stringfromJNI3 address is =>",stringfromJNI3);

    Interceptor.attach(stringfromJNI3,{
      onEnter:function(args){

            console.log("jnienv pointer =>",args[0])
            console.log("jobj pointer =>",args[1])
         // console.log("jstring pointer=>",Java.vm.getEnv().
getStringUtfChars(args[2], null).readCString() )

      },onLeave:function(retval){
            console.log("retval is =>",Java.vm.getEnv().getStringUtfChars
(retval, null).readCString())
            console.log("=================")


      }
   })
}
function main(){
  hook_native3()
```

```
}
setImmediate(main)
```

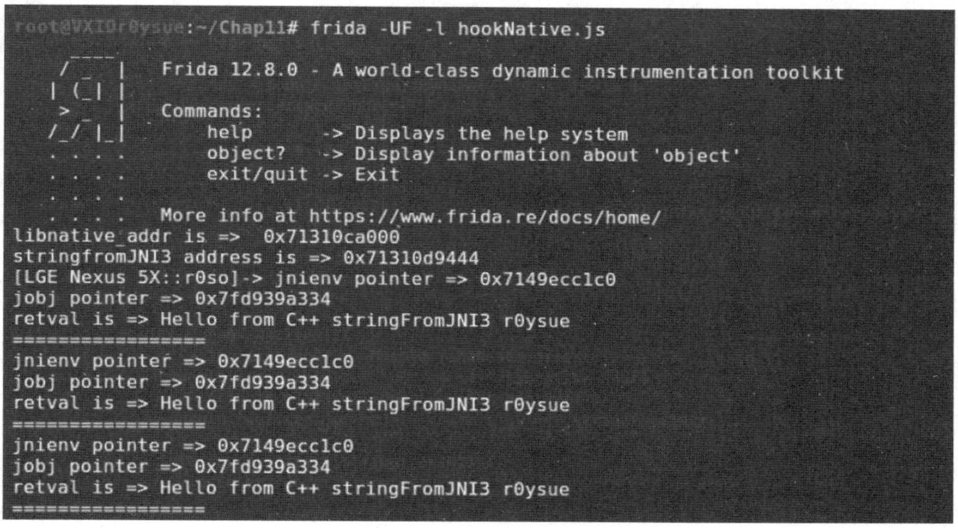

图 11-16　Hook 函数的结果

需要注意的是，虽然每次重新运行 App 时其函数的偏移地址是不会改变的，但是这是建立在 App 未被重新编译的基础上的。如果在一次运行后 App 代码发生修改，并重新在 Android Studio 中编译并运行，那么新的 App 函数的偏移地址是会发生改变的，此时应当重新使用 hook_RegisterNative.js 脚本获取相应函数的新偏移值并修改 Hook 脚本，然后再进行注入。

11.2.2　libssl 库 Hook

我们在第 8 章中曾开发过一个 hookSocket.js 脚本，用于完成 Socket 层的抓包，并在后面的章节中利用 hookSocket.js 测试各类应用层协议，可以说这个脚本是通杀所有应用层协议的。其中，针对加密流量 Hook 的关键函数是 com.android.org.conscrypt.ConscryptFileDescriptorSocket$SSLOutputStream 类的 read() 和 write() 函数。在第 2 章中我们也介绍过 Android 中 Java 层中的代码实际上都是通过更下层的 native 库或者 Android Runtime 库实现的，因此这里针对加密流量的关键收发包函数在其 native 中也一定有其对应的函数实现。

秉承着这一原则，笔者通过对 Android 8.1 源码的阅读与函数追踪发现其 native 层确实存在相应的实现。这里总结一下 write() 函数最终在 native 层的实现函数，如图 11-17 所示，其中每一个框中的第一行对应的都是函数，第二行对应的是函数在 Android 源码中的路径。观察图 11-17，可以发现最终调用的是 boringssl 模块中的 SSL_write() 函数。

SSL_write() 函数在编译后存在哪个模块中呢？笔者通过阅读 boringssl 模块的编译配置文件 Android.bp 发现最终编译生成的模块有两个：libcrypto.so 和 libssl.so。因此，可以判定在会发送 HTTPS 请求的任何原生应用中，其运行时都会加载 libcrypto.so 和 libssl.so 模块。

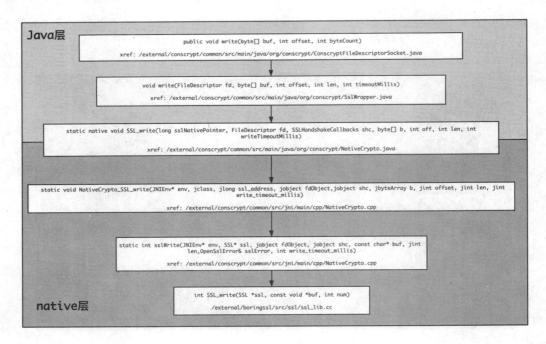

图 11-17 write()函数的调用链

为了进一步确定 SSL_write()函数是哪个模块中的函数,这里通过使用 Objection 注入我们在第 8 章中开发的"设置"应用后,运行如下命令遍历内存中相应模块的导出函数,并以 JSON 格式导出为文件,最终会发现只有 SSL_write 函数存在于 libssl.so 模块的导出函数中,如图 11-18 所示。

```
# memory list exports libcrypto.so --json /root/Chap11/libcrypto.so.json #
memory list exports libssl.so --json /root/Chap11/libssl.so.json
```

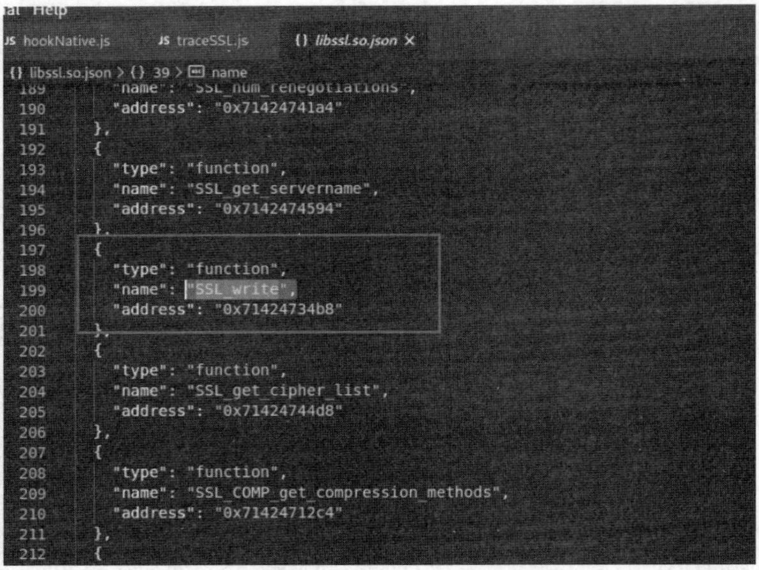

图 11-18 遍历模块中所有的导出函数

根据我们在上一小节中介绍的 native 层函数 Hook 方式以及获取函数地址的方式完成针对 SSL_write() 函数的 Hook 脚本，如代码清单 11-9 所示。

代码清单 11-9　hookSSL_write.js

```
function hook_ssl_write(){
    var addr = Module.getExportByName("libssl.so", "SSL_write");
    Interceptor.attach(addr,{
        onEnter:function(args){
            console.log("\n",hexdump(args[1],{length: args[2].toInt32()}))
        },onLeave:function(retval){
            console.log("================== onLeave =================")
        }
    })
}
function main(){
    console.log("Entering main")
    hook_ssl_write()
}
setImmediate(main)
```

图 11-19 是在将脚本注入进程中后每次发生 HTTPS 请求时 SSL_write() 函数被 Hook 的结果，从结果可以发现，实际上 SSL_write() 函数的第二个参数就是接收到的数据包信息，第三个参数是数据包的长度。

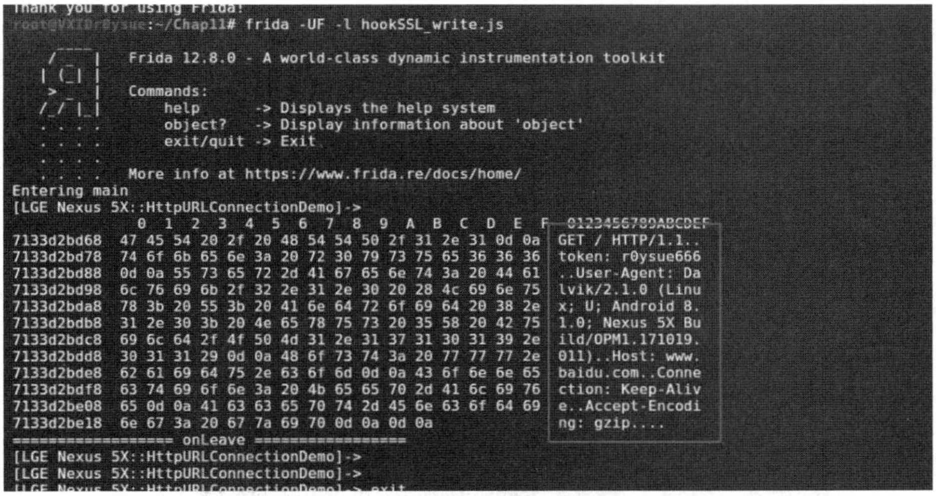

图 11-19　Hook SSL_write() 函数的结果

为了进一步确认在发生 HTTPS 请求时 App 都调用了 libssl.so 模块中的哪些函数，这里再介绍一个 Frida 工具 frida-trace。frida-trace 是一个用于快速 trace 函数的命令行工具，其包含在 frida-tools 工具包中。frida-trace 的具体使用方法如图 11-20 所示。

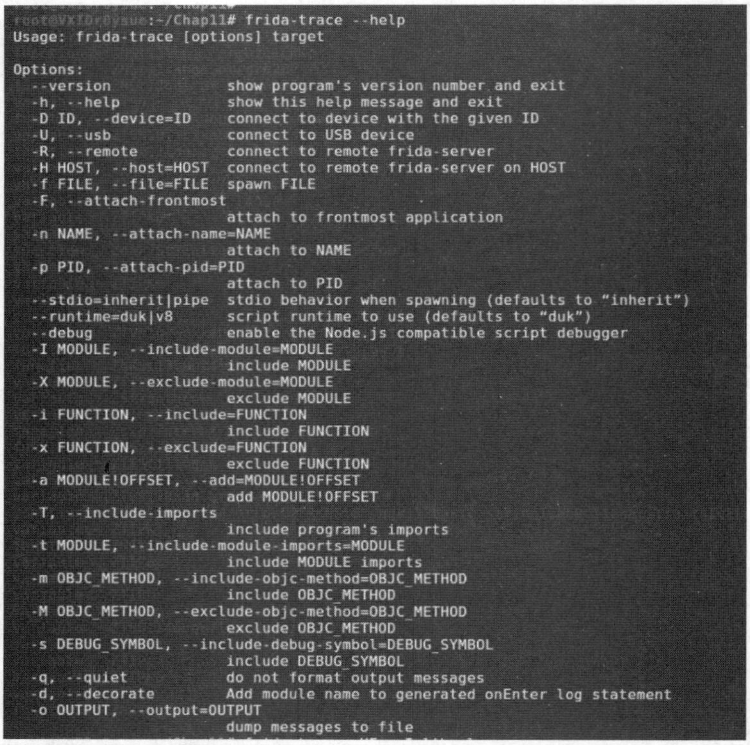

```
root@VxIDr0ysuc:~/Chap11# frida-trace --help
Usage: frida-trace [options] target

Options:
  --version                 show program's version number and exit
  -h, --help                show this help message and exit
  -D ID, --device=ID        connect to device with the given ID
  -U, --usb                 connect to USB device
  -R, --remote              connect to remote frida-server
  -H HOST, --host=HOST      connect to remote frida-server on HOST
  -f FILE, --file=FILE      spawn FILE
  -F, --attach-frontmost
                            attach to frontmost application
  -n NAME, --attach-name=NAME
                            attach to NAME
  -p PID, --attach-pid=PID
                            attach to PID
  --stdio=inherit|pipe      stdio behavior when spawning (defaults to "inherit")
  --runtime=duk|v8          script runtime to use (defaults to "duk")
  --debug                   enable the Node.js compatible script debugger
  -I MODULE, --include-module=MODULE
                            include MODULE
  -X MODULE, --exclude-module=MODULE
                            exclude MODULE
  -i FUNCTION, --include=FUNCTION
                            include FUNCTION
  -x FUNCTION, --exclude=FUNCTION
                            exclude FUNCTION
  -a MODULE!OFFSET, --add=MODULE!OFFSET
                            add MODULE!OFFSET
  -T, --include-imports
                            include program's imports
  -t MODULE, --include-module-imports=MODULE
                            include MODULE imports
  -m OBJC_METHOD, --include-objc-method=OBJC_METHOD
                            include OBJC_METHOD
  -M OBJC_METHOD, --exclude-objc-method=OBJC_METHOD
                            exclude OBJC_METHOD
  -s DEBUG_SYMBOL, --include-debug-symbol=DEBUG_SYMBOL
                            include DEBUG_SYMBOL
  -q, --quiet               do not format output messages
  -d, --decorate            Add module name to generated onEnter log statement
  -o OUTPUT, --output=OUTPUT
                            dump messages to file
```

图 11-20　frida-trace 的使用方法

在这里我们使用如下命令通过-I 参数指定跟踪模块 libssl.so 中的所有符号函数，而后在每次发生 HTTPS 请求时发现图 11-21 中的几个函数被调用。

```
# frida-trace -UF -I libssl.so
```

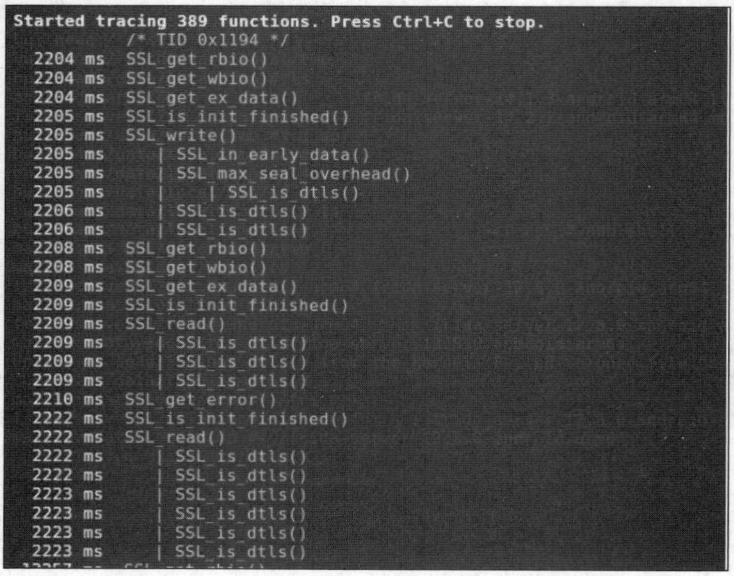

```
Started tracing 389 functions. Press Ctrl+C to stop.
          /* TID 0x1194 */
  2204 ms  SSL_get_rbio()
  2204 ms  SSL_get_wbio()
  2204 ms  SSL_get_ex_data()
  2205 ms  SSL_is_init_finished()
  2205 ms  SSL_write()
  2205 ms     | SSL_in_early_data()
  2205 ms     | SSL_max_seal_overhead()
  2205 ms     |    | SSL_is_dtls()
  2206 ms     | SSL_is_dtls()
  2206 ms     | SSL_is_dtls()
  2208 ms  SSL_get_rbio()
  2208 ms  SSL_get_wbio()
  2209 ms  SSL_get_ex_data()
  2209 ms  SSL_is_init_finished()
  2209 ms  SSL_read()
  2209 ms     | SSL_is_dtls()
  2209 ms     | SSL_is_dtls()
  2209 ms     | SSL_is_dtls()
  2210 ms  SSL_get_error()
  2222 ms  SSL_is_init_finished()
  2222 ms  SSL_read()
  2222 ms     | SSL_is_dtls()
  2222 ms     | SSL_is_dtls()
  2223 ms     | SSL_is_dtls()
  2223 ms     | SSL_is_dtls()
  2223 ms     | SSL_is_dtls()
  2223 ms     | SSL_is_dtls()
```

图 11-21　frida-trace 发现的被调用函数

在上面的过程中，我们通过 Objection 和 frida-trace 的功能分别完成了模块中导出符号的遍历与模块中所有函数的 Hook 工作。如果想要单纯地使用 Frida 脚本来完成 Objection 和 frida-trace 的功能是否可行呢？答案当然是可以的，甚至 Objection 和 frida-trace 的功能本身就是通过 Frida 脚本的方式完成的。事实上 Frida 提供了 enumerateModules()和 enumerateExports()两个 API 函数用于遍历进程所有模块以及特定模块的所有导出符号，甚至还提供了 enumerateSymbols()这个 API 函数用于遍历模块的所有符号。因此，一个类似于 Objection 遍历模块所有导出符号和所有符号的脚本内容就出现了，如代码清单 11-10 所示。

代码清单 11-10　trace.js

```javascript
function traceNativeExports(){
    var modules = Process.enumerateModules();
    for(var i = 0;i<modules.length;i++){
        var module = modules[i];
        // 过滤模块
        if(module.name.indexOf("libssl.so")<0){
            continue;
        }
        var exports = module.enumerateExports();
        for(var j = 0;j<exports.length;j++){
            console.log("module name is =>",module.name," symbol name is =>",exports[j].name," address : "+exports[j].address," offset => ",(exports[j].address.sub(module.base)))
        }
    }
}
function traceNativeSymbols(){
    var modules = Process.enumerateModules();
    for(var i = 0;i<modules.length;i++){
        var module = modules[i];
        // 过滤模块
        if(module.name.indexOf("libssl.so")<0){
            continue;
        }
        var exports = module.enumerateSymbols();
        for(var j = 0;j<exports.length;j++){
            console.log("module name is =>",module.name," symbol name is =>",exports[j].name," address : "+exports[j].address," offset => ",(exports[j].address.sub(module.base)))
        }
    }
}
```

将代码清单 11-10 中的脚本注入进程中，便可以顺利完成 Objection 遍历 libssl.so 中所有导出符号的功能，甚至可以遍历模块的所有符号。考虑到符号信息可能很多，通过调用 console.log() 函数将符号信息打印在终端的方式不便以后查看，因此这里还要介绍一种 Frida 写文件的函数，其内容如代码清单 11-11 所示。

代码清单 11-11　Frida 写文件

```
function writeSomething(path, contents) {
    var fopen_addr = Module.findExportByName("libc.so", "fopen");
    var fputs_addr = Module.findExportByName("libc.so", "fputs");
    var fclose_addr = Module.findExportByName("libc.so", "fclose");

    var fopen = new NativeFunction(fopen_addr, "pointer", ["pointer", "pointer"])
    var fputs = new NativeFunction(fputs_addr, "int", ["pointer", "pointer"])
    var fclose = new NativeFunction(fclose_addr, "int", ["pointer"])

    var fileName = Memory.allocUtf8String(path);
    var mode = Memory.allocUtf8String("a+");

    var fp = fopen(fileName, mode);
    var contentHello = Memory.allocUtf8String(contents);
    var ret = fputs(contentHello,fp);
    fclose(fp);
}
```

在代码清单 11-11 中，先获取 libc.so 中的 fopen()、fputs() 和 fclose() 函数的地址，再通过 new NativeFunction() 的 API 函数将找到的函数地址，最后以 C 的形式完成写文件函数的调用。

代码清单 11-11 中的写文件方式替换掉了在代码清单 11-10 中简单打印的方式，通过指定写文件的路径（这里是 httpurlconnectionDemo），这个脚本没有写外部目录的权限，因此只能写在其私有目录/data/data/com.roysue.httpurlconnectiondemo/中。再次将这个脚本注入到进程中，我们会发现在进程私有目录下出现了包含相应模块符号信息的文件，这里以 libssl.so 符号为例，其内容如图 11-22 所示。

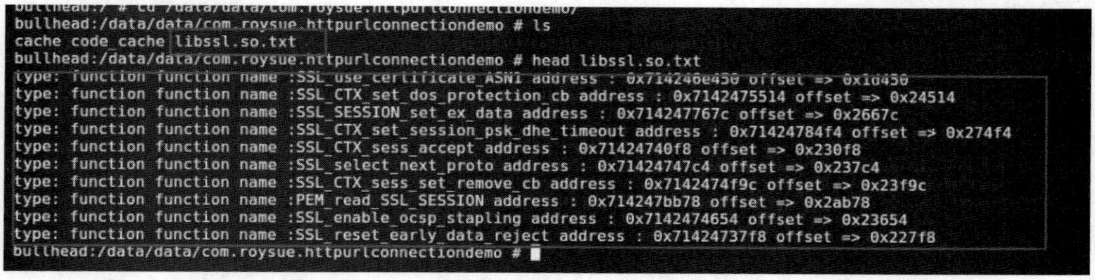

图 11-22　libssl.so.txt 的内容

至此，Objection 遍历模块中导出符号的功能已经完成，如果想进一步完成对所有函数的追踪，那么添加对符号类型的判断与 native 函数的 Hook 功能即可。该 trace 脚本的内容如代码清单 11-12 所示（以 trace 所有导出函数为例）。

代码清单 11-12　符号 trace

```
function attach(name,address){
    // console.log("attaching ",name);
    Interceptor.attach(address,{
        onEnter:function(args){
            console.log("Entering => " ,name)
        },onLeave:function(retval){
        }
    })
}
function traceNativeExport(){
    var modules = Process.enumerateModules();
    for(var i = 0;i<modules.length;i++){
        var module = modules[i];
        if(module.name.indexOf("libssl.so")<0){
            continue;
        }
        var exports = module.enumerateExports();
        console.log('module.addr',module.base);
        for(var j = 0;j<exports.length;j++){
            //console.log("module name is =>",module.name," symbol name is =>",exports[j].name)
            //var path = "/sdcard/Download/so/"+module.name+".txt"
            if(exports[j].type == "function"){
                attach(exports[j].name,exports[j].address)
            }
            var path = "/data/data/com.roysue.httpurlconnectiondemo/"+module.name+".txt"
            writeSomething(path,"type: "+exports[j].type+" function name :"+exports[j].name+" address : "+exports[j].address+" offset => "+exports[j].address.sub(module.base))+"\n")
        }
    }
}
```

再次将脚本注入进程，对 libssl.so 模块中所有导出函数的 trace 结果如图 11-23 所示。对比图 11-23 所示的结果和 frida-trace 对 libssl.so 库的 trace 结果，可以发现两者是一致的。

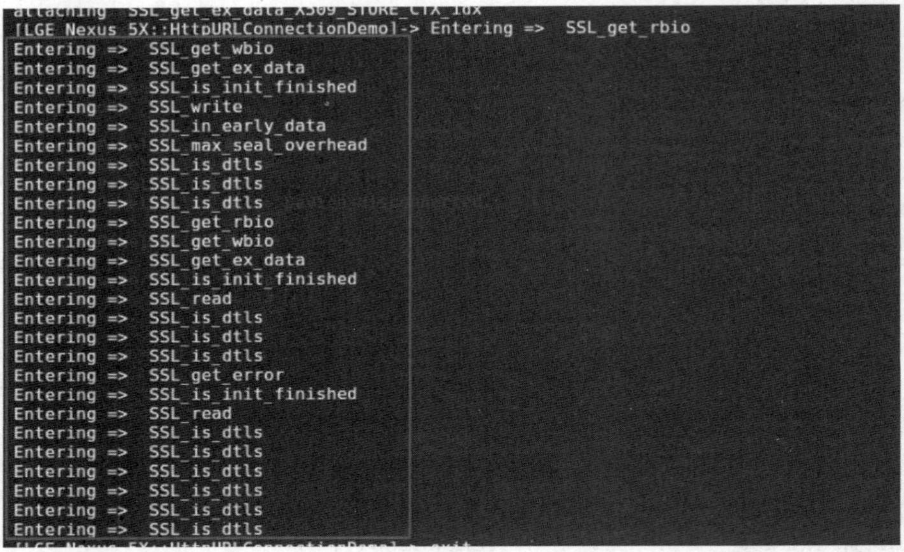

图 11-23　导出函数 Hook 的结果

至此，我们自定义的 trace 任意模块中所有符号函数和导出函数的脚本就完成了，并且得到了与 Objection 和 frida-trace 的功能一致的结果。相比工具而言，我们自定义脚本有着自由度更高的优势：可以针对指定目标函数进行 Hook，甚至能够自定义打印出函数参数和返回值。当然，脚本还有一些其他功能，比如定位 JNI 函数具体在哪个模块中，留待读者自行探索。

11.2.3　libc 库 Hook

C 函数基础库有多个标准，比如使用最广泛的 GNU C 标准库。GNU C 又名 glibc，是 GNU 计划所实现的 C 标准库，大部分 Linux 所使用的底层 C 函数库都是 glibc。20 世纪 90 年代初，Linux 内核的开发团队分出了 Glibc，名为"Linux libc"并单独维护。在 Android 中使用的 C 标准库采用的是 bionic C 标准。bionic C 库是由 Google 所开发的自由软件（希望用来取代 glibc），在 Android 中对应的模块是 libc.so，最终的发展目标是达到轻量化以及高运行速度。

在 Android 中，Java 函数最终是由 Dalvik/Art 虚拟机（在 Android 4.4 以下对应模块 libdvm.so，在 Android 4.4 以上则对应模块 libart.so）执行的，在 libart.so 或者 libdvm.so 中的函数最终都会或多或少地调用 C 函数基础库，比如字符串比较函数 strstr() 或者文件操作函数 open()、fopen() 等。即使是无法进行分析的 Flutter 语言开发的 App 最终也需要依赖 C 函数基础库完成一些基本的字符操作、文件操作、网络操作等，因此在逆向分析过程中对 Android 的 C 函数基础库进行分析往往能得到很多有效信息。比如通过 hook open 文件等相关函数得到一些 App 打开文件的相关信息，这里基于上一小节中对模块中所有函数进行 trace 的脚本进行修改，最终 trace open 相关函数的脚本内容如代码清单 11-13 所示。

代码清单 11-13　traceLibc.js

```javascript
function traceNativeExport(){
    var modules = Process.enumerateModules();
    for(var i = 0;i<modules.length;i++){
        var module = modules[i];
        // 过滤模块
        if(module.name.indexOf("libc.so")<0){
            continue;
        }
        var exports = module.enumerateExports();
        console.log('module.addr',module.base);
        for(var j = 0;j<exports.length;j++){

            if(exports[j].type == "function"){
                // trace open 相关函数
                if(exports[j].name.indexOf("open") >= 0){
                    attach(exports[j].name,exports[j].address)
                }
            }
        }
    }
}
function attach(name,address){
    console.log("attaching ",name);
    Interceptor.attach(address,{
        onEnter:function(args){
            console.log("Entering => " ,name)
            // 将第一个参数作为指针读字符串
            console.log("args[0] => ",args[0].readCString())
            // console.log("args[2] => ",args[2])

        },onLeave:function(retval){
            //console.log("retval is => ",retval)
        }
    })
}
function traceNativeSymbol(){
    var modules = Process.enumerateModules();
    for(var i = 0;i<modules.length;i++){
        var module = modules[i];

        if(module.name.indexOf('libc.so')<0){
```

```
                continue
            }
            var exports = module.enumerateSymbols()
            for(var j = 0;j<exports.length;j++){
                if(exports[j].type == "function"){
                    // trace open 相关函数
                    if(exports[j].name.indexOf("open") >= 0){
                        attach(exports[j].name,exports[j].address)
                    }
                }
            }
        }
    }
}
function main(){
    console.log("Entering main")
    traceNativeExport();
    traceNativeSymbol();
}
setImmediate(main)
```

图 11-24 是在使用 Frida 以 spwan 模式执行如下命令将脚本注入到某应用后得到的 App 打开文件的相关信息，可以发现 App 在启动过程中打开的数据库文件和路径信息清晰可见。

```
# frida -U -f com.xxx.task -l traceLibc.js --no-pause
```

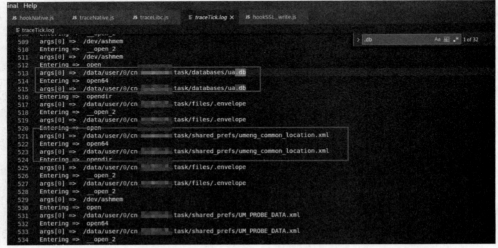

图 11-24　trace open 相关函数的结果

还可以通过 hook recv、send 等相关网络数据收发包函数得到 App 在进程中传输的一些 Socket 数据包信息。虽然 libc 过于底层，可能得到的数据包结构很复杂，甚至无法解析，但是仍旧能够得到一些辅助信息用于逆向分析。

除此之外，还可以利用 hook libc 中的相关函数对 App 采取的一些反调试手段进行检测和反制。比如通过 hook libc 中字符串相关的函数从 App 中得到一些字符串信息，将这些信息打印出来进行分析。图 11-25 是在 Hook 字符串相关函数得到的一些 App 对抗 Xposed 的相关信息。从图中可以明显观察到 App 进程在对进程空间是否被 Xposed 框架 Hook 做了检测工作。

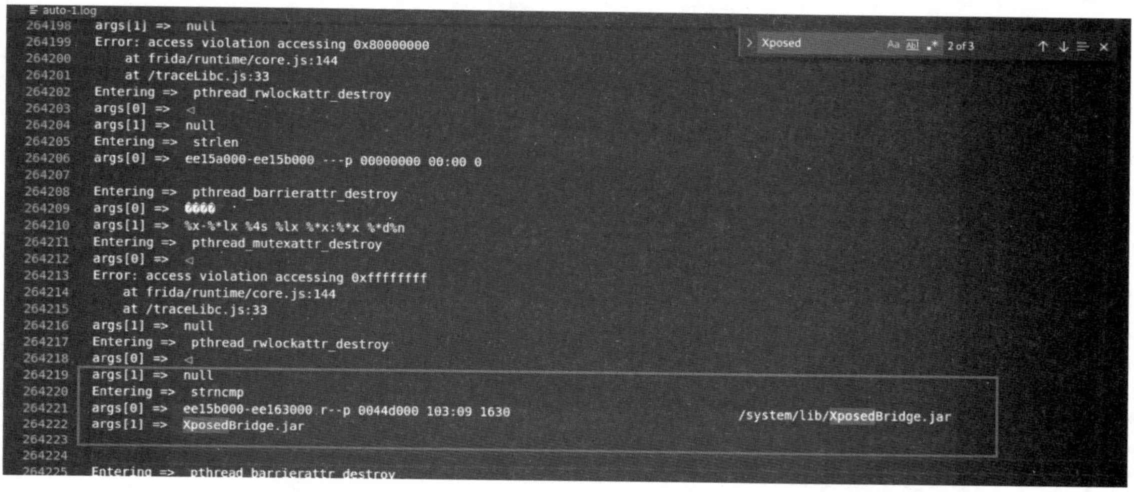

图 11-25　trace str 相关字符串函数的结果

还有一个在 native 层中用于打印调用栈的函数，如代码清单 11-14 所示。通过 native 层打印调用栈的函数可以清楚地从底层函数定位到上层函数地址或者符号信息。

代码清单 11-14　native 函数调用栈打印

```
console.log('r0ysue called from:\n' +
    Thread.backtrace(this.context, Backtracer.ACCURATE)
    .map(DebugSymbol.fromAddress).join('\n') + '\n');
```

通常 App 会单独新建一个线程用于反调试，因此还可以针对 libc 中线程 pthread 相关函数进行 trace，从而跟踪到反调试的线程并强制不让反调试线程启动，最终达到反调试的作用。

除此之外，通常 APP 自带的反调试机制会在检测到 App 被调试时直接杀死自身的进程，此时可以通过 Hook kill（杀死进程的函数）并将 kill()函数的内容置空，从而达到阻止进程退出的作用。代码清单 11-15 是笔者实现的反制 kill()函数的方式。其中，Interceptor.replace()函数是 Frida 用于替换 native 函数实现的 API 函数，它的第一个参数是想要替换函数的地址，第二个参数是一个 NativeCallback 参数。在这个回调函数中，第一个参数是相应的新函数，第二个参数是返回值类型，第三个参数是函数参数类型的列表，新的函数只是将 kill()函数的两个参数打印出来。

代码清单 11-15   replaceKill

```
function replaceKill(){
    var kill_addr = Module.findExportByName("libc.so", "kill");
    // var kill = new NativeFunction(kill_addr,"int",['int','int']);
    Interceptor.replace(kill_addr,new NativeCallback(function(arg0,arg1){
        console.log("arg0=> ",arg0)
        console.log("arg1=> ",arg1)
    },"int",['int','int']))
}
```

在对 libc 基础函数库进行 trace 的过程中，我们会发现 App 的启动十分卡顿，这是因为 libc 基础函数库太靠近底层，几乎所有的上层函数都会调用基础库中的函数，导致 trace 的量级很大而造成 App 启动的卡顿。如果能够合理地 trace libc 库，就可以得到 App 的所有信息。

11.3 本章小结

在本章中，介绍了 Android 中的另一种 App 开发方式——NDK 开发，还介绍了 Frida 在 native 层中 Hook 的一些基本操作，以及针对 libssl.so 和 libc.so 底层模块的 trace 方法。通过对这两个基础模块的 trace 和 Hook 分析，可以发现逆向开发或分析人员对系统底层理解得越深，App 的秘密就越少，逆向工作也就越顺利。

第 12 章 抓包进阶

在 App 完成数据通信的过程中,如果手机使用 WiFi 方式连接网络,那么数据流量的方向在发送时是一定会从手机客户端先传输到路由器上进行中间链路的转发、再传输到服务器上的,接收数据包时则方向相反。

在前面的章节中我们介绍的抓包方式是在手机上设置代理将流量转发到抓包软件,由于这种抓包的方式不属于上述传输过程中的任何一个部分,因此如果 App 安全措施做得足够好,那么这种方式一定会被检测出来,也正是因为这样才出现了各种对抗抓包和反对抗的故事。事实上在数据传输过程中对其中任意一个部分进行抓包,这种抓包方式都是无法对抗的。一般而言用户是无法控制服务器端的,因此在本章中我们只探讨在发送端的手机和中间转发端的路由器上抓包的方式。

另外,我们曾在第8章中开发出一个针对所有应用层协议都能够通杀的抓包脚本 hookSocket.js,但是正如在第8章小结中所解释的那样,事实上 hookSocket.js 本身还存在一些缺陷,所以在本章中我们将对这个 Socket 抓包脚本进行进一步完善,得到最终的成品——r0caputre。

12.1 花式抓包姿势介绍

12.1.1 Wireshark 手机抓包

Wireshark 是一个通过在网卡接口对数据进行抓包的工具,可以说只要经由 Wireshark 选定的网卡进行上网,那么在中间通信的所有内容都会被抓取,并且 Wireshark 是在网卡的接口上进行数据包抓取的,被抓包的应用无法感知,可以说 Wireshark 算是抓包界的神器。另外,

Wireshark 还具有强大的协议解析能力，能够将 OSI 七层网络模型从第一层到第七层完全解码，同时还支持多平台。Kali Linux 自带 Wireshark，其界面如图 12-1 所示。

那么，在基于 Linux 内核的 Android 手机上，我们该如何使用 Wireshark 来抓包呢？由于 Android 是不完整的 Linux 环境，因此是无法简单地通过 apt 包管理器来安装 Wireshark 的。这时就需要引入曾在第 4 章中介绍的 Android 上的 Linux 模拟器软件 Termux。在 Termux 中可以通过包管理器安装软件，由于 Termux 只提供一个命令行界面用于与用户互动，因此这里介绍一个通过网卡接口进行抓包的命令行工具 tcpdump。可以使用如下命令在 Termux 下载并运行 tcpdump（Termux 中的包管理器是 pkg，而不是 apt）：

```
$ pkg install tcpdump
```

tcpdump 的安装结果如图 12-2 所示。

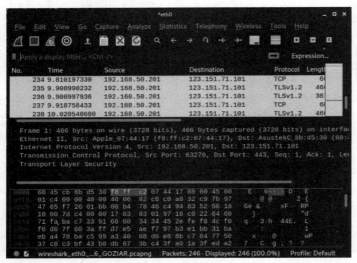
图 12-1　Wireshark 界面

图 12-2　tcpdump 运行界面

在网卡接口进行数据包的抓取时，直接运行 tcpdump，系统会提示没有权限，因此还需要按照如下命令为 Termux 安装 root 包获取 root 权限：

```
$ pkg install root-repo
```

Termux 实际上是一个 Android 软件，我们并没有为 Termux 赋予读写外部存储的权限，因此安装的 tcpdump 是存储在 Termux 私有目录的/files/usr/bin 目录下的，一旦不在 Termux 中进行抓包就无法使用 tcpdump，而这对于我们进行抓包是非常不方便的。这里可以通过 Termux 的 root 权限为 tcpdump 在 Android 的任意 PATH 目录下创建一个软连接，以便在 adb shell 中任意目录下可以使用 tcpdump 命令。具体在 Termux 中创建软连接的方式如下：

```
$ su
# ln -s /data/data/com.termux/files/usr/bin/tcpdump /sbin
```

在创建软连接完毕后，便可以在任意目录下执行 tcpdump 命令对网卡数据进行抓包了。图 12-3 是在 adb shell 根目录下执行 tcpdump 命令抓包的结果，可以看到，所有网络数据都打印出来了。

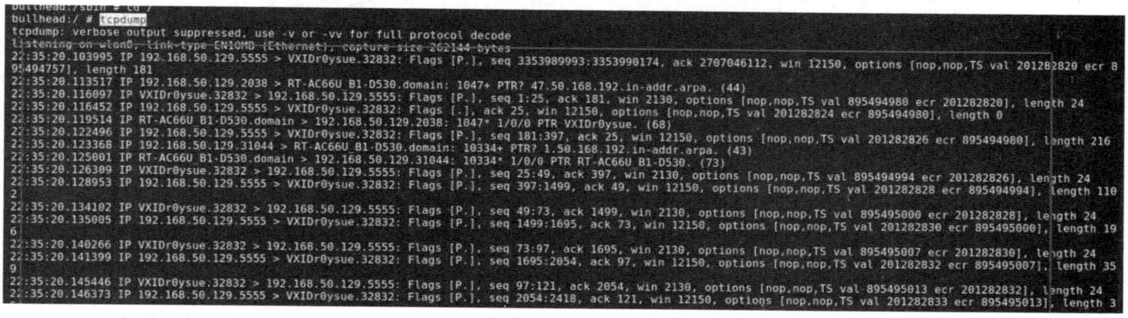

图 12-3　在 adb shell 中运行 tcpdump

tcpdump 还支持通过-i 命令指定网卡。为了后续仔细分析，还可以通过-w 参数将抓取到的流量数据保存为 pcap 文件。有关其他参数的使用方法，读者可自行研究。

上文中讲过，由于 Android 没有完整的 Linux 环境，因此想在网卡接口抓包时不得不选择 Termux 模拟 Linux 环境。事实上在第 1 章中就介绍过一个能够使 Android 拥有完整 Linux 环境的方法——Kali NetHunter。利用 NetHunter 我们可以在手机上执行任意 Linux 上支持的命令，这为抓包工作提供了极大的便利。

鉴于手机页面过小，我们可以打开 Kali NetHunter 的 SSH 服务（在第 1 章介绍过），在计算机上完成对手机的操控。通过 SSH 连接上手机后，可以使用 tcpdump 完成数据包的抓取，也可以利用其他方式完成数据包的抓取工作，比如采用 jnettop 命令，通过 jnettop 命令可以查看当前网卡正在哪个具体的 IP 地址以及端口上进行通信，如图 12-4 所示。由于我们使用 SSH 连接上了手机，因此手机 22 端口和计算机一直有数据发生传输。（这里手机的 IP 地址为 192.168.50.129，计算机的 IP 地址为 192.168.50.47。）

虽然这种方式也是直接在网卡接口抓包，App 无法对抗，但是这种抓包方式无法看到内部具体的数据包内容，粒度太粗。

如果一个完整的 Linux 环境只有命令行模式，那么实际上这样的作用还不如 Termux，而 Kali Nethunter 则不止支持 SSH 连接后的命令行模式，同时还为 Android 内置了一个图形化界面 Kex Manager，如果想使用该图形化界面，只需要通过一定的方式去启动它即可。

下面介绍 Kex Nethunter 图形界面 Kex Manager 的主要启动步骤：

步骤 01　在手机上启动 NetHunter，如图 12-5 所示，单击左上角的菜单并选择 Kex Manager 进入图形界面设置页。

步骤 02　单击 SETUP LOCAL SERVER 设置并确认 VNC Server 的密码（见图 12-6）。在设置完密码后，重新回到 Kex Manager 设置页面，这时需要先选择 root 用户再单击 STRAT SERVER 按钮启动 Server。

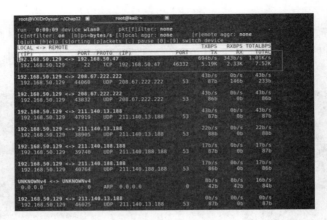

图 12-4 运行 jnettop

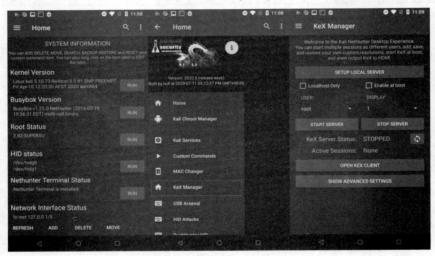

图 12-5 进入 Kex Manager

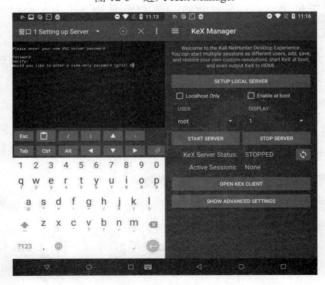

图 12-6 设置 VNC Server

如图 12-7 所示，在计算机上通过 VNC Viewer（可自行搜索安装，本书附件中仅提供了 Linux 客户端）的客户端输入手机上的 IP 地址和端口号（端口号为 1），然后输入刚才设置的密码连接上手机的 VNC Server，随后便能看到 NetHunter 为 Android 添加的完整的图形化环境，如图 12-7 所示。

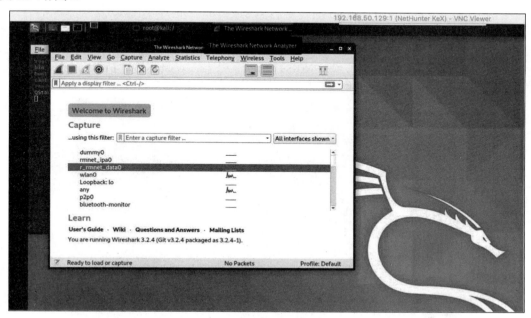

图 12-7　Android 完整的图形化环境

图形化界面就是 Android，因此能够利用 Wireshark 完成对手机网卡数据的抓取与分析工作。由于手机性能问题，建议读者使用 Wireshark 抓包后将数据包保存下来，再通过 scp 命令将数据包传输到计算机上进行后续分析。

12.1.2　路由器抓包

要实现在 App 无感知的状态下将 App 的数据完全抓取到，还可以通过在网络数据传输的另一个节点（路由器）上抓包。

通常，一个路由器的网络往往不处于用户的自由操作下，但用户自己可以制作一个路由器，实现上述无感知抓包功能。

路由器实际上就是工作在网络层负责路由和转发的网络设备，而这样的功能通过任意一个包含网卡的设备都可以完成。简单一点的，在手机上开热点其实就是将手机中的无线网卡当作路由器，在外部设备连接手机热点后，无线网卡将连接设备的所有数据包转移至 4G 网卡，由 4G 网卡负责流量的下一步路由与转发。

因此，只需一块无线网卡和一台已经联网的设备即可制作一个路由器，这里选择一个外接的 USB 无线网卡作为路由器，如图 12-8 所示。

图 12-8　USB 无线网卡

将 USB 无线网卡插入计算机前后的对比，如图 12-9 所示。在 USB 网卡插入计算机后，计算机识别的网卡设备多了一个 wlan0，但是插入的无线网卡并未使用，因此 wlan0 网卡只存在 MAC 地址，并未分配 IP 地址。

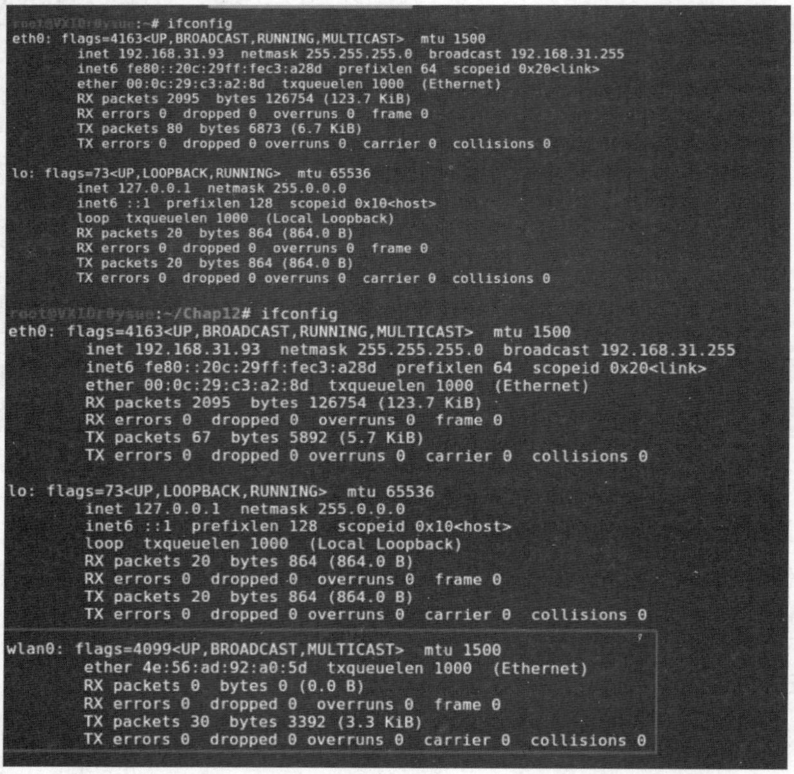

图 12-9　USB 无线网卡插入计算机前后的对比

在 Kali Linux 上新建一个热点设备非常简单，具体步骤如下：

步骤 01 运行如下命令打开 Kali Linux 自带的网络管理器：

```
# nm-connection-editor
```

步骤 02 在打开的界面上选择新建一个 WiFi 网络并在确定后配置 WiFi，包括 SSID、Mode、Device，如图 12-10 和图 12-11 所示。需要注意的是，SSID 实际上就是 WiFi 名称，这里设置为 r0ysue；Mode 必须选择为 Hotspot，将新建网络作为热点；Device 必须选择新增的 wlan0 网卡。

步骤 03 在保存设置后，重新使用 ifconfig 命令便会发现新增 wlan0 网卡有了 IP 地址，此时用手机搜索 WLAN 便会发现新增的网络 r0ysue，如图 12-12 所示。

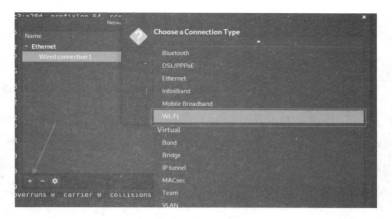

图 12-10 新建 WiFi 网络

图 12-11 配置 WiFi 网络

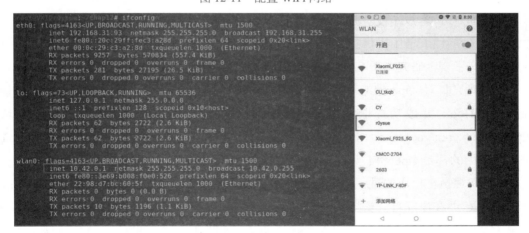

图 12-12 配置 WiFi 网络后的结果

将手机连接上新建的 WiFi 网络，在计算机上可以通过 jnettop 或者 wireshark 对 wlan0 网卡流量进行监听，能清楚地观察到交换数据，如图 12-13 所示。

图 12-13　对 wlan0 网卡流量进行监听

自制路由器的方法还有很多种，比如将树莓派单独配置为路由器等。其根本目的就是在 App 无感知的状态下抓包。相比在手机上抓包的方式，通过路由器抓包不但能够做到 App 无感知，而且对手机完全没有任何侵入。这两种抓包方式有一个唯一缺陷，就是只能观察到明文的传输数据内容，而无法完成加密流量的解析。

12.2　r0capture 开发

如何抓取到 HTTPS 这类加密流量并获得的的明文数据一直困扰着无数安全研究人员。虽然中间人抓包的方式能够通过安装证书到手机达到抓取这类加密流量明文数据的目的,但是服务器端校验客户端、客户端校验服务器端等这类对抗手段给安全研究人员在抓包问题上造成了无数的困扰；在 12.1 节中提供的在网卡接口抓包的方式又无法解析出加密流量对应的明文数据，因此就有了安全研究人员在 SSL 库代码上的研究。

谷歌的研究员对 OpenSSL 的收发包接口进行了深入的研究，并对其收发包等接口使用 Frida 进行 Hook 并成功提取了明文 HTTP 数据，这一最终的成品为 ssl_logger 项目（https://github.com/google/ ssl_logger）。该项目解决了不管是 Linux、MacOS/iOS 还是 Android，其 SSL 库使用的都是 OpenSSL 库，这一成果的出现彻底改变了 HTTPS 抓包的局面。

阿里的研究员在使用的过程中进一步优化了该项目的 JavaScript 脚本，修复了在新版 Frida 上的语法错误,并在原项目只支持 Linux 和 MacOS 的基础上增加了对 iOS 和 Android 的支持。对于最终的成品，读者可参考 frida_ssl_logger 项目（https://github.com/BigFaceCat2017/frida_ssl_logger）。

该项目的核心原理是对 SSL_read() 和 SSL_write() 函数进行 Hook，得到其收发包的明文数据，如代码清单 12-1 所示。

代码清单 12-1　Hook 关键函数

```
    [Process.platform == "darwin" ? "*libboringssl*" : "*libssl*", ["SSL_read",
"SSL_write", "SSL_get_fd", "SSL_get_session", "SSL_SESSION_get_id"]], // for ios
and Android
    [Process.platform == "darwin" ? "*libsystem*" : "*libc*", ["getpeername",
"getsockname", "ntohs", "ntohl"]]
```

frida_ssl_logger 项目还支持使用 RPC 形式将数据传输到计算机上，使用 hexdump 在 Python 的控制台进行输出，甚至保存为 pcap 数据包文件，以待后续导入 Wireshark 等工具进行流量分析。

相比而言，虽然我们自己开发的 hookSocket.js 脚本支持 HTTP 这类明文数据的抓取，但是正如在第 11 章追踪源码所得到的结果，hookSocket.js 中针对 HTTPS 这类 SSL 加密流量 Hook 的关键函数实际上只是底层 SSL_read 和 SSL_write 的一个包装器，因此在构建 Android 应用层抓包通杀脚本时，为了尽可能复用 frida_ssl_logger 项目，为其补上明文数据的抓取逻辑即可。

依旧使用 HttpUrlConnectionDemo 工程作为测试的例子，将 hookSocket.js 注入进程后输出的流量信息，如图 12-14 所示。正如我们在第 8 章中所总结的那样，可以清晰地看出存在的缺陷。首先，IP 地址、端口号和数据包信息的 Hook 是来自不同的函数，导致最终的 IP 地址和端口号等信息不可靠。其次，在输出数据包内容时存在很多无意义的 00 字节。

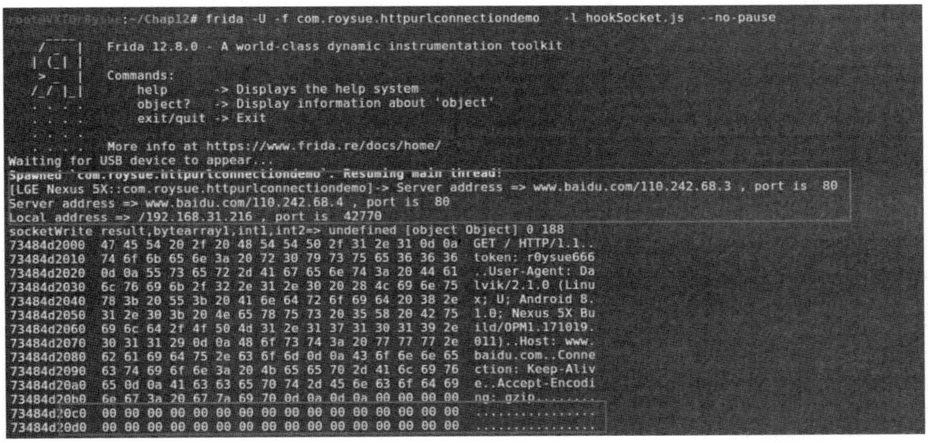

图 12-14　hookSocket.js 缺陷

针对第一个问题，如何在数据包内容 Hook 的函数中打印出客户端和服务器的地址信息呢？

这里以发包函数所在类 java.net.SocketOutputStream 进行探索。在通过 Objection 注入应用后，查看 java.net.SocketOutputStream 实例中的内容，可以发现类中确实存在实例变量 socket 的内容中存储着相应连接的服务器信息，而 socket 实例变量所在类中存在着相应函数用于获取本地连接信息和服务器信息，如图 12-15 所示。

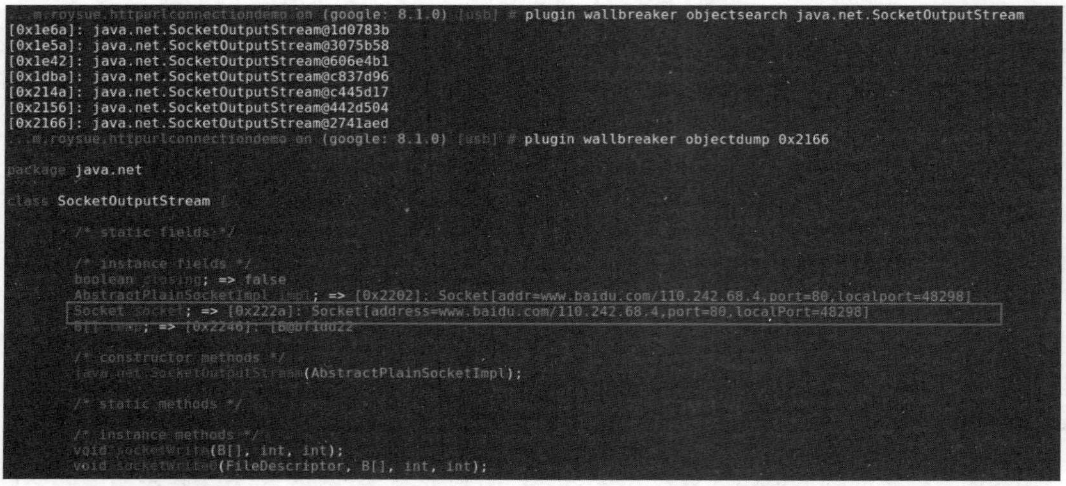

图 12-15　SocketOutputStream 实例

结合我们所学的在 Frida 脚本中获取实例变量值的方法，在收发数据包函数 Hook 的同时打印对应的 IP 和端口信息，脚本内容如代码清单 12-2 所示。

代码清单 12-2　IP 和端口信息 Hook 脚本

```
Java.use('java.net.SocketOutputStream').socketWrite.overload('[B', 'int', 'int').implementation = function (bytearray1, int1, int2) {
    var result = this.socketWrite(bytearray1, int1, int2)
    console.log("socketWrite remote_address: ",this.socket.value.getRemoteSocketAddress().toString())
    console.log("socketWrite local address : ",this.socket.value.getLocalAddress())
    console.log("socketWrite local port: ",this.socket.value.getLocalPort())
    return result
}
```

同样地，如图 12-16 所示，在收包函数所在类 java.net.SocketInputStream 中也存在相应的 socket 变量，因此其最终获取 IP 地址和端口号的方法与代码清单 12-2 中相同。这样就解决了在 hookSocket.js 中 IP 地址和端口号的"自吐"和数据包内容不一对一匹配的问题。

在 hookSocket.js 脚本中，之所以产生如此多的无意义字节，是因为在使用 jhexdump() 函数打印时并未指定有效的数据包的长度信息。观察源码中发送数据包函数 private void socketWrite(byte b[], int off, int len) 会发现，在函数定义时第二个参数就是一个 off，指数据包开始的偏移，第三个参数 len 就是数据包的长度信息。需要注意的是，虽然接收数据包函数 public int read(byte b[], int off, int length) 的第二个参数 off 和第三个参数 len 与发送数据包函数中参数的含义类似，但是实际上收包函数的返回值才是真实接收到的数据包长度信息。最终解决无意义字节后的 hookSokcet.js 脚本如代码清单 12-3 所示。

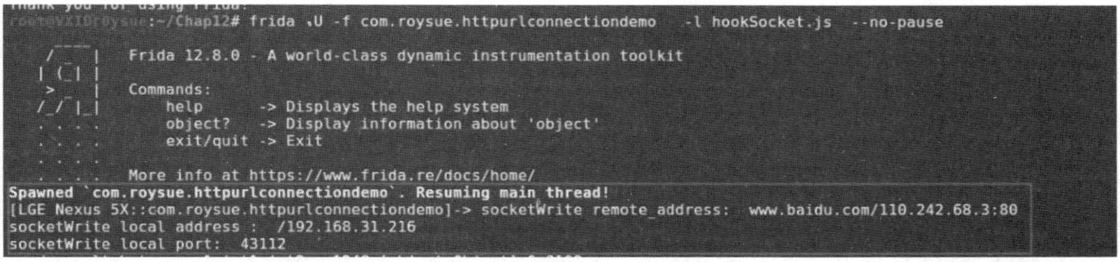

图 12-16　IP 地址和端口号与数据包一对一匹配

代码清单 12-3　解决无意义字节

```
    Java.use('java.net.SocketOutputStream').socketWrite.overload('[B', 'int',
'int').implementation = function (bytearray1, off, byteCount) {
        var result = this.socketWrite(bytearray1, int1, int2)
        console.log("socketWrite remote_address: ",this.socket.value.
getRemoteSocketAddress().toString())
        console.log("socketWrite local address : ",this.socket.value.
getLocalAddress())
        console.log("socketWrite local port: ",this.socket.value.getLocalPort())
        var ptr = Memory.alloc(byteCount);
        // byte[]的子字符串及发送给 Python
        for (var i = 0; i < byteCount; ++i)
            Memory.writeS8(ptr.add(i), bytearray1[off + i]);
        console.log(hexdump(ptr,{length: byteCount}))
        return result
    }
    Java.use('java.net.SocketInputStream').read.overload('[B', 'int', 'int').
implementation = function (bytearray1, offset, int2) {
        var result = this.read(bytearray1, int1, int2)
        console.log("read remote_address: ",this.socket.value.
getRemoteSocketAddress().toString())
        console.log("read local address : ",this.socket.value.getLocalAddress())
        console.log("read local port: ",this.socket.value.getLocalPort())

        if (result > 0) {
            var ptr = Memory.alloc(result);
            for (var i = 0; i < result; ++i)
              Memory.writeS8(ptr.add(i), bytearray1[offset + i]);
            console.log(ptr, {length: result})
        }
        return result
    }
```

在重新对 HTTP 数据包进行抓取后发现已经顺利解决了无意义字节的问题，如图 12-17 所示。

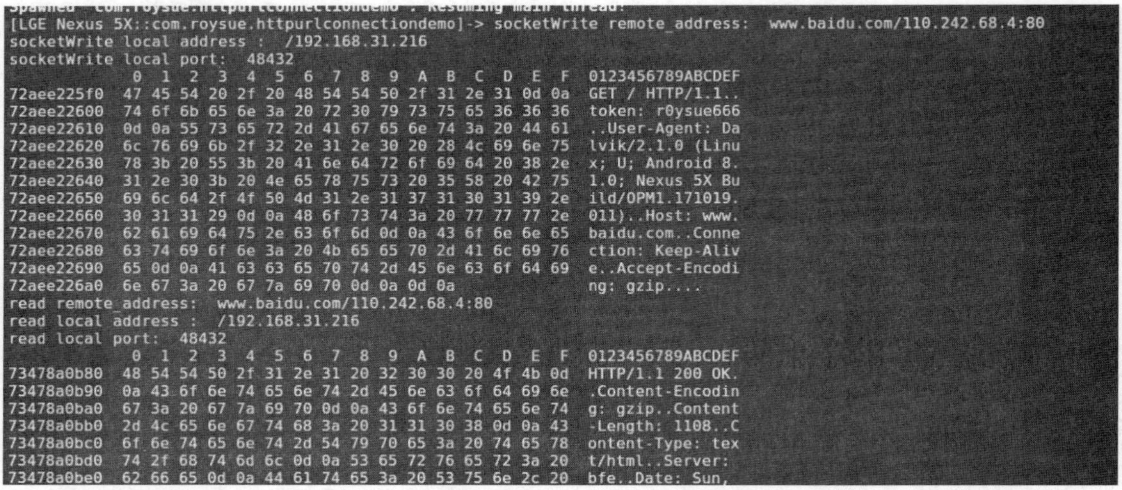

图 12-17 顺利解决了无意义字节的问题

当将 hookSocket.js 在 Android 10 中进行注入时，我们会发现 Hook 脚本无法成功获取收发包数据，此时需要参照第 8 章中开发出 hookSocket.js 的方式进行相关的开发，这里就不再赘述。最终结果如图 12-18 所示，我们可以发现在 Android 10 中实际上是由 java.net.SocketOutputStream.socketWrite0() 和 java.net.SocketInputStream.socketRead0() 这两个 API 函数负责数据收发的。这两个 API 函数在 Android 8 中经过测试也是可以通用的，因此需要将原先的 Hook 函数变更为兼容性更高的 Hook 函数。

图 12-18 Android 10 关键函数

另外，考虑到 frida_ssl_logger 项目中能够保存为 pcap 文件的方式十分方便和优雅，因此将 hookSocket.js 中的数据输出方式调整为 frida_ssl_logger 格式，最终得到终极 Hook 抓包脚本——r0capture（该项目的地址为 https://github.com/r0ysue/r0capture），其 Hook HTTP 数据的脚本内容如代码清单 12-4 所示。

代码清单 12-4　r0capture

```
// 兼容性测试→迁移到Android10
Java.use("java.net.SocketOutputStream").socketWrite0.overload('java.io.FileDescriptor', '[B', 'int', 'int').implementation = function (fd, bytearray1, offset, byteCount) {
    var result = this.socketWrite0(fd, bytearray1, offset, byteCount);
    var message = {};
    message["function"] = "HTTP_send";
    message["ssl_session_id"] = "";
```

```
        // WallBreaker 根据 Hook 触发客户端地址
        message["src_addr"] = ntohl(ipToNumber((this.socket.value.
getLocalAddress().toString().split(":")[0]).split("/").pop()));
        message["src_port"] = parseInt(this.socket.value.getLocalPort().
toString());
        message["dst_addr"] = ntohl(ipToNumber((this.socket.value.
getRemoteSocketAddress().toString().split(":")[0]).split("/").pop()));
        message["dst_port"] = parseInt(this.socket.value.
getRemoteSocketAddress().toString().split(":").pop());
        var ptr = Memory.alloc(byteCount);
        // byte[]的子字符串及发送给 Python
        for (var i = 0; i < byteCount; ++i)
          Memory.writeS8(ptr.add(i), bytearray1[offset + i]);
        send(message, Memory.readByteArray(ptr, byteCount))
        return result;
    }
    Java.use("java.net.SocketInputStream").socketRead0.overload('java.io.
FileDescriptor', '[B', 'int', 'int', 'int').implementation = function (fd,
bytearray1, offset, byteCount, timeout) {
        var result = this.socketRead0(fd, bytearray1, offset, byteCount, timeout);
        var message = {};
        message["function"] = "HTTP_recv";
        message["ssl_session_id"] = "";
        message["src_addr"] = ntohl(ipToNumber((this.socket.value.
getRemoteSocketAddress().toString().split(":")[0]).split("/").pop()));
        message["src_port"] = parseInt(this.socket.value.
getRemoteSocketAddress().toString().split(":").pop());
        message["dst_addr"] = ntohl(ipToNumber((this.socket.value.
getLocalAddress().toString().split(":")[0]).split("/").pop()));
        message["dst_port"] = parseInt(this.socket.value.getLocalPort());
        if (result > 0) {
          var ptr = Memory.alloc(result);
          for (var i = 0; i < result; ++i)
            Memory.writeS8(ptr.add(i), bytearray1[offset + i]);
          send(message, Memory.readByteArray(ptr, result))
        }
        return result;
    }
```

r0capture 的具体用法参见该项目的 readme 文件,最终的抓包效果如图 12-19 所示。

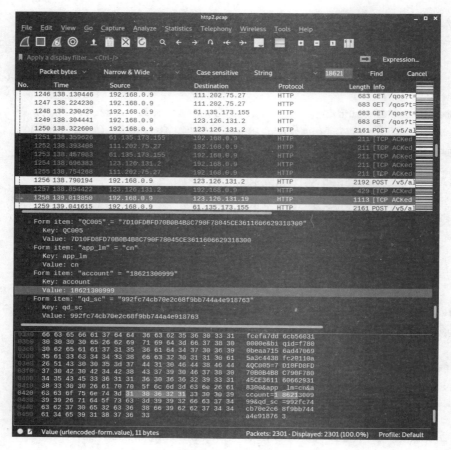

图 12-19　r0capture 抓包效果

12.3　本章小结

作为本书的最后一章，本章介绍了从手机和路由器上抓包的另一类方式。在手机和路由器上抓包的优点在于，App 对此毫无感知且无法对抗，不会因为证书等原因导致无法抓包，但是抓到包并不意味着能够看到数据包的内容。通过从网卡接口抓取数据包的方式虽然能够获取到所有的数据包信息，但是针对 SSL 等加密的流量毫无疑问是无法解开的，抓取到的数据包信息也仅仅能够用于确认 IP 地址和端口号等相关信息，而对其内部真实传输的数据还是一无所知，也正因此才有了 r0capture 项目。r0capture 几乎能够通杀市面上所有通用的明文协议，而且能获取它们相应的 SSL 协议中的明文数据，不过 r0capture 也有其局限性，比如不支持 HTTP/2、HTTP/3，无法完成 WebView、小程序或 Flutter 程序等数据包的抓取等，读者如果有解决方案，欢迎大家在项目上提 issue 或者 PR。